普通高等教育“十四五”规划教材

材料安全导论

主　编　吉钰纯　王吉林　余　雷
副主编　郑国源　张　瑞

扫码输入刮刮卡密码
查看数字资源

北　京
冶　金　工　业　出　版　社
2024

内 容 提 要

本书根据国家安全生产方针“安全第一，预防为主，综合治理”的原则，系统介绍了安全生产法律法规及安全工程的基本原理、知识与方法。全书共分 7 章，主要内容包括：绪论，安全科学理论与伤亡事故预防理论，危险有害因素辨识、控制与评价，材料行业常见伤害事故及其预防，高校专业实验室常见事故及其预防，职业危害识别与控制，事故调查的组织、程序和经典案例分析等。

本书可作为高等院校材料科学与工程、冶金工程等专业的本科生及研究生教材，也可供材料、生物、冶金、化工等领域的研究人员、工程技术人员及管理人员阅读。

图书在版编目(CIP)数据

材料安全导论/吉钰纯，王吉林，余雷主编.—北京：冶金工业出版社，2024.6

普通高等教育“十四五”规划教材

ISBN 978-7-5024-9861-0

Ⅰ.①材…　Ⅱ.①吉…　②王…　③余…　Ⅲ.①材料科学—安全工程—高等学校—教材　Ⅳ.①TB3

中国国家版本馆 CIP 数据核字(2024)第 088703 号

材料安全导论

出版发行　冶金工业出版社　　**电　　话**　(010)64027926
地　　址　北京市东城区嵩祝院北巷 39 号　　**邮　　编**　100009
网　　址　www.mip1953.com　　**电子信箱**　service@mip1953.com

责任编辑　杜婷婷　美术编辑　吕欣童　版式设计　郑小利
责任校对　葛新霞　责任印制　禹　蕊
北京印刷集团有限责任公司印刷
2024 年 6 月第 1 版，2024 年 6 月第 1 次印刷
787mm×1092mm　1/16；12.75 印张；306 千字；193 页
定价 49.00 元

投稿电话　(010)64027932　投稿信箱　tougao@cnmip.com.cn
营销中心电话　(010)64044283
冶金工业出版社天猫旗舰店　yjgycbs.tmall.com
(本书如有印装质量问题，本社营销中心负责退换)

前　　言

材料、化工、生物、制药、机械等行业大多会涉及危险品或危险过程，一旦发生事故，不仅会造成巨大的经济损失，而且还可能对人身造成严重伤害。目前，安全生产日益得到重视。高新技术的发展促进专用材料、高产值产品和具有先进功能产品的开发，使得材料行业事故具有不可预测、严重和危害性更大的特征。因此，有必要对材料类专业的学生开设安全导论课程，以帮助学生树立安全意识，提高安全知识和技能水平，为他们在学校的实验过程和工作岗位的安全生产打下良好的基础。

安全工程是跨门类、多学科、综合性的交叉学科，是工科专业学生必须学习的基础知识。它是以人类生产、生活中的各种事故为研究对象，总结分析已经发生的事故案例，综合运用自然科学、技术科学和管理科学等方面的有关知识，识别和预测生产、生活中存在的不安全因素，采取有效措施控制和预防事故发生的科学技术体系。《中华人民共和国安全生产法》中规定，新建、改建、扩建的基本项目工程，技术改造项目工程和引进的建设工程项目的安全设施必须符合国家规定的标准，必须与主体工程同时设计、同时施工、同时投产使用。这就要求高等院校材料类专业的学生不仅必须掌握本工程技术领域的理论知识和技能，还必须掌握必要的安全工程知识，为今后走上工作岗位实现安全生产，保护人民群众的安全、健康贡献力量。

本书注重理论与实践相结合，介绍了国内外材料行业行之有效的安全工程经验，具有科普性、先进性和实用性。全书共分7章，第1~6章主要介绍了安全工程基本原理、知识和方法，安全科学理论和伤亡事故的基本概念和预防对策，危险源的辨识、控制和评价，高处坠落、机械伤害、电气伤害、化学危险物品伤害以及起重伤害、火灾爆炸等事故的发生和预防，职业危害与防护等方面的安全知识。第7章主要讲述了事故调查程序，并对实验室常见安全事故案例和工厂企业安全事故案例进行了分析。

本书由桂林理工大学吉钰纯、王吉林和武汉平煤武钢联合焦化有限责任公司余雷担任主编，桂林理工大学郑国源、张瑞担任副主编，武汉平煤武钢联合焦化有限责任公司许芳菲和上海金艺检测技术有限公司武汉分公司张贺娟参编。具体编写分工为：第1~4章由吉钰纯编写；第5~6章由王吉林编写；第7章由余雷编写，并对全书初稿提出修改意见；郑国源和张瑞对初稿内容提出指导意见，使初稿进一步完善；许芳菲和张贺娟结合最新行业标准和企业标准为本书提出了许多宝贵建议。

本书在编写过程中，参考了国内外有关文献资料，在此向文献资料的作者表示诚挚的感谢。

由于编者水平所限，书中不妥之处，敬请广大读者批评指正。

编　者
2023年12月

课件下载

目　　录

1 绪　论

1.1 材料行业安全工程概述

安全工程是以人类生产及生活中发生的各类事故为主要研究对象，在分析、总结已经发生事故的经验基础上，综合运用自然科学、技术科学和管理科学等方面的有关知识，识别和预测生产、生活中存在的不安全因素，并采取有效的控制措施来防止事故发生的科学技术知识体系。它根据对事故，特别是伤亡事故发生的机理认识，应用系统工程的原理和方法，在工业规划、设计、建设、生产直到废除的整个过程中，对其中存在的各种不安全因素进行预测、分析、评价，根据有关法规综合运用各种安全技术措施和组织管理措施，消除和控制危险因素，从而创造安全的生产作业条件。

安全技术是预防事故的基本方法，是实现安全的技术手段。其主要包括安全检测技术和安全控制技术两个方面。安全检测技术是发现、识别各种不安全因素及危险性的技术；而安全控制技术是消除或控制不安全因素，防止事故发生及避免人员受到伤害、财产受到损失和环境受到破坏的技术。

安全工程最初的研究对象是生产过程中发生的事故，其由工业时代的工业产品安全问题及重大工业事故变为现代关注的生活安全问题。人类在生产中，利用自然创造物质文明，遇到许多必须克服的来自自然界或人类活动带来的不安全因素，一旦人类忽略了对不安全因素的控制或控制失效，就可能发生事故，其后果不仅妨碍生产的正常运行，而且更可能造成设备、设施的破坏，甚至伤害人类自身。

材料学专业是将以材料学、化学、物理学为基础系统的专业基础理论和实验技能应用于材料的合成、制备、结构、性能和应用等方面研究的交叉学科。人类从事各类活动，只要涉及危险材料的制备、运输、使用和销毁，均具有较大的危险性，一旦发生事故不仅危害从业人员的安全，而且也会殃及企业周围居民，造成大范围环境污染。例如：2015 年 8 月 12 日，天津港瑞海国际物流中心存放的危险化学品发生爆炸，造成 165 人遇难，8 人失踪，798 人受伤，304 幢建筑物、12428 辆商品汽车、7533 个集装箱受损，直接经济损失 68.66 亿元；2019 年 3 月 21 日，江苏天嘉宜化工有限公司内违法储存的硝化废料自燃，燃烧引发爆炸，事故造成 78 人死亡、76 人重伤，640 人住院治疗，直接经济损失 19.86 亿元；2020 年 8 月 4 日，黎巴嫩首都贝鲁特港口仓库储存的硝酸铵发生巨大爆炸，该事故约造成 220 人死亡，近 7000 人受伤，30 万人无家可归，首都贝鲁特市受损严重，造成经济损失高达 30 亿美元。因此，防范重大工业事故、保护广大民众生命安全和健康、避免环境破坏在现代安全工程的研究中占有十分重要的位置。

20 世纪 70 年代以来，人们把信息、材料和能源作为社会文明的标志；而 80 年代又把新材料、信息技术和生物技术作为新技术革命的重要标志；21 世纪，以纳米材料、超导材料、光电子材料、生物医用材料以及新能源材料为代表的新材料科技创新更为活跃，新材料诸多领域面对新技术突破和产业发展机遇，相应地带来新的安全事故。比如，近年来，出现多起新能源汽车起火事件，新能源汽车电池热失控是动力电池起火的主要原因。不论是在停车、充电还是行驶中，电动汽车都有可能发生热失控起火，事故诱因包括过热、过充、短路、挤压和穿刺。一旦电池发生热失控，即便外界无任何供氧条件，电池内部也可以充分进行自燃，且一旦电池起火后火势将会迅速蔓延、难以扑灭。目前通过不断地对电池进行创新性设计和安全性实验研究来缓解，或者研制出高效的灭火剂以防止火灾的进一步扩展。因此，解决在材料行业设计新产品、新工艺研发及工程问题方案上的安全问题，考虑评判并采取优化措施尤为重要。

除此之外，人类在生活活动中也时常发生事故，如交通事故、火灾事故、家庭安全事故、学校安全事故等。特别是随着城市人口增加，人口密度越来越大，生活方式越来越多样化，生活中安全事故时有发生。因此生活活动安全也越来越受人们的关注，安全工程关于生活事故的研究也越来越深入。

随着现代科学技术的发展，安全技术不断更新，大大提高了人们控制不安全因素的能力。如今，已形成安全科学理论、危险源辨识与控制及评价、常见伤害事故及预防、生活中常见事例及分析等一系列专门的安全方法。在安全检测技术方面，先进的科学技术逐渐取代人的感官和经验，可以及早地发现不安全因素并采取措施控制，把事故扼杀在萌芽中。

现代材料行业工业生产系统是由众多相互依赖而又相互制约的不同种类的生产作业综合组成的有机整体，每种生产作业又包括人、机、料、法、环等要素。一起事故的发生往往是很多要素相互作用的结果。每种专门的安全技术在解决其相应领域的安全问题有效，但在保证整个工业生产系统安全方面却非常困难，因此从系统安全的角度出发，综合运用各方面的安全技术已成为趋势。

在安全生产事故中，作为系统中要素之一的人占有特殊的位置。一方面，人是安全生产事故的受害者，保护从业人员的安全是工业安全的主要目的；另一方面，人往往又是安全生产事故的肇事者，他们同样是预防事故、搞好工业安全生产的主力军。因此，安全工程一个重要的内容就是关于人行为的研究。应根据与工业相关的人的心理及生理特点和行为规律，设计适合人员操作的工艺、设备、工具，创造适合人特点的作业条件。一方面要利用安全技术措施消除和控制不安全因素，另一方面要运用安全管理手段来规范、控制人的行为，激发从业人员搞好安全生产的积极性，提高他们防范事故发生的能力。

1.2 安全生产法律法规

安全生产是通过人—机—环境三者的和谐运作，使社会生产活动中危及劳动者安全和身体健康的各种事故风险和伤害因素，始终处于有效控制的状态。近年来，安全生产事故频发，影响经济发展和社会稳定，国家制定《中华人民共和国安全生产法》（简称《安全生产法》），将安全生产体制和安全生产综合监督管理部门的职责法律化、制度化。依法建立健全具有权威性、高效率的安全生产监督管理体系。

1.2.1 安全生产法律法规的依据与框架

法是由特定的国家机关依照职权制定或者认可，按一定程序制定出来的规范性文件，并由国家强制力保证其实施的行为规范的总和。它建立在一定的经济基础之上，为一定的经济基础服务，促进社会生产力发展，是维护社会秩序和社会关系的准则。安全生产法律法规是法的组成部分。我国的安全生产法律法规是有关安全生产、职业卫生方面的法律、行政法规、地方性法规和规章等法律文件的总称，是国家、地方、行业颁布的有关安全生产法律、法规、条例、办法、标准以及其他要求的文件，主要是保护从业人员在生产过程中的生命安全和身体健康。

我国制定安全生产法规的主要依据是《中华人民共和国宪法》（简称《宪法》）。《宪法》中规定："国家通过各种途径，创造劳动就业条件，加强劳动保护，改善劳动条件……中华人民共和国劳动者有休息的权利。国家发展劳动者休息和休养的设施，规定职工的工作时间和休假制度。"此外，《宪法》中关于公民有受教育的权利，公民都必须遵守劳动纪律，遵守社会公德，以及国家逐步改善人民物质生产等规定，是安全生产法规中必须遵守的原则。

我国安全生产法律体系是指我国全部现行的、不同的安全生产法律规范形成有机联系的统一整体。安全生产法律体系的基本框架如下。

（1）《宪法》。《宪法》是国家的根本法，具有最高的法律地位和法律效力。《宪法》中有许多条文涉及安全生产和劳动保护问题，这些规定既是安全生产法律法规制定的最高依据，也是安全生产法律法规的一种形式。

（2）法律。法律是安全生产法律体系中的上位法，其法律地位和效力高于行政法规、地方性法规、部门规章、地方政府规章等下位法。国家现行的有关安全生产的专门法律主要有《中华人民共和国安全生产法》《中华人民共和国消防法》《中华人民共和国道路交通安全法》《中华人民共和国海上交通安全法》《中华人民共和国矿山安全法》等；与安全生产相关的法律主要有《中华人民共和国劳动法》《中华人民共和国职业病防治法》《中华人民共和国工会法》《中华人民共和国矿产资源法》《中华人民共和国煤炭法》《中华人民共和国突发事件应对法》等。

（3）行政法规。安全生产行政法规的法律地位和法律效力低于有关安全生产的法律，高于地方性安全生产法规、地方政府安全生产规章等下位法。国家现有的安全生产行政法规有《安全生产许可证条例》《危险化学品安全管理条例》《易制毒化学品管理条例》《放射性废物安全管理条例》等。行政法规是国家行政机关制定的规范性文件的总称。行政法规的名称通常为条例、规定、办法、决定等。

（4）地方性法规。地方性法规是指地方国家权力机关依照法定职权和程序制定和颁布的、施行于本行政区域的规范性文件。地方性安全生产法规的法律地位和法律效力低于有关安全生产的法律、行政法规，高于地方政府安全生产规章。经济特区安全生产法规和民族自治地方安全生产法规的法律地位和法律效力与地方性安全生产法规相同。安全生产地方性法规有《北京市安全生产条例》《天津市安全生产条例》《河南省安全生产条例》等。

（5）行政规章。行政规章是指国家行政机关依照行政职权制定、发布的针对某一类事件、行为或者某一类人员的行政管理的规范性文件。国务院有关部门依照安全生产法律、行政法规的规定或者国务院的授权制定发布的安全生产规章的法律地位和法律效力低于法律、行政法规，高于地方政府规章。地方政府安全生产规章是最低层级的安全生产立法，其法律地位和法律效力低于其他上位法，不得与上位法相抵触。

（6）法定安全生产标准。虽然目前我国没有技术法规的正式用语且未将其纳入法律体系的范畴，但是国家制定的许多安全生产立法却将安全生产标准作为生产经营单位必须执行的技术规范而载入法律，安全生产标准法律化是我国安全生产立法的重要趋势。安全生产标准一旦成为法律规定必须执行的技术规范，它就具有了法律上的地位和效力。执行安全生产标准是生产经营单位的法定义务，违反法定安全生产标准的要求，需要承担法律责任。因此，将法定安全生产标准纳入安全生产法律体系范畴来认识，有助于构建完善的安全生产法律体系。法定安全生产标准主要是指强制性安全生产标准，其分为国家标准和行业标准，两者对生产经营单位的安全生产具有同样的约束力。

1.2.2 安全生产法律法规的主要内容

国家颁布一系列的安全生产法律法规是为了加强安全生产工作，防止和减少安全事故，从而保障人民群众生命和财产安全，促进经济社会持续健康发展。安全生产工作应当把保护人民生命安全放在首位，以人为本，坚持人民至上、生命至上。

1.2.2.1 《安全生产法》

为了加强安全生产监督管理，防止和减少生产安全事故，保障人民群众生命和财产安全，促进经济发展，国家制定了《安全生产法》。学习贯彻《安全生产法》应遵循人身安全第一，预防为主，权责一致，社会监督、综合治理，依法从重处罚这5项基本原则。

A 《安全生产法》的相关内容与规定

《安全生产法》是对所有生产经营单位的安全生产普遍适用的基本法律。主要规定包括安全生产管理方针、生产经营单位安全生产责任制度、生产经营单位主要负责人的安全责任、工会在安全生产工作中的地位和权利、各级人民政府的安全生产职责、安全生产综合监督管理部门与专项监管部门的职责分工、安全生产中介机构的规定、生产安全事故责任追究、安全生产标准、安全生产宣传教育、安全生产科技进步、安全生产奖励12个方面。

“安全第一、预防为主、综合治理”既是安全生产基本方针，也是《安全生产法》的灵魂。《安全生产法》的基本法律制度和法律规范始终突出了“安全第一、预防为主、综合治理”的方针。安全生产，重在预防。坚持安全第一，在生产过程中把安全放在第一的重要位置上，切实保护劳动者的生命安全和身体健康，这是贯彻落实以人为本的科学发展观、构建社会主义和谐社会的必然要求。预防为主体现了现代安全管理的思想，把预防事故作为安全生产工作的着眼点和落脚点，进行主动的、超前的管理，安全意识在先、安全投入在先、安全责任在先、建章立制在先、隐患预防在先和监督执法在先。综合治理，是适应我国安全生产形势的要求，自觉遵循安全生产规律，正视安全生产工作的长期性、艰巨性和复杂性，抓住安全生产工作中的主要矛盾和关键环节，综合运用经济、法律、行政等手段，人管、法制、技防多管齐下，并充分发挥社会、职工、舆论的监督作用，有效解决安全生产领域的问题。

《安全生产法》确定了以生产经营单位作为主体、以依法生产经营为规范、以安全生产责任制为核心的安全生产管理制度。生产经营单位主要负责人必须是生产经营单位生产经营活动的主要决策人，是实际领导、指挥生产经营单位日常生产经营活动的决策人，是能够承担生产经营单位安全生产工作全面领导责任的决策人，是生产经营单位安全生产工作的第一责任者。工会是安全生产工作中代表从业人员对生产经营单位的安全生产进行监督、维护从业人员合法权益的群众性组织，是协助生产经营单位加强安全管理的助手，是政府监督管理的重要补充。各级人民政府及其各有关部门是实施安全生产监督管理的主体，法律要明确各级人民政府的领导地位和各有关部门的监督管理职能，发挥其监督管理主体的作用，将各级人民政府在安全生产中的地位和基本职责法律化。建立适应我国国情的安全生产监督管理体制，明确各级人民政府负有安全生产监督管理职责的部门的职责分工，对于加强安全生产监督管理极为必要。《安全生产法》第九条规定："国务院负责安全生产监督管理的部门依照本法，对全国安全生产工作实施综合监督管理；县级以上地方各级人民政府负责安全生产监督管理的部门依照本法，对本行政区域内安全生产工作实施综合监督管理。国务院有关部门依照本法和其他有关法律、行政法规的规定，在各自的职责范围内对有关的安全生产工作实施监督管理；县级以上地方各级人民政府有关部门依照本法和其他有关法律、法规的规定，在各自的职责范围内对有关的安全生产工作实施监督管理。"

安全生产是人—机—环三者的有机结合和统一。安全标准是一种安全技术规范，其依内容的不同可以分为产品标准、方法标准和管理标准。确保安全生产，不仅需要加强管理，而且需要制定大批安全标准，以提高安全生产的科技含量和管理水平。安全标准是法律规范的重要补充。

《安全生产法》还规定管理安全生产的宣传。《安全生产法》第十条规定："各级人民政府及其有关部门应当采取多种形式，加强对有关安全生产的法律、法规和安全生产知识的宣传，提高职工的安全生产意识。"安全生产事关人民群众生命和财产安全。做好安全生产工作，必须依靠和发动广大职工群众乃至全民积极主动、自觉自愿地参与，从而提升全民的安全意识，弘扬安全文化，树立以人为本的理念。各级人民政府及其有关部门负有进行安全生产宣传教育的职责，应采用多种形式，充分利用各种传播媒体，广泛深入、坚持不懈地开展对安全生产法律、法规的宣传，使其为广大职工群众所掌握，将其变为广大职工群众的自觉行动，从而营造人人关注安全、关爱生命的社会氛围，从根本上提升全民的安全生产意识。

国家鼓励和支持安全生产科学技术的研究和推广应用，提高安全生产水平。实现安全生产，必须依靠科技进步，先进的安全生产科学技术对提高安全生产水平具有不可替代的重要作用。随着社会经济的发展，各种生产经营活动的安全生产，离不开先进的科学技术的保证。只有重视和鼓励安全生产科学技术的研究，推广先进的安全生产技术，才能不断改善安全生产条件，不断装备先进、可靠的安全设施、设备，加强预防生产安全事故和消除事故隐患的手段和能力，实现科技兴安、科技保安，从根本上改变当前安全生产科学技术落后的状况。

要保障安全生产，需要无数为安全生产无私奉献、努力工作的单位和个人。在安全生产方面做出显著成绩的单位和个人，国家应当给予奖励，表彰他们的事迹，在全社会树立保障安全光荣、保障安全有功、保障安全受奖的风范和榜样，最大限度地调动各方面的积极性，共同抓好安全生产。

生产经营单位应当对从业人员（包括被派遣劳动者及来企业实习的高校学生）进行安全生产教育和培训，保证从业人员掌握本岗位的安全操作技能，知悉自身在安全生产方面的权利和义务，从业人员须经培训合格方可上岗作业。特种作业人员是指直接从事特种作业的从业人员，他们所从事的岗位比较特殊，存在较大的危险性。生产经营单位的特种作业人员必须按照国家有关规定经专门的安全作业培训，取得特种作业操作资格证书，方可上岗作业。生产经营单位维持或扩大生产经营规模，其建设项目的安全设施必须做到“三同时”，即生产经营单位新建、改建、扩建工程项目的安全设施，必须与主体工程同时设计、同时施工、同时投入生产和使用。安全设施投资应当纳入建设项目概算。

《安全生产法》要求矿山建设项目和用于生产、储存危险物品的建设项目在竣工投入生产或者使用前，必须依照有关法律、行政法规的规定对安全设施进行验收；经验收合格后，方可投入生产和使用。验收部门及其验收人员对验收结果负责。

生产经营作业中为了加强作业现场的安全管理，有必要制作和设置以图形、符号、文字和色彩表示的安全警示标志，以提醒、阻止某些不安全的行为，避免发生生产安全事故。安全警示标志的设置必须规范统一，应当符合国家标准或者行业标准的规定。生产经营单位应当在有较大危险因素的生产经营场所和有关设施、设备上，设置明显的安全警示标志。

生产经营单位安全设备的设计、制造、安装、使用、检测、维修、改造和报废，应当符合国家标准或者行业标准；生产经营单位必须对安全设备进行经常性维护、保养，并定期检测，保证其正常运转；维护、保养、检测应当做好记录，并由有关人员签字。生产经营单位生产、经营、运输、储存、使用危险物品或者处置废弃危险物品的，必须执行有关法律、法规和国家标准或者行业标准，建立专门的安全管理制度，采取可靠的安全措施，接受有关主管部门依法实施的监督管理。

特种设备应经常或者定期进行检测、检验，保证其性能良好、运行正常。生产经营单位使用的涉及生命安全、危险性较大的特种设备以及危险物品的容器、运输工具，必须按照国家有关规定，由专业生产单位生产，并经取得专业资质的检测、检验机构检测、检验合格，取得安全使用证或者安全标志。

生产经营单位对本单位的重大危险源登记建档，定期进行检测检验、评估、监控，发现安全问题及时采取措施；制定应急预案和紧急情况下应当采取的应急措施，并告知从业人员和有关人员。生产、经营、储存、使用危险物品的车间、商店、仓库不得与员工宿舍在同一座建筑物内，并应当与员工宿舍保持安全距离。生产经营场所与员工宿舍应当设有符合紧急疏散要求、标志明显、保持畅通的出口。禁止封闭、堵塞生产经营场所或者员工宿舍的出口。生产经营单位必须为从业人员提供符合国家标准或者行业标准的劳动防护用品，不符合标准的，不准提供；生产经营单位应当监督、教育从业人员按照使用规则佩戴、使用劳动防护用品；生产经营单位要安排劳动防护用品的经费。

两个以上生产经营单位在同一作业区域内进行生产经营活动，可能危及对方生产安全的，应当签订安全生产管理协议，明确各自的安全生产管理职责和应当采取的安全措施，并指定专职安全生产管理人员进行安全检查与协调。生产经营单位对承包单位、承租单位的安全生产工作统一协调、管理。

生产经营单位必须依法参加工伤社会保险，为从业人员缴纳保险费。

B 从业人员的权利和义务

从业人员依法享有的权利包括5项：(1) 有权了解作业场所和工作岗位存在的危险因素、防范措施及事故应急措施；(2) 有权对本单位安全生产工作中存在的问题提出批评、检举、控告；(3) 有权拒绝违章指挥和强令冒险作业；(4) 发现直接危及人身安全的紧急情况时，有权停止作业或者在采取可能的应急措施后撤离作业场所；(5) 因生产安全事故受到损害的从业人员，除依法享有工伤保险外，依照有关民事法律尚有获得赔偿的权利的，有权提出赔偿要求。

从业人员必须承担相应的法律义务包括4项：(1) 遵守本单位的安全生产规章制度和操作规程，服从管理的义务；(2) 正确佩戴和使用劳动防护用品的义务；(3) 接受安全培训，掌握安全生产技能的义务；(4) 发现事故隐患或者其他不安全因素及时报告的义务。

C 生产安全事故的应急救援与调查处理

生产经营单位发生生产安全事故后，事故现场有关人员应当立即报告本单位负责人。单位负责人接到事故报告后，应当迅速采取有效措施，组织抢救，防止事故扩大，减少人员伤亡和财产损失，并按照国家有关规定立即如实报告当地负有安全生产监督管理职责的部门，不得隐瞒不报、谎报或者迟报，不得故意破坏事故现场、毁灭有关证据。生产经营单位负责人在事故报告和抢救中负有主要领导责任，必须履行及时、如实报告生产安全事故的法定义务。负有安全生产监督管理职责的部门接到事故报告后，应当立即按照国家有关规定上报事故情况。负有安全生产监督管理职责的部门和有关地方人民政府对事故情况不得隐瞒不报、谎报或者迟报。有关地方人民政府和负有安全生产监督管理职责的部门的负责人接到生产安全事故报告后，应当按照生产安全事故应急救援预案的要求立即赶到事故现场，组织事故抢救。任何单位和个人都应当支持、配合事故抢救，并提供一切便利条件。参与事故抢救的部门和单位应当服从统一指挥，加强协同联动，采取有效的应急救援措施，并根据事故救援的需要采取警戒、疏散等措施，防止事故扩大和次生灾害的发生，减少人员伤亡和财产损失。事故抢救过程中应当采取必要措施，避免或者减少对环境造成的危害。任何单位和个人都应当支持、配合事故抢救，并提供一切便利条件。

事故调查处理应当按照科学严谨、依法依规、实事求是、注重实效的原则，及时、准确地查清事故原因，查明事故性质和责任，总结事故教训，提出整改措施，并对事故责任者提出处理意见。在处理伤亡事故时要坚持“四不放过”的原则，即事故原因分析不清不放过、事故责任者和群众没有受到教育不放过、没有制定出防范措施不放过、事故责任者没受到处理不放过。事故调查报告应当依法及时向社会公布。事故调查和处理的具体办法由国务院制定。事故发生单位应当及时全面落实整改措施，负有安全生产监督管理职责的部门应当加强监督检查。

生产经营单位发生生产安全事故，经调查确定为责任事故的，除了应当查明事故单位的责任并依法予以追究外，还应当查明对安全生产的有关事项负有审查批准和监督职责的行政部门的责任，对有失职、渎职行为的，依法追究法律责任。任何单位和个人不得阻挠和干涉对事故的依法调查处理。

D　安全生产法律责任

各类安全生产法律关系的主体必须履行各自的安全生产法律义务、保障安全生产。《安全生产法》的执法机关应依照有关法律规定，追究安全生产违法犯罪分子的法律责任，对有关生产经营单位给予法律制裁。

追究安全生产违法行为法律责任的形式有行政责任、民事责任和刑事责任 3 种。《安全生产法》针对安全生产违法行为设定的行政处罚，有责令改正、责令限期改正、责令停产停业整顿、责令停止建设、停止使用、责令停止违法行为、罚款、没收违法所得、吊销证照、行政拘留、关闭等 11 种。

安全生产违法行为的责任主体主要包括有：有关人民政府和负有安全生产监督管理职责的部门及其领导人、负责人；生产经营单位及其负责人、有关主管人员；生产经营单位的从业人员；安全生产中介服务机构和安全生产中介服务人员。

生产经营单位的安全生产违法行为有下列 27 种。

（1）生产经营单位的决策机构、主要负责人、个人经营的投资人不依照《安全生产法》规定保证安全生产所必需的资金投入，致使生产经营单位不具备安全生产条件的。

（2）生产经营单位的主要负责人未履行《安全生产法》规定的安全生产管理职责的。

（3）生产经营单位未按照规定设立安全生产管理机构或者配备安全生产管理人员的。

（4）危险物品的生产、经营、储存单位以及矿山、建筑施工单位的主要负责人和安全生产管理人员未按照规定经考核合格的。

（5）生产经营单位未按照规定对从业人员进行安全生产教育和培训，或者未按照规定如实告知从业人员有关的安全生产事项的。

（6）特种作业人员未按照规定经专门的安全作业培训并取得特种作业操作资格证书，上岗作业的。

（7）生产经营单位的矿山建设项目或者用于生产、储存危险物品的建设项目没有安全设施设计或者安全设施设计未按照规定报经有关部门审查同意的。

（8）矿山建设项目或者用于生产、储存危险物品的建设项目的施工单位未按照批准的安全设施设计施工的。

（9）矿山建设项目或者用于生产、储存危险物品的建设项目竣工投入生产或者使用前，安全设施未经验收合格的。

（10）生产经营单位未在有较大危险因素的生产经营场所和有关设施、设备上设置明显的安全警示标志的。

（11）安全设备的安装、使用、检测、改造和报废不符合国家标准或者行业标准的。

（12）未对安全设备进行经常性维护、保养和定期检测的。

（13）未为从业人员提供符合国家标准或者行业标准的劳动防护用品的。

（14）特种设备以及危险物品的容器、运输工具未经取得专业资质的机构检测、检验合格，取得安全使用证或者安全标志，投入使用的。

（15）使用国家明令淘汰、禁止使用的危及生产安全的工艺、设备的。

（16）未经依法批准，擅自生产、经营、储存危险物品的。

（17）生产经营单位生产、经营、储存、使用危险物品，未建立专门安全管理制度、未采取可靠的安全措施或者不接受有关主管部门依法实施的监督管理的。

（18）对重大危险源未登记建档，或者未进行评估、监控，或者未制定应急预案的。

（19）进行爆破、吊装等危险作业，未安排专门管理人员进行现场安全管理的。

（20）生产经营单位将生产经营项目、场所、设备发包或者出租给不具备安全生产条件或者相应资质的单位或者个人的。

（21）生产经营单位未与承包单位、承租单位签订专门的安全生产管理协议或者未在承包合同、租赁合同中明确各自的安全生产管理职责，或者未对承包单位、承租单位的安全生产统一协调、管理的。

（22）两个以上生产经营单位在同一作业区域内进行可能危及对方安全生产的生产经营活动，未签订安全生产管理协议或者未指定专职安全生产管理人员进行安全检查与协调的。

（23）生产经营单位生产、经营、储存、使用危险物品的车间、商店、仓库与员工宿舍在同一座建筑内，或者与员工宿舍的距离不符合安全要求的。

（24）生产经营场所和员工宿舍未设有符合紧急疏散需要、标志明显、保持畅通的出口，或者封闭、堵塞生产经营场所或者员工宿舍出口的。

（25）生产经营单位与从业人员订立协议，免除或者减轻其对从业人员因生产安全事故伤亡依法应承担的责任的。

（26）生产经营单位不具备《安全生产法》和其他有关法律、行政法规和国家标准或者行业标准规定的安全生产条件，经停产停业整顿仍不具备安全生产条件的。

（27）生产经营单位发生生产安全事故造成人员伤亡、他人财产损失的。

《安全生产法》对上述安全生产违法行为设定的法律责任分别是：处以罚款、没收违法所得、责令限期改正、停产停业整顿、责令停止建设、责令停止违法行为、吊销证照、关闭的行政处罚；导致发生生产安全事故给他人造成损害或者其他违法行为造成他人损害的，承担赔偿责任或者连带赔偿责任；构成犯罪的，依法追究刑事责任。

发生生产安全事故，对负有责任的生产经营单位除要求其依法承担相应的赔偿等责任外，由安全生产监督管理部门依照下列规定处以罚款：

（1）发生一般事故的，处30万元以上100万元以下的罚款；

（2）发生较大事故的，处100万元以上200万元以下的罚款；

（3）发生重大事故的，处200万元以上1000万元以下的罚款；

（4）发生特别重大事故的，处1000万元以上2000万元以下的罚款。

情节特别严重、影响特别恶劣的情形，可以按照法律规定罚款数额的2倍以上5倍以下对事故发生单位处以罚款。

生产经营单位发生生产安全事故造成人员伤亡、他人财产损失的，应当依法承担赔偿责任；拒不承担或者其负责人逃匿的，由人民法院依法强制执行。

《安全生产法》规定追究法律责任的生产经营单位有关人员的安全生产违法行为，有下列7种：

（1）生产经营单位的决策机构、主要负责人、个人经营的投资人不依照《安全生产法》规定保证安全生产所必需的资金投入，致使生产经营单位不具备安全生产条件的；

（2）生产经营单位的主要负责人未履行《安全生产法》规定的安全生产管理职责的；

（3）生产经营单位与从业人员订立协议，免除或者减轻其对从业人员因生产安全事故伤亡依法应承担的责任的；

(4) 生产经营单位主要负责人在本单位发生重大生产安全事故时，不立即组织抢救或者在事故调查处理期间擅离职守或者逃匿的；

(5) 生产经营单位主要负责人对生产安全事故隐瞒不报、谎报或者拖延不报的；

(6) 生产经营单位的从业人员不服从管理，违反安全生产规章制度或者操作规程的；

(7) 生产安全事故的责任人未依法承担赔偿责任，经人民法院依法采取执行措施后，仍不能对受害人给予足额赔偿的。

《安全生产法》对上述安全生产违法行为设定的法律责任分别是：处以降职、撤职、罚款、拘留的行政处罚；构成犯罪的，依法追究刑事责任。

生产经营单位的主要负责人未履行本法规定的安全生产管理职责，导致发生生产安全事故的，由应急管理部门依照下列规定处以罚款：

(1) 发生一般事故的，处上一年年收入百分之四十的罚款；

(2) 发生较大事故的，处上一年年收入百分之六十的罚款；

(3) 发生重大事故的，处上一年年收入百分之八十的罚款；

(4) 发生特别重大事故的，处上一年年收入百分之一百的罚款。

生产经营单位的安全生产管理人员未履行《安全生产法》规定的安全生产管理职责的，责令限期改正；导致发生生产安全事故的，暂停或者撤销其与安全生产有关的资格；构成犯罪的，依照刑法有关规定追究刑事责任。

1.2.2.2　《特种设备安全法》

《中华人民共和国特种设备安全法》（简称《特种设备安全法》）主要规定了特种设备的生产、经营、使用、检验、检测，监督管理，事故应急救援与调查处理等方面的内容。

国家按照分类监督管理的原则对特种设备生产实行许可制度。特种设备生产单位应当具备与生产相适应的专业技术人员、设备、设施和工作场所，健全的质量保证、安全管理和岗位责任等制度，并经负责特种设备安全监督管理的部门许可，才能从事生产活动。

特种设备产品、部件或者试制的特种设备新产品、新部件以及特种设备采用的新材料，按照安全技术规范的要求需要通过型式试验进行安全性验证的，应当经负责特种设备安全监督管理的部门核准的检验机构进行型式试验。因生产原因造成特种设备存在危及安全的同一性缺陷的，特种设备生产单位应当立即停止生产，主动召回。

特种设备的进出口检验，应当遵守有关进出口商品检验的法律、行政法规。特种设备使用单位应当使用取得许可生产并经检验合格的特种设备，禁止使用国家明令淘汰和已经报废的特种设备。与特种设备安全相关的建筑物、附属设施，应当符合有关法律、行政法规的规定，特种设备使用单位应当对其使用的特种设备的安全附件、安全保护装置进行定期校验、检修，并作出记录，并将定期检验标志置于该特种设备的显著位置。特种设备作业人员在作业过程中发现事故隐患或者其他不安全因素时，应当立即向特种设备安全管理人员和单位有关负责人报告；特种设备运行不正常时，特种设备作业人员应当按照操作规程采取有效措施保证安全，消除隐患后方可继续使用。

特种设备检验、检测机构及其检验、检测人员在检验、检测中发现特种设备存在严重事故隐患时，应当及时告知相关单位，并立即向负责特种设备安全监督管理的部门报告。负责特种设备安全监督管理的部门应当对特种设备检验、检测机构的检验、检测结果和鉴定结论进行监督抽查，但应当防止重复抽查。监督抽查结果应当向社会公布。

1.2.2.3 《职业病防治法》

《中华人民共和国职业病防治法》（简称《职业病防治法》）中所称职业病，是指企业、事业单位和个体经济组织等用人单位的劳动者在职业活动中，因接触粉尘、放射性物质和其他有毒、有害因素而引起的疾病。制定《职业病防治法》的主要目的是预防、控制和消除职业病危害，防治职业病，保护劳动者健康及相关权益，促进经济社会发展。《职业病防治法》适用于中华人民共和国领域内的职业病防治活动。

国家鼓励和支持研制、开发、推广、应用有利于职业病防治和保护劳动者健康的新技术、新工艺、新设备、新材料，加强对职业病的机理和发生规律的基础研究，提高职业病防治科学技术水平；积极采用有效的职业病防治技术、工艺、设备、材料；限制使用或者淘汰职业病危害严重的技术、工艺、设备、材料。《职业病防治法》主要内容包括前期预防、劳动过程中的防护与管理、职业病诊断与职业病病人保障、监督检查、法律责任几个方面。

A 前期预防

用人单位应当依照法律、法规要求，严格遵守国家职业卫生标准，落实职业病预防措施，从源头上控制和消除职业病危害。产生职业病危害的用人单位的设立除应当符合法律、行政法规规定的设立条件外，其工作场所还应当符合职业卫生要求，如：职业病危害因素的强度或浓度符合国家职业卫生标准；有与职业病危害防护相应的设施；生产布局合理，符合有害与无害作业分开的原则等。国家建立职业病危害项目申报制度，职业病危害预评价报告应当对建设项目可能产生的职业病危害因素及其对工作场所和劳动者健康的影响做出评价，确定危害类别和职业病防护措施。

B 劳动过程中的防护与管理

劳动者应该享有以下职业卫生保护权利：

（1）获得职业卫生教育、培训；

（2）获得职业健康检查、职业病诊疗、康复等职业病防治服务；

（3）了解工作场所产生或者可能产生的职业病危害因素、危害后果和应当采取的职业病防护措施；

（4）要求用人单位提供符合防治职业病要求的职业病防护设施和个人使用的职业病防护用品，改善工作条件；

（5）对违反职业病防治法律、法规以及危及生命健康的行为提出批评、检举和控告；

（6）拒绝违章指挥和强令进行没有职业病防护措施的作业；

（7）参与用人单位职业卫生工作的民主管理，对职业病防治工作提出意见和建议。

用人单位按照职业病防治要求，对用于预防和治理职业病危害、工作场所卫生检测、健康监护和职业卫生培训等费用，在生产成本中据实列支；职业卫生监督管理部门应当按照职责分工，加强对用人单位落实职业病防护管理措施情况的监督检查，依法行使职权，承担责任。工会组织对用人单位违反职业病防治法律、法规，侵犯劳动者合法权益的行为，有权要求纠正；产生严重职业病危害时，有权要求采取防护措施，或者向政府有关部门建议采取强制性措施；发生职业病危害事故时，有权参与事故调查处理；发现危及劳动者生命健康的情形时，有权向用人单位建议组织劳动者撤离危险现场，用人单位应当立即作出处理。

C 职业病诊断与职业病病人保障

承担职业病诊断的医疗卫生机构应当取得《医疗机构执业许可证》，并具有与开展职业病诊断相适应的医疗卫生技术人员和仪器、设备，不得拒绝劳动者进行职业病诊断的要求。

用人单位应当及时安排对疑似职业病病人进行诊断；在疑似职业病病人诊断或者医学观察期间，不得解除或者终止与其订立的劳动合同，并且疑似职业病病人在诊断、医学观察期间的费用，由用人单位承担。用人单位应安排职业病病人进行治疗、康复和定期检查；对不适宜继续从事原工作的职业病病人，应当调离原岗位，并妥善安置；对从事接触职业病危害的作业的劳动者，应当给予适当岗位津贴。

D 监督检查

县级以上人民政府职业卫生监督管理部门依照职业病防治法律、法规、国家职业卫生标准和卫生要求，依据职责划分，对职业病防治工作进行监督检查。

发生职业病危害事故或者有证据证明危害状态可能导致职业病危害事故发生时，卫生行政部门可以责令暂停导致职业病危害事故的作业，封存造成职业病危害事故或者可能导致职业病危害事故发生的材料和设备，组织控制职业病危害事故现场；在危害状态得到有效控制后，卫生行政部门应当及时解除控制措施。

E 法律责任

县级以上人民政府职业卫生监督管理部门不履行《职业病防治法》规定的职责，滥用职权、玩忽职守、徇私舞弊，依法对负责的直管人员和其他直接责任人员给予记大过或者降级处分；造成职业病危害事故或者其他严重后果的，依法给予撤职或者开除的处分。违反《职业病防治法》规定，构成犯罪的，依法追究刑事责任。

1.2.2.4 《危险化学品安全管理条例》

《危险化学品安全管理条例》制定的主要目的是加强化学品的安全管理，预防和减少危险化学品事故，保障人民群众生命财产安全，保护环境。

生产、储存、使用、经营、运输危险化学品的单位（以下统称危险化学品单位）的主要负责人对本单位的危险化学品安全管理工作全面负责。危险化学品单位应当具备法律、行政法规规定和国家标准、行业标准要求的安全条件，建立、健全安全管理规章制度和岗位安全责任制度，对从业人员进行安全教育、法制教育和岗位技术培训。从业人员应当接受教育和培训，考核合格后上岗作业；对有资格要求的岗位，应当配备依法取得相应资格的人员。

国家对危险化学品的使用有限制性规定的，任何单位和个人不得违反限制性规定使用危险化学品。负有危险化学品安全监督管理职责的部门依法进行监督检查，监督检查人员不得少于两人，并应当出示执法证件；有关单位和个人对依法进行的监督检查应当予以配合，不得拒绝、阻碍。

生产列入国家实行生产许可证制度的工业产品目录的危险化学品的企业，应当依照《中华人民共和国工业产品生产许可证管理条例》的规定，取得工业产品生产许可证。危险化学品包装物、容器的材质以及危险化学品包装的型式、规格、方法和单件质量（重量），应当与所包装的危险化学品的性质和用途相适应。危险化学品的储存方式、方法以及储存数量应当符合国家标准或者国家有关规定。储存危险化学品的单位应当对其危险化学品专用仓库的安全设施、设备定期进行检测、检验。

国家对危险化学品经营（包括仓储经营，下同）实行许可制度。未经许可，任何单位和个人不得经营危险化学品。个人不得购买剧毒化学品（属于剧毒化学品的农药除外）和易制爆危险化学品。禁止通过内河封闭水域运输剧毒化学品以及国家规定禁止通过内河运输的其他危险化学品。任何单位和个人不得交寄危险化学品或者在邮件、快件内夹带危险化学品，不得将危险化学品匿报或者谎报为普通物品交寄。危险化学品生产企业、进口企业，应当向国务院安全生产监督管理部门负责危险化学品登记的机构办理危险化学品登记。危险化学品单位应当制定本单位危险化学品事故应急预案，配备应急救援人员和必要的应急救援器材、设备，并定期组织应急救援演练。

1.2.2.5 《易制毒化学品管理条例》

国家对易制毒化学品的生产、经营、购买、运输和进口、出口实行分类管理和许可制度。《易制毒化学品管理条例》制定的目的是加强易制毒化学品管理，规范易制毒化学品的生产、经营、购买、运输和进口、出口行为，防止易制毒化学品被用于制造毒品，维护经济和社会秩序。

易制毒化学品分为三类。第一类是可以用于制毒的主要原料，第二类、第三类是可以用于制毒的化学配剂。国家禁止走私或者非法生产、经营、购买、转让、运输易制毒化学品。禁止使用现金或者实物进行易制毒化学品交易。但是，个人合法购买第一类中的药品类易制毒化学品药品制剂和第三类易制毒化学品的除外。国家鼓励向公安机关等有关行政主管部门举报涉及易制毒化学品的违法行为，并且为举报者保密，对举报属实的，县级以上人民政府及有关行政主管部门应当给予奖励。生产、经营、购买、运输和进口、出口易制毒化学品的单位，应当建立单位内部易制毒化学品管理制度。

申请生产第一类中的药品类易制毒化学品的，由省、自治区、直辖市人民政府药品监督管理部门审批；申请生产第一类中的非药品类易制毒化学品的，由省、自治区、直辖市人民政府安全生产监督管理部门审批。生产第二类、第三类易制毒化学品的，应当自生产之日起 30 日内，将生产的品种、数量等情况，向所在地的设区的市级人民政府安全生产监督管理部门备案。申请购买第一类中的药品类易制毒化学品的，由所在地的省、自治区、直辖市人民政府药品监督管理部门审批；申请购买第一类中的非药品类易制毒化学品的，由所在地的省、自治区、直辖市人民政府公安机关审批。个人不得购买第一类、第二类易制毒化学品。易制毒化学品运输许可证应当载明拟运输的易制毒化学品的品种、数量、运入地、货主及收货人、承运人情况以及运输许可证种类。运输易制毒化学品，运输人员应当自启运起全程携带运输许可证或者备案证明。公安机关应当在易制毒化学品的运输过程中进行检查。运输易制毒化学品，应当遵守国家有关货物运输的规定。

未经许可或者备案擅自生产、经营、购买、运输易制毒化学品，伪造申请材料骗取易制毒化学品生产、经营、购买或者运输许可证，使用他人的或者伪造、变造、失效的许可证生产、经营、购买、运输易制毒化学品的，由公安机关没收非法生产、经营、购买或者运输的易制毒化学品、用于非法生产易制毒化学品的原料以及非法生产、经营、购买或者运输易制毒化学品的设备、工具，处非法生产、经营、购买或者运输的易制毒化学品货值 10 倍以上 20 倍以下的罚款，货值的 20 倍不足 1 万元的，按 1 万元罚款；有违法所得的，没收违法所得；有营业执照的，由市场监督管理部门吊销营业执照；构成犯罪的，依法追究刑事责任。走私易制毒化学品的，由海关没收走私的易制毒化学品；有违法所得的，没收违法所得，并依照海关法律、行政法规给予行政处罚；构成犯罪的，依法追究刑事责任。企业的易制毒化学品生产经营许可被依法吊销后，未及时到市场监督管理部门办理经营范围变更或者企业注销登记的，依照前款规定，对易制毒化学品予以没收，并处罚款。

1.2.2.6 《生产经营单位安全培训规定》

《生产经营单位安全培训规定》的制定是为了加强和规范生产经营单位安全培训工作，提高从业人员安全素质，防范伤亡事故，减轻职业危害。生产经营单位负责本单位从业人员安全培训工作，建立健全安全培训工作制度。生产经营单位使用被派遣劳动者的，应当将被派遣劳动者纳入本单位从业人员统一管理，对被派遣劳动者进行岗位安全操作规程和安全操作技能的教育和培训。劳务派遣单位应当对被派遣劳动者进行必要的安全生产教育和培训。

生产经营单位接收中等职业学校、高等学校学生实习的，应当对实习学生进行相应的安全生产教育和培训，提供必要的劳动防护用品。学校应当协助生产经营单位对实习学生进行安全生产教育和培训。生产经营单位从业人员应当接受安全培训，熟悉有关安全生产规章制度和安全操作规程，具备必要的安全生产知识，掌握本岗位的安全操作技能，了解事故应急处理措施，知悉自身在安全生产方面的权利和义务。未经安全培训合格的从业人员，不得上岗作业。

生产经营单位主要负责人和安全生产管理人员应当接受安全培训，具备与所从事的生产经营活动相适应的安全生产知识和管理能力。生产经营单位主要负责人安全培训应当包括下列内容：(1) 国家安全生产方针、政策和有关安全生产的法律、法规、规章及标准；(2) 安全生产管理基本知识、安全生产技术、安全生产专业知识；(3) 重大危险源管理、重大事故防范、应急管理和救援组织以及事故调查处理的有关规定；(4) 职业危害及其预防措施；(5) 国内外先进的安全生产管理经验；(6) 典型事故和应急救援案例分析；(7) 其他需要培训的内容。

生产经营单位主要负责人和安全生产管理人员初次安全培训时间不得少于 32 学时，每年再培训时间不得少于 12 学时。煤矿、非煤矿山、危险化学品、烟花爆竹、金属冶炼等生产经营单位主要负责人和安全生产管理人员初次安全培训时间不得少于 48 学时，每年再培训时间不得少于 16 学时。生产经营单位应当坚持以考促学、以讲促学，确保全体从业人员熟练掌握岗位安全生产知识和技能；煤矿、非煤矿山、危险化学品、烟花爆竹、金属冶炼等生产经营单位还应当完善和落实师傅带徒弟制度。具备安全培训条件的生产经营单位，应当以自主培训为主；可以委托具备安全培训条件的机构，对从业人员进行安全培训。安全生产监管监察部门检查中发现安全生产教育和培训责任落实不到位、有关从业人员未经培训合格的，应当视为生产安全事故隐患，责令生产经营单位立即停止违法行为，限期整改，并依法予以处罚。

课程思政

对安全生产法律法规的学习，能够培养遵纪守法、守法自律的意识，提高判断力、分析能力和解决问题的能力，懂得在安全生产的过程中用法律的武器保护自己，以人为本，人民至上，生命至上，增强法律的权威和公信力，促进社会的法治进程，使我们具备良好的社会责任感，增强我们与自然环境和谐共生的意识，明确人类共同发展进步的使命担当。

1.3 企业安全生产管理制度

我国建立了以安全生产责任制为核心的企业安全生产管理制度，它是企业岗位责任制度的重要组成部分。企业必须明确安全生产管理机构设置和人员配备、安全生产规章制度及其修订、安全生产教育培训、安全生产许可、安全生产检查、安全技术措施计划、安全生产事故排查治理、建设项目安全设施“三同时”监督管理、安全生产标准化建设和安全文化建设等方面内容。

（1）安全生产责任制度。安全生产责任制度规定各级领导、职能部门、工程技术人员、岗位操作人员在劳动生产过程中对安全生产层层负责，安全生产责任制度根据“管生产的必须管安全”的原则，要求能够承担生产经营单位安全生产工作主要领导责任的决策人在管理生产、经营的同时，必须负责管理安全工作，做到“五同时”，即：在计划、布置、检查、总结、评比生产的时候，同时计划、布置、检查、总结、评比事故预防工作。

（2）安全生产管理机构设置和人员配备。

1）矿山、金属冶炼、建筑施工、道路运输单位和危险物品的生产、经营、储存单位，应当设置安全生产管理机构或配备专职安全生产管理人员。

2）前款以外的其他生产经营单位，从业人员超过 100 人的，应当设置安全生产管理机构或者配置专职安全生产管理人员；从业人员在 100 人以下的，应当配备专职或者兼职的安全生产管理人员。

（3）安全生产规章制度及其修订。负责安全生产管理部门或相关职能部门会签或公开征求意见，根据生产经营单位安全生产责任制起草本单位的规章制度后，经生产经营单位主管生产的领导或总工程师签发，用红头文件、内部办公网络等固定方式发布，并对相关人员组织培训考试合格后方可作业。

生产经营单位应定期检查安全生产规章制度执行中存在的问题，及时掌握规章制度执行效果，并对规章制度进行审查和修订，规章制度每 3～5 年应进行一次全面修订，并重新发布，确保规章制度的建设和管理有序进行。

（4）安全生产教育培训。安全生产教育制度是对企业各类人员进行安全生产教育的制度，它包括三级教育、特种作业人员的专门训练、经常性的安全教育等内容。

三级教育制度是厂矿企业必须坚持的基本安全教育制度和主要形式。所谓三级教育，是对新工人、参加生产实习的人员、参加生产劳动的学生和新调到本厂工作的工人集中一段时间，连续进行入厂教育、车间教育和岗位教育三个级别的安全教育。对于从事特种作业的人员，要进行专门的安全技术和操作知识的教育和训练，经过国家有关部门考核合格后，颁发“特种作业人员操作证”。特种作业人员在进行作业时，必须随身携带“特种作业人员操作证”。对操作者本人，尤其对他人和周围设施的安全有重大危害因素的作业，称为特种作业。直接从事特种作业者，称为特种作业人员。特种作业范围包括电工作业、焊接与热切割作业、高处作业、制冷与空调作业、煤矿安全作业、金属非金属矿山安全作业、石油天然气安全作业、冶金（有色）生产安全作业、危险化学品安全作业、烟花爆竹安全作业以及安全监管总局认定的其他作业。

企业进行经常性安全生产教育，建立安全活动日和在班前班后会上布置、检查安全生产情况等制度，对职工经常进行安全教育，并且注意结合职工文化生活，进行各种安全生产的宣传活动；在采用新的生产方法，增添新的技术、设备，制造新的产品或调换工人工作的时候，要对工人进行新操作法和新工作岗位的安全教育。企业的经常性安全教育可按下列形式进行：1）在每天的班前班会上说明安全注意事项，讲评安全生产情况；2）开展安全活动日，进行安全教育、安全检查、安全装置维护；3）召开安全生产会议，专题计划、布置、检查、总结、评比安全生产工作；4）召开事故现场会，分析造成事故的原因及其教训，确认事故的责任者，制定防止事故重复发生的措施；5）总结发生事故的规律，有针对性地进行安全教育；6）组织工人参加安全技术交流，观看安全生产展览、电影、电视等，张贴安全生产宣传画、宣传标语等，时刻提醒人们注意安全。

（5）安全生产许可。凡是在中华人民共和国领域内从事矿产资源开发、建筑施工和危险化学品、烟花爆竹、民用爆破器材生产等活动的所有企业必须取得安全生产许可证。

矿山企业、危险物品生产企业、建筑施工企业均应具备的基本安全生产条件：1）建立健全安全生产责任制，制定完备的安全生产规章制度和操作规程；2）安全投入符合安全生产要求；3）设置安全生产管理机构，配备专职安全生产管理人员；4）主要负责人和安全生产管理人员经考核合格；5）特种作业人员经有关业务主管部门考核合格，取得特种作业操作证书；6）从业人员经安全生产教育和培训合格；7）依法参加工伤保险，为从业人员缴纳保险费；8）厂房、作业场所和安全设施、设备、工艺符合有关安全生产法律、法规、标准和规程的要求；9）有职业危害防治措施，并为从业人员配备符合国家标准或者行业标准的劳动保护用品；10）依法进行安全评价；11）有重大危险源监测、评估、监控措施和应急预案；12）有生产安全事故应急救援预案、应急救援组织或者应急救援人员，配备必要的应急救援器材、设备；13）法律、法规规定的其他条件。

安全生产许可证的有效期为 3 年，不设年检，企业应当于期前 3 个月内向原安全生产许可证颁发管理机关办理延期手续。安全生产状况良好、没有发生死亡生产安全事故的企业，不须经过审查即可延续 3 年，但不是自动延期，应当在有效期满前提出延期申请，经同意后方可免审延续 3 年。安全生产许可证遵循“谁持证谁负责”和“谁发证谁处罚”的原则。企业安全生产许可违法行为的行政处理的种类有责令停止生产、没收违法所得、罚款、暂扣和吊销安全生产许可证。

（6）安全生产检查。安全生产检查是安全生产管理工作中的一项重要内容，是多年来从生产实践中创造出来的一种好形式；是安全生产工作中运用群众路线的方法，发现不安全状态和不安全行为的有效途径；是消除不安全因素、落实整改措施、改善劳动条件、防止事故的重要手段。

企业要制定安全生产检查制度，除了进行经常性的检查外，每年还应该定期进行 2~4 次群众性的检查。这些检查包括普通检查、专业检查和季节性检查，也可以把这几种检查结合起来进行。

开展安全生产检查，必须有明确的目的、要求和具体计划，并且建立由企业领导负责、有关人员参加的安全生产检查组织，以加强领导，做好这项工作。安全生产检查应该始终贯彻领导与群众相结合的原则，依靠群众，边检查、边改进，并且及时总结和推广先进经验；有些限于物质技术条件当时不能解决的问题，也应制订计划，按期解决。

（7）安全技术措施计划。安全技术措施计划是企业计划的重要组成部分，是有计划地改善劳动条件的重要手段，也是做好安全生产工作、防止工伤事故和职业病的重要措施。

企业在编制生产技术、财务计划的同时，必须编制安全技术措施计划。企业领导人应对安全技术措施计划的编制和贯彻执行负责。通过编制和实施安全技术措施计划，可以把改善劳动条件工作纳入企业的生产经营计划中，有计划、有步骤地解决企业中一些重大安全技术问题，使企业劳动条件的改善逐步走向计划化和制度化。把安全技术措施中所需要的费用、设备、器材以及设计、施工力量等纳入计划，就可以统筹安排、合理使用，使企业在改善劳动条件方面的投资发挥最大的作用。

编制安全技术措施计划主要依据有：国家安全生产政策、法规，安全检查中发现的问题，职工提出的安全生产方面建议，针对事故发生的主要原因所采取的措施，以及采用新技术、新工艺、新设备等应采取的安全措施。安全技术措施计划的范围包括以改善劳动条件、防止伤亡事故和职业病为目的的一切技术措施，大体可分为下列6个方面。

1）安全技术措施：以防止事故为目的的各种技术措施，如防护、保险、信号等装置或设施。

2）工业卫生技术措施：以改善作业环境和劳动条件，防止职业中毒和职业病为目的的各种技术措施，如防尘、防毒、防噪声及通风、降温、防寒等。

3）辅助房屋及设施：确保生产过程中职工安全卫生方面所必需的房屋及一切设施，如淋浴室、更衣室、消毒室、妇女卫生室、休息室等，但集体福利设施，如公共食堂、浴室、托儿所、疗养所等不在其内。

4）宣传教育：购买或印制安全教材、书报、录像、电影、仪器，举办安全技术训练班、安全技术展览会以及建立安全教育室。

5）安全科学研究与试验设备仪器。

6）减轻劳动强度等其他技术措施。

（8）安全生产事故排查治理。生产经营单位是事故隐患排查、治理和防控的责任主体，应当依照法律、法政、规章、标准和规程的要求从事生产经营活动；建立健全事故隐患排查治理和建档监控等制度，逐级建立并落实从主要负责人到每个从业人员的隐患排查治理和监控责任制；保证事故隐患排查治理所需要的资金，建立资金使用专项制度；定期组织安全生产管理人员、工程技术人员和其他相关人员排查本单位的事故隐患；建立事故隐患报告和举报奖励制度，鼓励、发动职工发现和排除事故隐患，鼓励社会公众举报；积极配合安全监管监察部门和有关部门的监督检查人员依法履行事故隐患监督检查职责；每季、每年对本单位事故隐患排查治理情况进行统计分析并向安全检查监管部门和有关部门报送书面统计分析表；在事故隐患治理过程中采取相应的安全防范措施防止事故发生；加强对自然灾害的预防。

（9）建设项目安全设施“三同时”监督管理。为了加强建设项目安全管理，预防和减少生产安全事故，保障从业人员生命和财产安全，促进生产，《安全生产法》规定：生产经营单位新建、改建、扩建工程项目的安全设施，必须与主体工程同时设计、同时施工、同时投入生产和使用。安全设施投资应当纳入建设项目概算。加强和规范建设项目安全设施“三同时”管理是从源头上治理和预防安全生产隐患，防止安全设施与建设工程主体项目脱节，避免先天不足的有效措施，是建立安全生产长效机制规定的举措之一。

(10) 安全生产标准化建设。安全标准是在生产工作场所或者领域为改善劳动条件和设施，规范生产作业行为，保护劳动者免受各种伤害，保障劳动者人身安全健康，实现安全生产的准则和依据。它主要指国家标准和行业标准，大部分是强制性标准，它是保护从业人员生命和健康的准则，凝聚了血的教训。标准化是指在经济、技术、科学及管理等社会实践中，对重复性事物和概念通过制定、实施标准，以获得最佳秩序和社会效益的过程。安全生产标准化通过建立安全生产责任制，制订安全管理制度和操作规程，排查治理隐患和监控重大危险源，建立预防机制，规范生产行为，使各生产环节符合有关安全生产法律法规和标准规范的要求，人、机、物、环境处于良好的生产状态，并持续改进，不断加强企业安全生产规范化的建设。安全生产标准化建设就是用科学的方法和手段，提高人的安全意识，创造人的安全环境，规范人的安全行为，使人—机—环境达到最佳统一，从而达到最大限度地防止和减少伤亡事故的目的，它是社会化大生产的要求，是社会生产力发展水平的反映。

(11) 安全文化建设。为了建立安全、可靠、和谐的环境及运行安全体系，需要建立安全文化。一个单位的安全文化是个人和集体的价值观、态度、能力和行为方式的综合产物。安全文化涉及各种文化实践性活动，企业安全文化与企业文化目标一致，是企业凝聚力的体现。可以通过宣传、教育、激励、感化等手段来传播安全文化，促进精神文明建设。

思考题

1-1 简述安全工程研究的对象和基本内容。

1-2 我国安全生产的法律法规有哪些？

1-3 我国安全生产法的立法目的是什么？安全生产法的基本原则是什么？

1-4 我国安全生产法的基本规定有哪些内容？

1-5 安全生产法中规定从业人员的权利和义务分别是什么？

1-6 企业的安全生产管理基本内容有哪些？

2 安全科学理论与伤亡事故预防理论

2.1 安全科学理论

“安全”通常是指人员免受伤害、疾病或死亡，或不引起设备、财产破坏或损失的状态。美国社会心理学家亚伯拉罕·马斯洛认为安全是人类基本需求之一，人通过自我实现，满足多层次的需要系统，从而达到高峰体验，实现完美人格。安全工作者对安全科学的定义各有论述，也不统一。德国学者库尔曼认为安全科学的主要目的是保持所使用的技术危害作用绝对的最小化，或至少使这种危害作用限制在允许的范围内。这里所指的危害可以是技术引起的事故，也可以是其他破坏或损失。比利时教授丁格森认为安全科学研究人、机和环境之间的关系，以建立这三者的平衡共生态为目的。中国学者刘潜认为安全科学是专门研究人们在生产及活动中的身心安全（含健康、舒适、愉快乃至享受），以保护劳动者及其活动能力，保障其活动效率的跨门类、综合性的横断学科。现阶段对安全科学比较统一的定义是安全科学是研究事物的安全与危险矛盾运动规律的科学。安全科学研究事物安全的本质规律，揭示事物安全相对应的客观因素及转化条件；研究预测、清除或控制事物安全与危险影响因素和转化条件的理论与技术；研究安全的思维方法和知识体系。

安全科学的研究对象主要有：

（1）安全科学的哲学基础。研究安全科学的哲学观，以确立正确的安全观和方法论。

（2）安全科学的基本理论。在马克思主义的指导下，应用现阶段各基础学科的成就，建立事物共有的安全本质规律。

（3）安全工程与技术。研究安全的工程技术问题，如安全系统工程、安全管理工程、人机环境工程等。

（4）安全科学的经济规律。因为安全科学的几个研究对象，具有跨学科、交叉性、横断性、跨行业的特点，所以安全工程学的研究的问题也就具有广泛性，其最终目的是实现本质安全，即系统（设备、设施等）的安全技术和安全管理水平能保障系统安全的自协调和故障与事故的自排除能力，系统可以安全可靠运行。

2.1.1 安全科学发展历史

安全与人类的生产、生活和生存相伴相生，人类在同自然界的斗争中，运用自己的智慧，通过劳动，不断地改造自然，创造新的生存条件。但是，由于人类认识能力和科学技术水平的限制，在改造自然的过程中，安全问题总是被滞后认识，安全科学技术是这种情况下的产物。

人类活动最早主要处于被动防御阶段，遇到的安全问题主要是自然灾害。例如，由于用火不慎或雷击，大片草地、森林失火，人的生命安全受到威胁或是由于生物资源遭到破坏，人们不得不迁往他地以谋生存。早期的农业生产安全问题多是很简单的工具伤害，这时候人类可能已经初步认识到安全问题，有一定的自我保护能力。

自工业革命以来，安全事故开始由自然灾害变为大气污染、化学污染、机械致死、矿山灾害等，在这个过程中几乎每一项技术进步都会带来新的事故危险。为了顺利进行工业生产，势必要防止工业事故，保护从业人员在作业过程中的身体健康和生命安全，这时候就开始出现安全技术、安全工程等研究。

随着科技进步，新材料、新能源、新工艺、新技术的应用，企业产品的科技含量越来越高，产品越来越复杂，不安全因素导致的事故危险性也越来越大，如果不能有效地消除和控制产品中的不安全因素，用户在使用产品的过程中可能因发生的事故而遭受伤害的危险性也就越大。因此，安全哲学、安全科学、安全科技到安全工程学的相关研究开始迅速发展起来。

安全科学是20世纪70年代兴起的。1973年美国最早出版《安全科学文摘》杂志，1981年德国库赫曼教授出版《安全科学导论》专著，1990年第一次世界安全科学大会在德国科隆召开，这些理论刊物的出版和世界性学术会议的召开标志着安全科学的诞生。安全科学的研究，为人们在生产和生活中，生命和健康得到保障，身心与相关设备、财产以及事物免受危害等，揭示安全的客观规律并提供学科理论、应用理论和专业理论。

2.1.2 安全生产与经济发展、科技进步的关系

2.1.2.1 安全生产与经济发展的关系

习近平总书记强调，要始终把人民生命安全放在首位，以对党和人民高度负责的精神，完善制度、强化责任、加强管理、严格监管，把安全生产责任制落到实处，切实防范重特大安全生产事故的发生。

人类安全的水平很大程度上取决于经济水平：一方面经济水平决定了安全投入的力度；另一方面经济水平制约了安全技术水平和保障标准。

自改革开放以来，我国经济持续快速发展，工业化进程不断加快，但生产中暴露出如安全生产责任制落实不到位、安全生产管理机构不健全或者人员配备不足、安全生产培训教育缺失或者流于形式、安全生产投入不足、安全生产管理不到位等问题，使事故也步入多发期，对于从事生产的企业而言，只有保证了生产的安全性，才能在最大程度上避免安全事故的发生，进而促进企业生产的持续稳定。因此，需要正确处理好安全生产与经济发展的关系。

要正确处理安全生产与经济发展的关系，首先应该明确安全生产是经济发展的首要前提。发展要给安全让路，安全是企业发展的根本，只有持之以恒地抓好、落实安全生产，才能始终保持职工队伍的和谐稳定和经济的健康发展。要充分调动各方面的力量，健全和完善安全管理脉络，形成“全员参与、齐抓共管”的良好局面，要把管理部门的安全监管职责和施工单位安全主体责任有机结合起来，促进安全生产工作持续、稳定的发展。《中共中央关于制定国民经济和社会发展第十一个五年规划的建议》强调要“坚持节约发展、清洁发展、安全发展，实现可持续发展”，要把“安全发展”作为一个重要理念纳入社会主义现代化建设总体战略。

经济发展是安全生产的根本保障。只有经济发展才能确保安全生产上的资金投入。当

前我们正面临着经济下行压力大、地勘工作量锐减、企业生存环境复杂等困难，安全生产形势将会更加严峻，但越是这样，越要确保安全投入不欠账。对于安全生产中所需要的各项经费，包括安全设施投入、安全技术改造、安全防护等费用，要优先安全生产需要投入，这些大力投入有赖于经济发展的支撑。如果经济发展不上去，没有足够的资金投入，则正常的经营活动难以维持，员工基本保障无法保证，安全投入更加无从谈起。许多安全隐患是长期经济发展阶段安全投入不足导致的，故要依靠经济发展带来的好处，在完善管理制度和程序的基础上，加大安全生产投入，整改隐患。如果没有良好的经济发展基础作为安全投入的资金源泉，就难以改变事故高发的现状。因此，从长远角度看，要想从根本上减少安全事故，就要加快经济发展。

安全生产促进经济发展，企业在发展过程中要高度重视安全生产问题。首先，企业要深化主体责任落实，使安全生产管理落实到位。比如企业要明确安全生产管理中的安全责任，完善安全生产管理制度，利用制度来约束安全生产管理规范到位。尤其是安全生产管理制度中，要加强安全隐患排查、安全生产监督等工作，并且要突出检查监督者的安全责任。只有这样，才能促使安全生产管理落到实处。其次，企业要坚持以人为本、安全发展的原则。在生产企业中，员工是企业的主体，因此，企业要尊重员工，重视员工的人身安全，在生产安全中要将员工的安全放在第一位。无论在任何情况下，人身安全都是重中之重。最后，企业要加强安全教育，在生产企业中很多安全事故的发生都是由于员工缺乏安全意识而导致的。企业可以定期组织员工进行安全技能、应急技能、安全知识等相关培训，以此来提高员工的安全意识。在安全教育中，企业还要重视对设备操作的安全教育，保证员工的设备使用安全，降低安全事故的发生。企业只有重视了安全生产，才能促进经济发展。

安全生产与经济效益之间的关系是相对统一的整体相辅相成、互为条件又互为目的。安全生产是经济效益的前提保证，经济效益是安全生产的必要条件，只有搞好安全生产工作才能保证经济效益。因此，企业应该高度重视安全生产，把安全生产管理真正落到实处，企业只有保证了生产的安全，才能进一步保证生产的稳定和效率。安全工作只有进行时，永远没有终结，在任何时候都不能有丝毫的松懈和麻痹，任何侥幸心理都是非常危险的，要把管理部门的安全监管责任和施工单位的安全主体责任有机结合起来，促进安全生产工作的持续、稳步发展，进而促进社会经济发展。

2.1.2.2 安全生产与科技进步的关系

科学与技术是第一生产力，当前正处在以科技创新为主导的信息时代和知识经济时代。科学技术已越来越深入生活、经济的各领域。安全问题存在于每个学科之中，科技的进步会伴生新的安全问题，而解决这些问题又促进安全科学发展。要实现我国安全生产形势根本好转的目标，必须大力提高生产力水平；发挥科技创新在实施安全发展战略中的引领作用，用高新技术改造装备传统产业，淘汰落后生产能力，实现工业化和信息化的融合，从根本上提高我国安全生产的保障水平。要把安全发展作为科学发展的内在要求和重要保障，把安全生产与转方式、调结构、促发展紧密结合起来，从根本上提高安全发展水平。我国迫切需要科技创新的有力支撑，加快科研成果的创新，把科学技术正确运用到安全生产中，转换经济发展方式、加快产业升级，保障人民群众的生命安全和健康权益，提高安全发展的水平。

科技创新是实现安全发展的根本支撑和关键动力。无论是历史的发展经验，还是经济发展的现实需求，科技创新都成为当今世界发展的一个重要特征。适应和引领我国经济发展新常态，关键是要依靠科技创新转换发展动力，用科技创新来驱动社会生产力总体水平的跃升。科技创新的最终目标就是转化为现实生产力。将安全科技成果产业化，为发展壮大安全产业提供了广阔的前景，大批科技创新成果被运用到企业的安全生产工作中，必将全面引领和驱动我国安全生产进入新的更高的水平，为把我国建成社会主义现代化强国提供安全稳定的社会环境。我国安全生产应急救援科技装备快速发展，科技成果数量大幅增加，较好地支撑了安全生产应急救援工作；公共领域科技的发展，加快推进公共安全领域与网络化、智能化技术的深度融合，对公共安全共性理论、关键技术、专用设备、集成方案等进行重点突破，加快成果转化应用与示范推广，科技创新与大众创业相结合，使公共安全领域科技创新成果惠及广大民众。推进科技创新是实现安全生产根本好转的根本保障。

科技创新是国家安全和发展的“双刃剑”，科技创新能为国家的安全和国防提供重要保障。随着国家安全形势的日益复杂和严峻，国家将科技创新作为提升安全能力的重要途径；但是也会带来风险和挑战，当危险有害因素处于不受控制状态时，可能会给社会和人类带来不可预知的灾难。随着科学技术的迅猛发展，特别是随着现代信息技术的突飞猛进，科技安全在保障国家总体安全中的作用不断凸显。在新时代新征程上维护国家安全，要努力实现科技发展安全，加强基础研究，实现高水平科技自立自强，建设世界科技强国；强化科技发展的独立性、自主性，在关键核心技术上提升科技发展水平，掌握重要领域科技自主权和主动权；要为科技成果、科技人员、科技产品、科技设施、科技活动和科技应用加装安全护栏，保障科技自身安全；自觉将最新科技成果及时广泛应用国家安全领域，及时丰富维护国家安全的有效手段，提升国家安全现代化水平，实现科技支撑安全；将科技安全贯穿于科技发展的各方面，推动科技高质量发展和科技高水平安全良性互动，实现科技安全与科技发展高度统筹。

科学技术的发展，一方面给人们带来了更高的生活水平，另一方面应运而生的诸多问题需要人们有全新的认识，技术的推进给安全带来新的挑战，新的技术的产生必然对于安全有着新的要求。

课程思政

科技与安全生产相互促进，我们要了解国家发展的大局和科技创新的重要性，应在安全生产中不断探索和创新，除了要有良好的社会责任感外，还应考虑科技成果带来的社会影响。我们也应注重文化传承和创新，使科技成果与人文价值相融合，从而为培养具有爱国主义、国际竞争力的科技人才和培育一流的生产企业提供支撑。

2.1.3　管理理论

管理在发展过程中，逐渐形成了几个经典的理论，如泰勒的科学管理理论、法约尔的一般管理理论、利克特的管理新模式、赫茨伯格的双因素激励理论、圣吉的学习型组织理论及现代的精益管理等。

2.1.3.1 泰勒的科学管理理论

弗雷德里克·泰勒是美国科学管理的创始人，主要著作有《科学管理原理》和《科学管理》。他从学徒工开始做起，先后被提拔为车间管理员、技师、小组长、工长、维修工长、设计室主任和总工程师。他不断在工厂实地进行试验，系统地研究和分析工人的操作方法和动作所花费的时间，逐渐形成科学管理体系。

泰勒的科学管理的根本目的是谋求最高效率，将较高工资和较低的劳动成本统一起来，从而扩大再生产的发展。达到最高工作效率的重要手段是用科学化的、标准化的管理方法代替经验管理。为此，泰勒提出了一些基本的管理制度：

(1) 对工人提出科学的操作方法，以便有效利用工时，提高工效；

(2) 对工人进行科学的选择、培训与晋升；

(3) 制定科学的工艺规程，使工具、机器、材料标准化，并对作业环境标准化，用文件形式固定下来；

(4) 实行具有激励性的计件工资报酬制度；

(5) 管理和劳动分离。

2.1.3.2 法约尔的一般管理理论

法国人亨利·法约尔早期就参与企业的管理工作，并长期担任企业高级领导职务。其以企业整体作为研究对象，认为管理理论是“指有关管理的、得到普遍承认的理论，是经过普遍经验检验并得到论证的一套有关原则、标准、方法、程序等内容的完整体系”；有关管理的理论和方法不仅适用于公私企业，也适用于军政机关和社会团体。这正是其一般管理理论的基石。

法约尔的著述很多，1916 年出版的《工业管理和一般管理》是其最主要的代表作，标志着一般管理理论的形成。他提出几个观点：

(1) 从企业经营活动中提炼出管理活动；

(2) 倡导管理教育；

(3) 提出计划、组织、指挥、协调和控制五大管理职能，并进行了相应的分析和讨论，他认为管理的五大职能并不是企业管理者个人的责任，它同企业经营的其他五大活动一样，是分配于领导人与整个组织成员之间的工作；

(4) 提出一般管理 14 项管理原则，即劳动分工、权力与责任、纪律、统一指挥、统一领导、个人利益服从整体利益、人员报酬、集中、等级制度、秩序、公平、人员稳定、首创精神、团队精神。

法约尔的主张和术语平凡朴实，即使未曾系统学习过管理理论的人也会对一般管理理论产生“于我心有戚戚焉”之感，因而常被看作极其一般的东西。然而，正是由一般管理理论才淬炼出管理的普遍原则，管理才得以作为可以基准化的职能，在企业经营乃至社会生活的各方面发挥重要作用。

2.1.3.3 利克特的管理新模式

伦西斯·利克特是美国现代行为科学家，他是在领导学和组织行为学领域卓有影响的密执安大学社会研究所的创始人和首任领导者，其对管理思想发展的贡献主要在领导理论、激励理论和组织理论等方面。他的主要著作包括《管理的新模式》《人群组织：它的管理及价值》及《管理冲突的新途径》等。他把领导方式分成剥削式的集权领导、仁慈式的集权领导、协商式的民主领导和参与式的民主领导四类系统。他认为只有第四系统参与式的民主领导才能实现真正有效的领导，才能正确地为组织设定目标和有效地达到目标。

(1) 组织成员对待工作、对待组织的目标、对待上级经理采取积极和合作的态度；他们互相信任，与组织融于一体。

(2) 组织的领导者采用各种物质和精神鼓励的办法调动员工的积极性。首要是让员工认识到自我的重要性和价值，例如鼓励组织成员不断进步，取得成就，承担更大责任和权力，争取受表扬和自我实现。同时也要让员工有安全感，发挥自己的探索和创新精神。当然，物质刺激手段也是必不可少的。

(3) 组织中存在一个紧密而有效的社会系统。这个系统由互相联结的许多个工作集体组成，系统内充满协作、参与、沟通、信任、互相照顾的气氛和群体意识，信息畅通，运转灵活。

(4) 对工作集体的成绩进行考核主要是用于自我导向，而不是单纯用作实施监督控制的工具。参与式管理和集体决策要求所有成员分享考核的结果和其他信息，否则很容易导致敌对态度的出现。

2.1.3.4 赫茨伯格的双因素激励理论

激励因素-保健因素理论是美国的行为科学家弗雷德里克·赫茨伯格提出来的，又称双因素理论。赫茨伯格在美国和其他30多个国家从事管理教育和管理咨询工作，主要著作有《工作的激励因素》(与伯纳德·莫斯纳、巴巴拉·斯奈德曼合著)、《工作与人性》及《管理的选择：是更有效还是更有人性》。双因素理论是他最主要的成就，在工作丰富化方面，他也进行了开创性的研究。他认为，使职工感到满意的都是属于工作本身或工作内容方面的；使职工感到不满的，都是属于工作环境或工作关系方面的。他把前者叫作激励因素，后者叫作保健因素。

2.1.3.5 圣吉的学习型组织理论

彼得·圣吉1970年在斯坦福大学获航空及太空工程学士学位，被美国《商业周刊》推崇为当代最杰出的新管理大师之一。他认为在新的经济背景下，企业要持续发展，必须增强其整体能力，提高整体素质；也就是说，企业的发展不能只靠像福特、斯隆、沃森那样伟大的领导者一夫当关、运筹帷幄、指挥全局，未来真正出色的企业将是能够设法使各阶层人员全心投入并有能力不断学习的组织-学习型组织。所谓学习型组织，是指通过培养弥漫于整个组织的学习气氛、充分发挥员工的创造性思维能力而建立起来的一种有机的、高度柔性的、扁平的、符合人性的、能持续发展的组织。这种组织具有持续学习的能力，具有高于个人绩效总和的综合绩效。

学习型组织理论包含以下几方面内容。

(1) 组织成员拥有一个共同的愿景。组织的共同愿景来源于员工个人愿景而又高于个人的愿景。它是组织中所有员工共同期望的景象，是他们的共同理想。它能使不同个性的人凝聚在一起，朝着组织共同的目标前进。

(2) 组织由多个创造性个体组成。在学习型组织中，团体是最基本的学习单位，团体本身应理解为彼此需要他人配合的一群人。组织的所有目标都是直接或间接地通过团体的努力来达到的。

（3）善于不断学习。这是学习型组织的本质特征。其主要有四点含义。

1）强调“终身学习”。组织中的成员均应养成终身学习的习惯，这样才能形成组织良好的学习气氛，促使其成员在工作中不断学习。

2）强调“全员学习”。企业组织的决策层、管理层、操作层都要全心投入学习，尤其是经营管理决策层，他们是决定企业发展方向和命运的重要阶层，因而更需要学习。

3）强调“全过程学习”。学习必须贯穿于组织运行的整个过程之中，不是把学习和工作分割开，而是强调必须边学习边准备，边学习边计划，边学习边推行，突出从干中学、从用中学。

4）强调“团体学习”。不但重视个人学习和个人智力的开发，更强调组织成员的合作学习和群体智力（组织智力）的开发。学习型组织通过保持学习的能力，及时铲除发展道路上的障碍，不断突破组织成长的极限，从而保持持续发展的态势。

（4）“地方为主”的扁平式结构。传统的企业组织通常是金字塔式的，而学习型组织的组织结构则是扁平的，即从最上面的一决策层到最下面的操作层，中间相隔层次极少。它尽最大可能将决策权向组织结构的下层移动，让最下层单位拥有充分的自决权，并对产生的结果负责，从而形成以“地方为主”的扁平化组织结构。

2.1.3.6 精益管理

精益管理源于精益生产，是一种使企业以较少的投入获取较高质量和数量产品的管理方式。美国麻省理工学院教授詹姆斯.P. 沃麦科等专家通过“国际汽车计划”对多个国家多个汽车制造厂的调查和对比分析，认为日本丰田汽车公司的生产方式是最适用于现代制造企业的一种生产管理方式。

精益管理由最初在生产系统的管理实践成功，已经逐步延伸到企业的各项管理业务，也由最初的具体业务管理方法上升为战略管理理念。它能够通过提高顾客满意度、降低成本、提高质量、加快流程速度和改善资本投入，使股东价值实现最大化。

A 精益管理的内涵

精益管理要求企业的各项活动都必须运用“精益思维”。“精益思维”的核心就是以最小资源投入，包括人力、设备、资金、材料、时间和空间，创造尽可能多的价值，为顾客提供新产品和及时的服务。其目标是企业在为顾客提供满意的产品和服务的同时，把浪费降到最低程度。企业中常见的浪费现象有错误（提供有缺陷的产品或不满意的服务）、积压（因无需求造成的积压和多余的库存）、过度加工（实际上不需要的加工和程序）、多余搬运（不必要的物品移动）、等候（因生产活动的上游不能按时交货或提供服务而等候）、多余的运动（人员在工作中不必要的动作）等。精益管理最重要的内容就是努力消除这些浪费现象。

B 精益管理的原则

精益管理的原则是由顾客确定产品价值结构。产品价值结构即产品价值的组成、比例及价值流程。精益管理的出发点是产品的价值结构，价值结构最终由顾客来确定，价值结构由具有特定价格、能在特定时间内满足顾客需求的特定产品（商品或服务，而经常是既是商品又是服务的产品）来表达时才有意义。

精益管理必须超出单个企业的范畴去查看生产一个特定产品所必需的全部产业活动。这些活动包括从概念构思经过细节设计到实际可用的产品，从开始销售经过接收订单、计划生产到送货，以及从远方生产的原材料到将产品交到顾客手中的全部活动。形成精益企业需要用新的方法去思考企业与企业间的关系，需要一些简单原则来规范企业间的行为，以及沿产业价值链的所有环节的改善。

C 精益管理带给企业的益处

对于制造型企业而言，精益管理可以使其库存大幅降低，生产周期缩短，质量稳定提高，各种资源（能源、空间、人力、材料等）的使用效率提高，浪费减少，生产成本下降，企业利润增加，同时，员工士气、企业文化、领导力、生产技术都在实施中得到提升，最终企业的竞争力得到增强。对于服务型企业而言，精益管理可以提升企业内部流程效率，做到对顾客需求的快速反应，可以缩短从顾客需求产生到实现的过程时间，大大提高顾客满意度，从而稳定市场占有率。

D 精益管理的意义

精益管理就是要“精”和“益”。“精”主要表现在少投入、少消耗资源、少花时间，尤其是减少不可再生资源的投入和消耗，高质量；“益”主要指多产出经济效益，实现企业升级的目标，更加精益求精。精益企业的核心在于企业的生产环节及其他运营活动中彻底消灭浪费现象。在过去，精益思想往往被理解为简单地消除浪费，表现为许多企业在生产中提倡节约、提高效率、取消库存、减少员工、流程再造等。但这仅仅是要求“正确地做事”，是一种片面的、危险的视角。现在的精益思想，不仅要关注消除浪费，而且还以创造价值为目标——做正确的事。总之，精益思想就是在创造价值的目标下不断地消除浪费。在全球化的背景下面临日益激烈的竞争形势，企业进行精益改革已成为一个发展趋势。

E 精益管理的推行

推行精益管理模式，对于促进我国企业改革有非常好的意义。

（1）精益管理的出发点就是强调顾客，确定价值和顾客拉动，而市场经济的基本动力是用户的需求，合理利用社会资源，提高国民经济的整体效益。

（2）在有些企业中，浪费现象严重，产品开发周期长，成功率低，生产过程中库存过大，物资积压，造成资金沉淀。运用精益管理方法，有助于企业改革原有运行模式，消除浪费，使之运转起来。

（3）精益管理有利于企业集团的战略实施。发展企业集团是国有企业改革的一个重要战略，企业集团往往由处在生产过程上、中、下游的一组企业形成，如果在企业集团中运用精益管理，则每个企业之间的相互协作关系更和谐、更紧密，每个企业都减少库存，提高资金效率，社会资源浪费大大减少。

我国企业对精益管理的运用正处在起步阶段，当前，推行精益管理模式中，需要明确以下几个问题。

（1）革新观念，树立精益意识。有些企业过分强调扩大生产规模，在引进国外先进技术装备时，片面追求高自动化和高生产效率，不考虑整个生产过程和需求的均衡性，企业重技术轻管理的现象也比较普遍。只有革新观念，树立精益意识，企业才能有效地遏制浪费，提高资金运用效率，增强竞争能力。

（2）加强对精益思维的学习和研究。精益思维是精益管理的核心。西方国家曾建立示范中心，推广精益管理。我国许多企业对精益管理比较陌生，应积极引导、鼓励企业运用精益管理方法，建立精益企业研究中心和示范中心，举办培训研讨班，推广精益管理，让企业结合自身情况，按照精益思维原理进行改进和改造活动。

（3）推行精益管理模式应循序渐进。精益管理不是企业管理活动的全部，它应与企业其他管理活动相协调。同时，不同行业不同企业的客观环境不一样，企业管理适宜方法也不一致。精益管理只是生产管理的一种较好的模式，具体实施要因地制宜。只有每个企业都有自己的“精益原则”，才真正得到精益管理的精髓。

总之，精益管理强调客户对时间和价值的要求，其核心是在企业的生产环节及其他运营活动中彻底消灭浪费现象。归纳起来就是在创造价值的目标下不断地消除浪费。精益管理能够通过提高顾客满意度、降低成本、提高质量、加快流程速度和改善资本投入，使组织社会性的价值实现最大化。

2.1.4 安全文化

安全文化是人类安全活动所创造的安全生产和安全生活的观念、行为、物态的总和，起源于20世纪80年代的国际核工业领域。广义的安全文化定义为：为建立安全、可靠、和谐、协调的环境和匹配运行的安全体系，为使人类变得更加安全、康乐、长寿，使世界变得友爱、和平、繁荣而创造的物质财富和精神财富的总和。狭义的安全文化是企业安全文化。较为全面的定义为：一个单位的安全文化是个人和集体的价值观、态度、能力和行为方式的综合产物。和其他文化一样，安全文化是人类文明的产物，企业安全文化是为企业在生产、生活、生存活动提供安全的保证。

安全文化的内涵有如下几点。

（1）一个企业的安全文化是企业在长期安全生产和经营活动中逐步培育形成的、具有本企业特点、为全体员工认可遵循并不断创新的观念、行为、环境、物态条件的总和。

（2）企业安全文化包括：1）保护员工在从事生产经营活动中的身心安全与健康，包括无损、无害、小伤、不伤的物质条件和作业环境；2）员工对安全的意识、信念、价值观、经营思想、道德规范、企业安全激励进取精神等安全的精神因素。

（3）企业安全文化是“以人为本”多层次的复合体，由安全物质文化、安全行为文化、安全制度文化、安全精神文化组成。

安全文化主要包括安全观念、行为安全、系统安全、工艺安全等，适用于高技术含量、高风险操作型企业。其核心是以人为本，通过培育员工共同认可的安全价值观和安全行为规范，在企业内部营造自我约束、自主管理和团队管理的安全文化氛围，最终实现持续改善安全业绩、建立安全生产长效机制的目标，实现企业的导向功能、凝聚功能、激励功能、辐射和同化功能。

人们在安全生产实践中发现，对于预防事故的发生，仅有安全技术手段和安全管理手段是不够的。当前的科技手段还达不到物的本质安全化，设施设备的危险不能根本避免，因此需要用安全文化手段予以补充。安全管理虽然有一定的作用，但是安全管理的有效性依赖于对被管理者的监督和反馈，安全文化通过对人的观念、道德、伦理、态度、情感、品行等深层次的人文因素的强化，利用领导、教育、宣传、奖惩、创建群体氛围等手段，不断提高人的安全素质，改进其安全意识和行为，从而使人们从被动地服从安全管理制度，转变成自觉主动地按安全要求采取行动，即从“要我安全”转变成“我要安全”。

安全文化的对象领域主要包括企业安全文化，还包公共安全文化，其目的是实现“预防文化”“本质安全”。建设安全文化的关键是人的素质，应强化官员的安全意识，发展专管人员的能力，提高经营者的管理水平，提升从业人员的安全素质。企业通过建设安全文化提升员工安全素质、创造有效预防事故的人文氛围和物化条件。

安全文化的发展方向需要面向现代化、面向新技术、面向社会和企业的未来、面向决策者和社会大众；发展安全文化的基本要求是要体现社会性、科学性、大众性和实践性，从而为人类安康生活和安全生产提供精神动力、智力支持、人文氛围和物态环境。在工业安全领域发展安全文化过程中，预防工业事故必须通过艺术、宣教、科普、监管等手段加强企业的安全文化建设，应端正安全观念文化、系统安全制度文化、规范安全行为文化、改善安全物态文化，弘扬我国传统的优秀安全文化，摒弃不良安全文化，学习借鉴国际先进安全文化，并采用先进的科技手段和先进的管理办法，逐步实现安全智能化，发展中国新时代的安全文化构建新时代安全文化理论体系。

企业安全文化建设的基本要素主要包括以下几个方面。

（1）安全行为激励。企业应对安全绩效给予直接认可的积极指标，应鼓励员工在任何时间和地点挑战所遇到的潜在不安全事件，并识别所存在的安全缺陷。

（2）安全信息传播与沟通。建立员工安全绩效评估系统，建立将安全绩效与工作业绩相结合的奖励制度，在组织内部树立安全榜样或典范，发挥安全行为和安全态度的示范作用。建立安全信息传播系统，综合利用各种传播途径和方式，提高传播效果。优化安全信息传播内容，将组织内部有关安全的经验、实践和概念作为传播内容的组成部分。企业应就安全事项建立良好的沟通程序，确保企业与政府监管机构和相关方、各级管理者与员工、员工相互之间的沟通。

（3）自主学习与改进。企业应建立有效的安全学习模式，实现动态发展的安全学习过程，保证安全绩效的持续改进。建立正式的岗位适任资格评估和培训系统，确保全体员工充分胜任所承担的工作。将与安全相关的任何事件，尤其是人员失误或组织错误事件，当作能够从中汲取经验教训的保障条件，明确安全文化建设的领导职能，建立领导训的宝贵机会，从而改进行为规范和程序，获得知识和能力。

（4）保障条件。企业应充分提供安全文化建设机制，确定负责推动安全文化建设的组织机构与人员，落实其职能，保证必需的建设资金投入，配置适用的安全文化信息传播系统。

总之，建设安全文化要求必须建立机构、有严格的安全法令、严谨的安全规程、对骨干的培训、系统的安全程序以及周密的安全细节以能够改善安全物态文化，科技兴安、科技保安，追求本质安全化，建设安全标准环境，加强安全检测检验，提高安全监控水平。安全文化理论和实践的认识和研究是一项长期的任务，随着人们对安全文化的理解和自觉地运用和实践，安全文化的内涵必定会丰富起来，社会安全文化的整体水平也会不断得到提高。

2.2 伤亡事故预防理论

2.2.1 伤亡事故分类与统计

2.2.1.1 伤亡事故的基本概念

事故是人（个人或集体）在实现某种意图而进行的活动过程中，突然发生的、违反人的意志、迫使活动暂时或永久停止的事件。根据事故造成的后果情况，事故可分为伤亡事故和未遂事故。

(1) 伤亡事故。在安全管理工作中，从事故统计的角度把造成损失工作日达到或超过1天的人身伤害或急性中毒事故称作伤亡事故。其中，在生产区域中发生的与生产有关的伤亡事故称作工伤事故。

(2) 未遂事故。没有造成人员伤害也没有造成财物损坏和环境污染的事故，称作未遂事故，有时也称作险兆事故。安全工作的任务是控制事故（包括未遂事故）发生的概率尽可能小。虽然研究统计结果表明未遂事故占事故的多数，伤亡只是少数，但致因分析表明形成两种事故的基本事件几乎完全相同，只是个别事件发生造成后果更严重。

《企业职工伤亡事故分类》(GB 6441—1986) 把受伤害者的伤害分为轻伤、重伤和死亡三类。轻伤是指损失工作日低于105日的失能伤害。重伤是指损失工作日等于和超过105日的失能伤害。

2.2.1.2 伤亡事故分类

(1) 按照伤害程度分类。为了便于对伤亡事故进行统计分析和研究事故发生的原因，GB 6441—1986按伤害严重程度把伤亡事故分为以下三类。

1) 轻伤事故：指只有轻伤的事故。

2) 重伤事故：指有重伤无死亡的事故。

3) 死亡事故：发生了死亡的事故。

(2) 按照人员伤亡或直接经济损失分类。《生产安全事故报告和调查处理条例》根据事故造成的人员伤亡或者直接经济损失，将事故分为以下四类。

1) 特别重大事故：造成30人（含30人）以上死亡，或者100人（含100人）以上重伤（包括急性工业中毒，下同），或者1亿元（含1亿元）以上直接经济损失的事故。

2) 重大事故：造成10人（含10人）以上30人以下死亡，或者50人（含50人）以上100人以下重伤，或者5000万元（含5000万元）以上1亿元以下直接经济损失的事故。

3) 较大事故：造成3人（含3人）以上10人以下死亡，或者10人（含10人）以上50人以下重伤，或者1000万元（含1000万元）以上5000万元以下直接经济损失的事故。

4) 一般事故：造成3人以下死亡，或者10人以下重伤，或者1000万元以下直接经济损失的事故。

(3) 按照致伤原因分类。依据GB 6441—1986，按事故类别即按致害原因进行分类，事故可分为物体打击、车辆伤害、机械伤害等20种。

2.2.1.3 伤亡事故统计

在实际生活中，为了便于统计分析伤亡事故发生的情况，通常会规定一些统计指标。统计指标有总指标量和相对指标两种。总指标量是指事故次数、死亡人数、经济损失钱数、损失工作日数，以及为计算相对指标所需的平均职工人数、主要产品量等绝对数字指标。相对指标表示伤亡情况的有关数值与基准总量的比值。总量指标虽可直接反映企业、部门、地区安全状况的好坏，但不同地区、不同部门和不同单位情况不同，采用总指标量无法对事故的情况进行比较，也难以对安全工作的好坏进行鉴别，因此往往还要采用相对指标。

GB 6441—1986 中常用的伤亡事故相对统计指标如下。

（1）千人死亡率：表示某时期内，平均每千名职工中，因工伤事故造成的死亡人数。

$$千人死亡率=\frac{死亡人数}{平均职工人数}\times10^3$$

（2）千人重伤率：表示某时期内，平均每千名职工中，因工伤事故造成的重伤人数。

$$千人重伤率=\frac{死亡人数}{平均职工人数}\times10^3$$

（3）百万工时伤害率：表示某时期内，每百万工时事故造成伤害的人数。

$$百万工时伤害率=\frac{伤亡人次数}{实际总工时数}\times10^6$$

$$实际总工时=统计时期内平均职工人数\times该时期内实际工作天数\times8$$

（4）伤害频率：表示某时期内平均每百万工时由于工伤事故造成的伤害人数。

$$伤害频率=\frac{伤害人数}{实际总工时数}\times10^6$$

（5）伤害严重率：表示某时期内，平均每百万工时由于事故造成的损失工作日数。

$$伤害严重率=\frac{总损失工作日数}{实际总工时数}\times10^6$$

（6）伤害平均严重率：受伤害的每人次平均损失工作日数。

$$伤害平均严重率=\frac{总损失工作日数}{伤害人数}$$

（7）按产品、产量计算的死亡率：

$$百万吨死亡率=\frac{死亡人数}{实际产量}\times10^6$$

$$万立方米死亡率=\frac{死亡人数}{实际产量}\times10^4$$

千人死亡率、千人重伤率主要是为完成国家的统计报表而制定，易于统计，但不利于综合分析；百万工时伤害率适用于行业、企业内部事故统计分析使用；伤害频率、伤害严重率、伤害平均严重率可以反映一定时期内企事业单位、部门、地区安全工作的状况和安全措施的效果，有利于伤亡事故的统计分析，可作为安全管理工作的分析评价指标；按产品、产量计算的死亡率，适应于某些部门、行业的特点，且可以与国际同行业相比较，既可用于统计报告，也可以用于综合分析。

2.2.2 事故的预防

2.2.2.1 事故的预防理论

人们从企业各种伤亡事故中不断总结经验、吸取教训，探索伤亡事故发生规律，提出许多理论来阐明事故发生的原因，用以指导安全工作。

A 海因里希事故因果连锁论

早在 20 世纪 30 年代，美国的海因里希（Herbert William Heinrich）就研究了事故发生频率与事故后果严重程度之间的关系。当时，海因里希统计了 55 万件机械事故，其中死亡、重伤事故1666件，轻伤48334件，其余为无伤害事故，即事故后果为严重伤害、轻微伤害和无伤害的事故次数之比为1∶29∶300。其由此得出一个重要结论：在330起意外事件中，1起事故造成严重伤害，29起事故造成轻微伤害，300起事故没有造成伤害。它反映了事故发生的频率与事故后果严重程度的一般规律。它提醒人们，严重事故发生之前，可能已经经历了数次轻微伤害或者无伤害的事故。而在轻微伤害和无伤害事故的背后隐藏着与造成严重伤害事故相同的安全隐患。故在事故预防工作中，要避免严重伤害，就必须在发生轻微伤害和无伤害事故时分析原因，尽早采取措施防止事故发生，而不应该在发生严重伤害事故之后才追究原因、采取改进措施。

海因里希首先提出事故因果连锁论，用来阐明导致伤亡事故的原因及事故间的关系。他认为伤亡事故的发生不是一个孤立的事件，尽管可能在某一瞬间突然发生，但却是一系列事件相继发生的结果，即：

（1）人员伤亡的发生是由事故引起的；

（2）事故的发生是因为人的不安全行为或者物的不安全状态；

（3）人的不安全行为或物的不安全状态是由于人的缺点错误造成的；

（4）人的缺点起源于不良的环境或先天的遗传因素。

人的不安全行为或物的不安全状态是指那些曾经引起过事故，或可能引起事故的人的行为或机械、物质的状态，它们是造成事故的直接原因。如违章操作、违章指挥、违反劳动纪律的“三违”行为就属于人的不安全行为；事故的安全隐患就属于物的不安全状态。

人的缺点是使人产生不安全行为或造成机械、物质不安全状态的原因，它包括鲁莽、固执、过激、神经质、轻率等性格上的先天缺点，以及缺乏安全生产知识和技能等后天缺点。

由于事故而直接产生的人身伤害，人们用多米诺骨牌来形象地描述这种事故的因果连锁关系，如图2-1所示。在多米诺骨牌系列中，如果一张骨牌被碰倒了，那么由于连锁反应，其余的几张骨牌也将相继被碰倒。如果移去连锁中的一张骨牌，则连锁被破坏，事故过程被中止。在企业中，企业安全工作的中心就是防止人的不安全行为，消除机械的或物质的不安全状态，中断事故连锁的进程从而避免事故的发生。

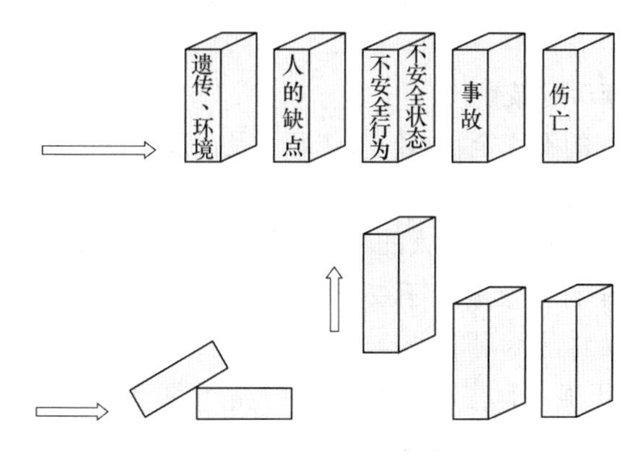

图2-1 海因里希事故因果连锁关系

海因里希事故因果连锁论把不安全行为和不安全状态的发生归因于人的缺点，强调了不良环境和遗传因素的作用，有一定的局限性。

B 现代事故因果连锁论

与早期的事故频发，海因里希因果连锁理论强调人的性格、遗传在事故致因中的作用不同，人们随着对事故研究的深入，逐渐认识到管理因素在事故致因中的重要作用。发生在生产现场的人的不安全行为或物的不安全状态是事故的直接原因，必须追究，但是它们只是一种表面现象，是其背后深层原因的征兆和管理缺陷的反映。在安全工作中，只有找到这些深层的、间接的原因，采取恰当措施，改进企业管理，才能有效防止事故的发生。

博德在海因里希事故因果连锁理论的基础上，提出了现代因果连锁理论。现代事故因果连锁理论的影响因素包括管理失误、个人原因（工作条件）、不安全行为（不安全状态）、事故和伤亡五个方面。其中，管理失误是事故因果连锁中最重要的因素。在计划、组织、指导、协调和控制等管理机制中，控制从间接原因因素控制入手，对人的不安全行为和物的不安全状态进行控制，从而达到防止伤亡事故的目的，故控制是安全管理的核心。

传统安全管理认为事故可能是不安全行为和状态导致的，找到一个最直接的因素，然后纠正不安全行为或者消除不安全状态从而避免事故发生。而现代安全管理认为，应拓宽视野，不应该局限于某个单独直接因素中，应综合考虑导致事故发生的系统原因，把不安全行为、不安全状态及事故看成系统缺陷的征兆，找到其最根本的原因，消除管理体系缺陷，如此才能长期有效地预防与减少事故的发生。可以用伤亡事故的因果连锁模型图来描述伤亡事故发生的过程，其中物的因素可划分为起因物和加害物，如图 2-2 所示。

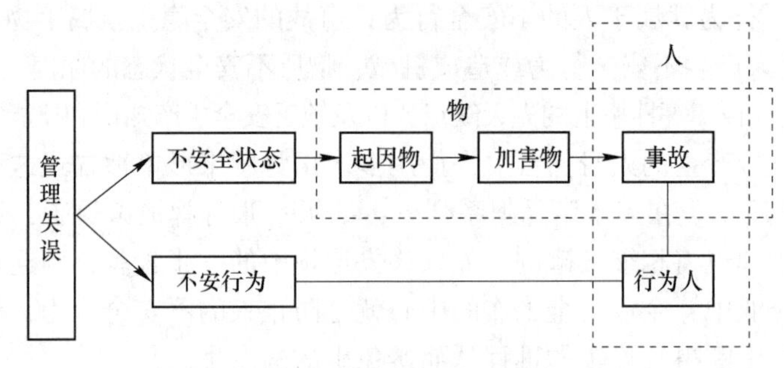

图 2-2 现代事故因果连锁关系

2.2.2.2 事故的预防对策

人的不安全行为、物的不安全状态、工作环境及制度上缺陷可能会造成事故隐患，导致事故的发生。其中，人的不安全行为和物的不安全状态是导致事故发生的直接原因。因此，应该通过一定的办法控制或消除人的不安全行为及物的不安全状态来防止事故发生。

A 引起人的不安全行为及物的不安全状态的原因

引起人的不安全行为的原因可能是：

（1）职业人态度不正确，有些职工忽视安全，甚至明知不安全还故意采取此行为；

（2）职业人本身缺乏安全生产知识、技术与工作经验，技术不熟练；

（3）职业人身体不适或者生理状态不佳，如听力不良、视力不良、反应迟钝、生病或者生理机能障碍等；

（4）工作环境不良，如通风、照明、湿度等不良，以及噪声、振动、物料堆放杂乱、作业空间狭窄、设备缺陷、操作规程不完善等；

（5）个人防护用具（防护服、手套、护目镜及面罩、呼吸器官护具、听力护具、安全带、安全帽和安全鞋等）缺少或有缺陷；

（6）防护、保险、信号等装置缺乏或有缺陷，如无防护罩、无安全保险装置、无报警装置、无安全标志、无防护栏或护栏损坏等，也可能是防护不当等。

引起物的不安全状态的原因可能是设备、设施、工具、附件有缺陷，如设计不当结构不符合安全要求，起吊重物的绳索不符合安全要求，电线、电缆外皮破损，绝缘不良，设备在非正常状态下运行，维修、调整不良，设备失修，地面不平，保养不当等。

B 防止人失误和不安全行为

在各类事故的致因因素中，人的因素占有特别重要的位置，几乎所有的事故都与人的不安全行为有关。按系统安全的观点，人是构成系统的一种元素，当人作为系统元素发挥功能时，会发生失误。人失误是指人的行为结果偏离了规定的目标或超出了可接受的界限，并产生了不良的后果。人的不安全行为可以看作一种人失误。一般来讲，不安全行为是操作者在生产过程中直接导致事故的人失误，是人失误的特例。

菲雷尔认为，作为事故原因的人失误的发生，可以归结为三个方面的原因：

（1）超过人的能力的过负荷；

（2）与外界刺激要求不一致的反应；

（3）由于不知道正确方法或者故意采取不恰当的行为。

皮特森在菲雷尔理论的基础上提出，事故原因包括人失误及管理缺陷两方面的原因，而过负荷、人机学方面的问题和决策错误是造成人失误的原因，如图2-3所示。

过负荷包括操作任务方面负荷、环境负荷、心理负荷（忧虑、担心等）以及立场负荷（人际关系方面）。人的承受能力取决于身体状况、精神状态、熟练程度、疲劳及药物反应等。

不一致反应是指对外界刺激的反应与刺激要求的反应不一致，或实际操作与要求的操作不一致（尺寸或力等）。采取不恰当的行为可能是由于不知道什么是正确的行为（教育训练上的问题），或由于决策错误。决策错误是由于低估了事故发生的可能性或低估了事故可能带来的后果，它取决于个人的性格和态度。其中还包括由于同事的压力或生产方面的压力，认为不安全的作业较安全作业更合理而选择了不安全行为等问题，由于性格上或精神上的问题造成的下意识的失误倾向的问题等。

从预防事故角度，可以从三个阶段采取技术措施防止人失误：

（1）控制、减少可能引起人失误的各种因素，防止出现人失误；

（2）一旦发生人失误的场合，应使人失误无害化，不至于引起事故；

（3）在人失误引起事故的情况下，限制事故的发展，减少事故的损失。

防止人失误具体技术措施如下。

（1）用机器代替人。机器的故障率远远小于人的故障率（人的故障率为$10^{-3}\sim10^{-2}$，而机器的故障率一般为$10^{-6}\sim10^{-4}$），因此在人容易失误的地方用机器代替人操作，可以有效地防止人失误。

（2）冗余系统。冗余系统是把若干元素附加于系统基本元素上以提高系统的可靠性，附加上去的元素称为冗余元素。其方法主要有两人操作、人机并行、审查。

（3）耐失误设计。耐失误设计是通过精心的设计使人员不能发生失误或者发生了失误也不会带来事故等严重后果的设计。即利用不同的形状或尺寸防止安装、连接操作失误；

利用联锁装置防止人失误；采用紧急停车装置；采取强制措施使人员不能发生操作失误；采取联锁装置使人失误无害化。

（4）警告。警告包括视觉警告（亮度、颜色、信号灯、标志等）、听觉警告、气味警告、触觉警告。

（5）人、机、环境匹配。人、机、环境匹配问题主要包括人机动能的合理匹配、机器的人机学设计以及生产作业环境的人机学要求等，即显示器的人机学设计、操纵器的人机学设计、生产环境的人机学要求。

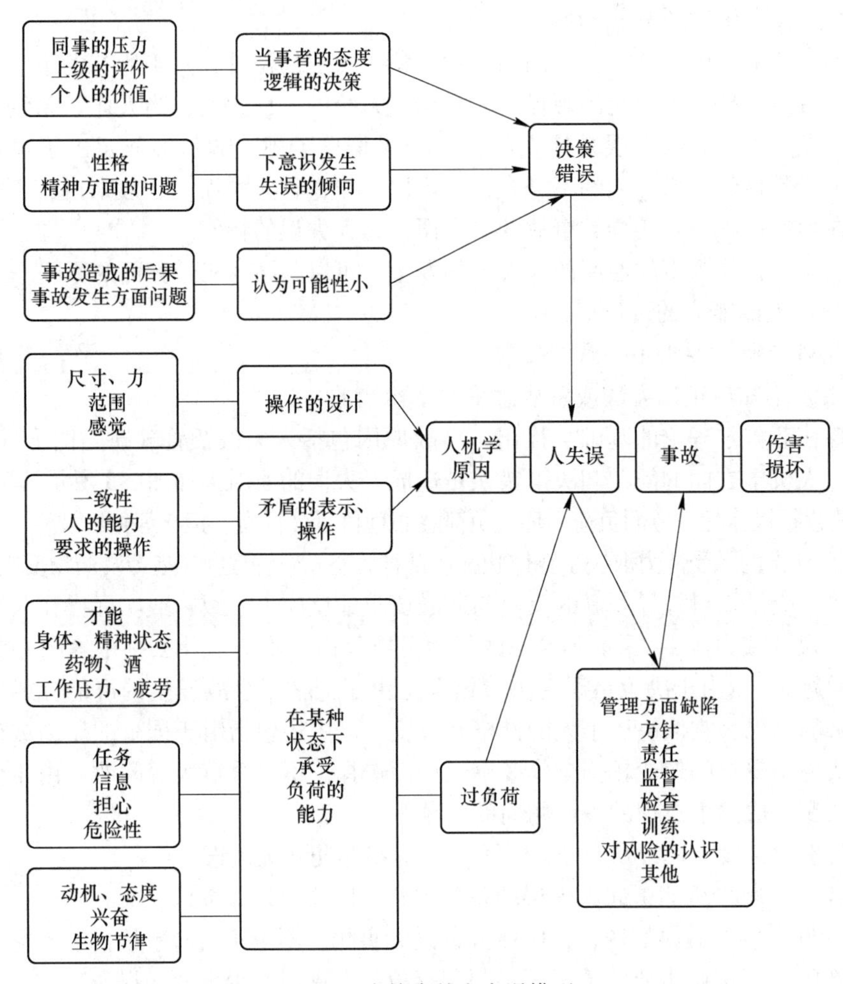

图 2-3　皮特森的人失误模型

防止人失误的管理措施主要有以下几个方面。

（1）职业适合性。职业适合性是指人员从事某种职业应具备的基本条件，它着重于职业对人员的能力要求，包括以下几方面。

1）职业适合分析。即分析确定职业的特性，如工作条件、工作空间、物理环境、使用工具、操作特点、训练时间、判断难度、安全状况、作业姿势、体力消耗等特性。人员职业适合分析在职业特性分析的基础上确定从事该职业人员应该具备的条件。人员应具备的基本条件包括所负责任、知识水平、技术水平、创造性、灵活性、体力消耗、训练和经验等。

2）职业适合性测试。职业适合性测试即在确定了适合职业之后，测试人员的能力是否符合该种职业的要求。

3）职业适合性人员的选择。选择能力过高或过低的人员都不利于事故的预防。一个人的能力低于操作要求，可能由于其没有能力正确处理操作中出现的各种信息而不能胜任工作，还可能发生人失误；反之，当一个人的能力高于操作要求的水平时，不仅浪费人力资源，而且工作中会由于心理紧张度过低，产生厌倦情绪而发生人失误。

（2）安全教育与技能训练。安全教育与技能训练是防止职工不安全行为、防止人失误的重要途径。安全教育与技能训练的重要性，首先在于它能提高企业领导和广大职工做好事故预防工作的责任感和自觉性；其次，安全技术知识的普及和安全技能的提高，能使广大职工掌握工伤事故发生发展的客观规律，提高安全操作水平，掌握安全检测技术水平和控制技术，做好事故预防，保护自身和他人的安全健康。

安全教育包括以下三个阶段。

1）安全知识教育。其目的是使人员掌握有关事故预防的基本知识。

2）安全技能教育。受教育者通过培训及反复的实际操作训练，掌握安全技能。

3）安全态度教育。其目的是使操作者尽可能自觉地提高安全技能，搞好安全生产。

（3）其他管理措施。合理安排工作任务，防止发生疲劳，使人员的心理处于最优状态；树立良好的企业风气，建立和谐的人际关系，调动职工的安全生产积极性；持证上岗、作业审批等措施都可以有效防止人失误的发生。

C 系统的可靠性与安全

可靠性是判断和评价系统或元素性能的一个重要指标，它是指系统或元素在规定的条件下和规定的时间内，完成规定功能的性能。在运行过程中，当系统或元素因为性能低下而不能实现预期的功能，则称发生了故障。故障在运行中迟早会发生，不可避免，只能尽量延迟故障的发生，让系统、元素尽可能长时间地工作。

根据故障率随时间变化的情况，故障可以分为初期故障、随机故障与磨损故障三种类型。初期故障发生在系统或元素投入运行的初期，是由于设计、制造、装配不良或使用方法不当等原因造成的，其特点是故障率随运行时间的增加而减小。随机故障发生在系统正常的运行阶段，是由一些复杂的、不可控制的甚至未知的因素造成的，故障率基本恒定。磨损故障发生在运行时间超过寿命期间之后，由于磨损、老化等原因故障率急剧上升。典型的故障率随时间变化曲线如图 2-4 所示。

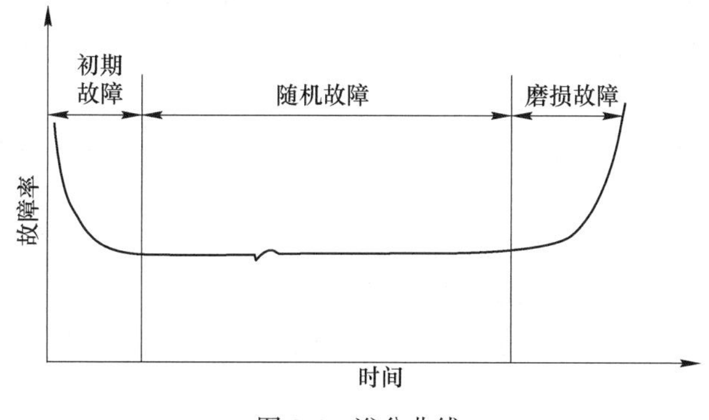

图 2-4 浴盆曲线

系统的可靠性取决于元素的可靠性及系统结构。简单系统按照系统故障与元素故障之间的关系可分为串联系统和冗余系统两类。串联系统是由各元素串联组成的系统，其特征是只要构成系统中的一个元素发生故障就会造成系统故障，故串联系统的可靠度低于元素的可靠度，且组成系统的元素越多，系统可靠度就越低。冗余系统按实现冗余方式的不同分为并联系统、备用系统及表决系统。

并联系统中原有元素与冗余元素同时工作，只要其中一个元素不发生故障，那么系统就可以正常运行。并联系统的特点是可靠度高于元素可靠度，且并联的元素越多，系统可靠度就越高，但随着并联元素的增加，系统提高的幅度逐渐变小。

备用系统的冗余元素平时处于备用状态，只有当原有元素发生故障时才投入运行。备用系统必须要有可靠的故障检测机构和使备用元素及时投入运行的转换机构来保证备用系统的可靠性。

表决系统是由构成系统的 n 个元素有 k 个不发生故障就能正常运行的系统。它的性能处于串联系统和并联系统性能之间，多用于各种安全监测系统使之有较高的灵敏度和一定的抗干扰性能。

提高系统可靠性可以从以下几个方面采取措施：

（1）选用可靠度高的元素，如选用高质量的元器件、可靠性高的设备，则由它们组成的系统可靠度也高；

（2）采用冗余系统，可以根据实际情况采用并联系统、备用系统或者表决系统；

（3）改善系统运行条件，如控制运行系统中的环境温度、湿度，防止腐蚀、振动或者冲击来延长元素和系统的使用寿命；

（4）加强预防性维修保养，系统元器件在进入磨损故障阶段之前及时更换，还要正确、及时地对系统元素维修保养等。

D　防止事故的有效方法

事故预防对策是企业采取的预防和控制事故、减弱和消除事故的技术和管理措施，其目的是保障整个劳动、生产过程的健康与安全。在所有的预防事故措施中，应该首先考虑消除物的不安全状态，实现生产过程、机械设备等生产条件的本质安全。但企业可能受到技术条件、经济条件等方面的限制，要完全消除生产过程中的不安全因素几乎不可能。企业只能尽可能控制和减少不安全因素，防止不安全状态出现，或者出现不安全的状态时及时采取措施消除它，使事故不容易发生。因此，要求企业通过科学的安全管理，健全并严格执行规章制度，加强对职工的安全教育，规范职工的行为。

总结以上原因，海因里希提出防止工业事故的有效方法，后来被总结为3E原则，其具体含义如下。

（1）工程技术（Engineering）。运用工程技术手段消除不安全因素，实现生产工艺、机械设备等生产条件的安全。

（2）教育（Education）。利用各种形式的教育和培训，让职工树立“安全第一”的思想，掌握安全生产所必需的知识和技能。

（3）强制（Enforcement）。借助规章制度、法规等必要的行政、法律手段约束人们的行为。

一般来说，选择安全对策时首先考虑工程技术措施，其次是教育、培训等措施。在实际生产中，应该针对不安全行为和不安全状态产生的原因，灵活地采取措施对策。在采取工程措施的情况下，为了减少和控制不安全因素，仍然要通过教育、培训和强制手段规范人的行为，避免不安全行为的发生。

2.2.2.3 事故的预防技术

人类在与危险因素的斗争中，创造和发展了很多安全技术来推动安全工程的发展。安全技术和生产技术密不可分。安全技术通过改进生产设备、改善生产工艺和生产条件来实现。近年来，生产中已经形成了较完善的安全技术体系，先进的科学技术手段逐渐代替人的经验和感官，可以快速、灵敏、可靠地发现不安全因素，从而使人们可以尽早地采取措施，把事故消灭在萌芽状态。

事故预防技术可以分为预防事故发生的安全技术和防止或减少事故损失的安全技术。预防事故发生的安全技术是发现、识别各种危险因素及其危险性的技术；减少事故损失的安全技术是消除、控制危险因素，防止事故发生和避免人员受到伤害的技术。因此，应着眼于前者，做到防患于未然，努力防止事故扩大或者引起其他事故，把事故损失尽可能控制在小的范围内。

1988 年，国际核安全咨询小组提出了以安全文化为基础的事故预防原则，包括安全评价和确认、安全文化、经过考验的工程实践、规程和活动等方面。该原则突出了人员的安全教育在事故预防中的重要性，反映了现代事故预防的新观念。

此外，企业开展以安全文化为基础的事故预防以及安全生产标准化活动。此活动指定每个岗位的安全生产规章、制度、规程、标准、办法，并通过自评自审、自查自纠的方式，调动每个岗位员工的安全生产积极性，把安全生产贯穿企业整个生产、经营、技术、管理过程，从而使企业的安全生产工作得到不断加强及持续改进，保证和促进企业安全发展。安全生产标准化具有强制性、全员性、全面性和动态性。开展安全生产标准化活动是落实“生产安全工程”、确保安全发展的必然要求，也是实现“预防为主、防患未然”的根本措施。

2.2.3 人、机、环境匹配

工业生产由人员、机械设备组成的人机系统来完成。统计表明，多数的工业事故是由于人员失误造成的，故人在工业生产中日益受到重视。因人机系统处于一定的环境中，所以有时也将人机系统扩展为人机环境系统。这里的“机”广泛地指一切人造工具和相关的附属设备。人造工具是指日常生活使用的各类简单工具、器具和工业生产中的复杂机器设备。

在人、机、环境系统中，利用科技成果设计和制造机械设备及相关的附件设备，使之符合人的使用要求；加强人员的技能培训、人员选拔，使合适的人在合适的岗位，提高人员在岗位的适应性和可靠性；改善作业环境，创造安全、健康、舒适、方便的工作条件，优化人、机、环境系统，使三者达到最佳配合，符合人的生理和心理特性，以最小的代价获得最大的经济效果。

2.2.3.1 人机功能分配

在人机系统中，人主要有传感功能、信息功能和操纵功能三种功能。为了充分发挥人与机器各自的优点，根据人、机特性的比较（见表 2-1），在进行人、机功能合理分配时应该考虑的是：笨重的、快速的、持久的、可靠性高的、精度高的、规律性的、单调的、高价运算的、操作复杂的、环境条件差的工作，适合机器来做；而研究、创造、决策、指令和程序的编排、检查、维修、故障处理及应对不测等工作，适合人来承担。值得注意的是，即使是高度自动化的机器，也需要人员来监视其运行情况，异常情况下需要由人员来操作以保证安全。人机系统可靠度采用并联的方法来提高，常用的并联方法有并行工作冗余法和后备冗余法。并行工作冗余法是同时使用两个以上相同单元来完成同一任务的并联系统，当一个单元失效时，其余单元仍能完成工作。后备冗余法也是配备两个以上相同单元来完成同一系统的并联系统，它与并行工作冗余法不同之处在于后备冗余法有备用单元，只有当系统出现故障时，才启用备用单元。

表 2-1　机械与人的主要特征

特　性	机　械	人
检测	传感器检测物理量的范围广，而且正确，可以检测一些人不能检测的物理量，如电磁波等	具有味觉、嗅觉和触觉，具有与认识直接联系的高级检测能力，但没有一定标准，会出现偏差
操作	在速度、精度、力量、操作范围、耐久性等方面比人优越	手具有多自由度，而且各自由度间可进行微妙的协调，可以在三维空间进行多种活动；由视觉、听觉、变位、重量感觉等获取的信息能够扩展运动器官进行高级运动
信息处理功能	在事先编制程序的情况下，可以进行高级的、准确的数据处理及保存等	具有特征抽取、归纳能力、模式识别、联想、发明创造等高级思维能力及丰富的经验
耐久性、持续性	根据成本需要适当的维修保养，可以进行单调的反复作业	需要适当的休息、修养、保健、娱乐；很难长时间保持紧张状态；不宜从事刺激小、单调乏味的作业
可靠性	根据成本而定；设计合理的机械对事先设定的作业有很高的可靠性，但对预料之外的事件无能为力；特点是一定的，不会发生变化	在突发的紧急情况下，很可能完全不可靠；作业欲望、责任感、身心状态、意识水平等是由心理和生理条件决定的；容易出差错；有个体差异，而且根据经验的多少变化，并受他人的影响等
通信	与人之间进行的信息交流只能用特定的方法进行	人与人之间很容易进行信息交流，人员的管理很重要
效率	功能复杂的机械重量大，需要很大的功率；可以根据目的设计必要的功能等；新机械的设计、制造周期长	身体功能是一个整体，因而它是万能的；须适当处理必要功能以外的事件；需要教育和训练；必须采取绝对的安全措施等
柔性和适应能力	专业机械不能改变用途；比较容易调整	通过教育和训练，有多方面的适应能力；难以调理
成本	购置费、运转、保养费；一旦机械不能使用就失去机械本身的价值	工资及福利待遇等；如果发生万一，可能失去生命
基本界限	性能维护能力界限；正常动作界限；判断能力界限；费用界限	正确度界限；体力界限；行动速度界限；知觉能力界限

人机系统可靠性设计的基本原则包括系统整体可靠性原则、高可靠性组成单元要素原

则、具有安全系数的设计原则、高可靠性方式原则、标准化原则、高维修度原则、事先进行试验和进行评价的原则、预测和预防的原则、人机工程学原则、技术经济性原则、审查原则、整体准备资料和交流信息原则、信息反馈原则、设立相应的组织机构。

2.2.3.2　人机作业环境

许多安全生产事故的发生都与不良的生产作业环境有关。生产作业环境问题主要包括采光、照明、温度、湿度、噪声、振动、粉尘、电磁辐射、有毒有害物质及生物性污染等问题。事故产生的原因虽然是多方面的，但照度不足则是其重要的影响因素。当照明不良时，工作人员需努力辨认，容易视觉疲劳，视觉疲劳会引起视力下降、眼球发胀、头痛以及其他疾病而影响健康，工作失误甚至造成工伤。不适宜的工作温度和湿度，对工作人员也有影响，除生理影响以外，还会使人烦躁不安，影响正常工作。噪声会使人听力疲劳，暂时性听力下降，影响注意力，降低产品质量，造成差错；振动会使人的肌肉、感知系统受到影响，使人手眼协调活动受到破坏。粉尘、有毒有害物质和生物性污染会影响人的身体健康，使人窒息中毒甚至患职业病，不利于工作效率和安全生产。

课程思政

学习安全科学发展及伤亡事故分类及统计相关内容，应将理论的方法论和认知观转化为自身的知识积累，学以致用，使思想意识及行为举止安全可控。

思考题

2-1　简述精益管理的优点。

2-2　简述伤亡事故统计的指标及其作用。

2-3　简述事故因果连锁论的基本原理及实际意义。

2-4　什么是冗余系统，提高系统可靠性的途径有哪些？

2-5　人、机功能分配应考虑哪些基本界限？

2-6　人机系统可靠性设计的基本原则有哪些？

3 危险有害因素辨识、控制与评价

3.1 危险源与危险有害因素分类

3.1.1 危险有害因素的产生与分类

3.1.1.1 危险有害因素的产生

人类利用能量做功来实现生产的目的，在正常生产过程中能量受到约束且按照人们的意图转换和做功。但若由于某些原因能量失去控制，超越人们设置的约束或限制而意外释放，则说明发生了事故。预防伤害事故就是防止能量或危险物质的意外释放，防止人体与过量的能量或危险物质接触，它提醒人们要经常注意生产过程中能量的流动、转换以及不同形式能量的相互作用，防止能量的意外逸出或释放。

危险源是可能导致事故的潜在不安全因素，有些理论认为系统中存在的危险源是事故发生的根本原因。但系统中不可避免地会存在着某些种类的危险源，只有采取措施消除和控制系统中的危险源，才能使系统安全运行。

根据危险源在事故发生、发展中的作用，危险源可分为第一类危险源和第二类危险源两大类。

（1）第一类危险源。根据能量意外释放论，系统中存在的、可能发生意外释放的能量或危险物质称为第一类危险源，实际工作中往往把产生能量的能量源或拥有能量的载体看作第一类危险源。例如：产生、供给能量的装置、设备；使人体或物体具有较高势能的装置、设备、场所；能量载体；失控可能产生巨大能量的装置、设备、场所，如剧烈放热反应的化工装置等；失控可能发生能量蓄积或突然释放的装置、设备、场所，如各种压力容器等；危险物质，如各种有毒、有害、易燃易爆的物质等；生产、加工、储存危险物质的装置、设备、场所；人体一旦与之接触将导致人体能量意外释放的物体。第一类危险源处于相对较低能量状态时比较安全，具有的能量越多，发生事故的后果越严重。

（2）第二类危险源。为了让能量按照人们的意图在系统中流动、转换和做功，需采取措施约束、限制能量，即必须控制危险源，防止能量意外地释放。实际上，绝对可靠的控制措施并不存在。导致约束、限制能量措施失效或破坏的各种不安全因素称为第二类危险源。

一起事故的发生往往是两类危险源共同作用的结果。第一类危险源释放能量是导致人员伤害或财物损坏的能量主体，它决定事故后果的严重程度，是事故发生的前提。导致第一类危险源失去控制的第二类危险源被破坏，发生能量意外释放，它是第一类危险源导致事故的必要条件，失控也是一类危险因素或危害因素。第二类危险源是围绕第一类危险源随机出现的人、物、环境、管理方面的问题，其辨识、评价和控制是在第一类危险源的辨识、评价和控制基础上进行的。

3.1.1.2 危险有害因素的分类

根据导致事故的直接原因，生产过程中危险和有害因素可分为人的因素、物的因素、环境因素和管理因素。

（1）人的因素。人的因素可以从人的心理、生理性危害和有害因素以及行为性危险和有害因素两方面考虑。人的心理、生理性危害和有害因素主要包括：

1）从业人员的负荷超限；

2）从业人员健康状况异常；

3）从业人员从事禁忌作业；

4）从业人员心理异常；

5）从业人员辨识功能缺陷；

6）从业人员其他心理、生理性危害和有害因素。

行为性危险和有害因素主要内容包括：

1）指挥错误；

2）操作错误；

3）监护失误；

4）其他行为性危害和有害因素。

人失误可能直接破坏对第一类危险源的控制，造成能量或危险物质的意外释放。例如，检修过程中，合错闸使检修中的线路带电；误开开关使本应静止的吊车起吊等。人失误也可能造成物的故障，进而导致事故，例如，超载起吊重物造成钢丝绳断裂，发生重物坠落事故。

（2）物的因素。物的因素可以分为物理性危险和有害因素、化学性危险和有害因素、生物性危险和危害因素三个方面。

1）物理性危险和有害因素主要包括：设备、设施缺陷；防护缺陷；电伤害；噪声；振动危害；电离辐射；非电离辐射；运动性危害；明火；高温物体；低温物体；信号缺陷；标志缺陷；有害光源；其他物理性危险和危害因素。

2）化学性危险和有害因素主要包括：爆炸品；压缩气体和液化气体；易燃液体；易燃固体、自燃物品和遇湿易燃物品；氧化剂和有机过氧化物；有毒品；放射性物品；腐蚀品；粉尘和气溶胶；其他化学性危险、危害因素。

3）生物性危险和危害因素主要包括：致病微生物；传染病媒介物；致害动物；致害植物；其他生物性危害、危险因素。

（3）环境因素。环境因素主要包括：

1）室内作业环境不良，如采光照明不良、室内温度气压不适、室内作业场所杂乱等；

2）室外作业环境不良，如恶劣的气候环境、作业场所光照不良、作业场所空气不良等；

3）地下（含水下）作业环境不良，如矿井顶面缺陷、水下作业供氧不当等；

4）其他作业环境不良，如综合性环境作业不良等。

不良的物理环境会引起物的故障或人失误。例如，潮湿的环境会加速金属腐蚀而降低结构或容器的强度；工作场所强烈的噪声会影响人的情绪，分散人的注意力而发生人失误。

（4）管理因素。企业的管理制度、人际关系或社会环境影响人的心理，可能引起人失误。管理因素主要包括：

1）职业安全卫生组织机构不健全；

2）职业安全卫生责任制未落实；

3）职业安全卫生管理规章制度不完善；

4）职业安全卫生投入不足；

5）职业健康管理不完善；

6）其他管理因素缺陷。

3.1.2 危险有害因素与事故

对危险、有害因素进行分类是进行危险有害因素分析和辨识的基础。参照 GB 6441—1986，综合考虑起因物、引起事故的诱导原因、致害物、伤害方式等，危险有害因素可分为 20 类，见表 3-1。

表 3-1 伤害事故类型与危险有害因素

危险和有害因素分类	具 体 内 容
物体打击	指物体在重力或其他外力的作用下产生运动，打击人体，造成的伤亡事故，不包括爆炸引起的物体打击，如落下物、飞来石、滚石、崩块造成的伤害
车辆伤害	指运动中企业机动车辆引起的机械伤害事故，不包括起重设备提升、牵引车辆和车辆停驶时发生的事故
机械伤害	由运动中的机械设备引起的机械伤害事故，如在使用、维修机械设备与工具引起的绞、碾、碰、割、戳、切、刺等伤害，不包括车辆、起重机械引起的机械伤害
起重伤害	各种起重作业中发生的挤压、坠落、（吊具、吊重）物体打击和触电
触电（包括雷击）	电流流经人体造成生理伤害的事故，适用于触电、雷击伤害
淹溺	指人落入水中，水侵入呼吸系统造成的伤害的事故，如设施在航行、停泊、作业时发生的落水事故
灼烫	指因接触酸、碱、蒸汽、热水或因火焰、高温、放射线引起的皮肤及其他器官、组织损伤的事故，不包括电灼伤和火灾引起的烧伤
火灾	指造成人身伤亡的企业火灾事故
高处坠落	指在高处作业中发生坠落造成的伤亡事故，不包括触电坠落事故
坍塌	指建筑物、构筑物、堆置物等倒塌以及土石塌方引起的伤害事故，适用于因设计或施工不合理造成的倒塌，挖掘沟、坑、洞时土方的塌方等事故，不适用于矿山冒顶片帮事故，或因爆炸、爆破引起的坍塌事故
冒顶片帮	矿井工作面、巷道侧壁由于支护不当、压力过大造成的坍塌，称为片帮；顶板垮落称为冒顶，二者同时发生称为冒顶片帮
透水	指矿山、地下开采或者其他坑道作业时，意外水源造成的伤亡事故
放炮	指爆破作业中发生的伤亡事故

续表 3-1

危险和有害因素分类	具 体 内 容
瓦斯爆炸	指可燃气体瓦斯、煤尘与空气混合形成了浓度达到燃烧极限的混合物，接触火源时，引起的化学性爆炸事故
火药爆炸	指火药、炸药及其制品在生产、加工、运输、贮存中发生的爆炸事故
锅炉爆炸	指锅炉发生的物理性爆炸事故
容器爆炸	指压力容器破裂引起的气体爆炸，即物理性爆炸
其他爆炸	凡不属于上述爆炸的事故均列入其他爆炸
中毒和窒息	中毒是指人接触有毒物质引起的人体急性中毒事故；窒息是指因为氧气缺乏发生突然晕倒，甚至死亡的事故；两者同时发生，称为中毒和窒息事故；不适用于病理变化导致的中毒和窒息的事故，也不适用于慢性中毒的职业导致的死亡
其他伤害	凡不属于上述伤害的事故均称为其他伤害，如扭伤、跌伤、冻伤、野兽咬伤等

3.1.3 危险化学品重大危险源

《危险化学品安全管理条例》将危险化学品定义为：具有毒害、腐蚀、爆炸、助燃等性质，对人体、设施、环境具有危害的剧毒化学品和其他化学品。其具体分类见第 4.4 节。重大危险源从广义来说，是指可能导致重大事故发生的危险源。《安全生产法》将重大危险源解释为长期或临时生产、搬运、使用或者储存危险物品，且危险物品的数量等于或者超过临界量的单位（包括场所和设施）。危险化学品和重大危险源辨识的依据是《危险化学品重大危险源辨识》（GB 18218—2018）和《安全生产法》，应根据危险化学品的危险特性及数量对其进行辨识，单元内存在危险化学品的数量等于或超过临界量即被定义为重大危险源。

3.1.3.1 重大危险源分类

危险化学品重大危险源分为爆炸品、易燃气体、毒性气体、易燃液体、易燃固体、易于自燃的物质、遇水放出易燃气体的物质、氧化性物质、有机过氧化物、毒性物质，共 10 类。

单元内存在的危险化学品数量根据处理危险化学品种类的多少分为两种情况：

（1）单元内存在的危险化学品为单一品种，则该危险化学品的数量即为单元内危险化学品的总量，若等于或超过相应的临界量，则为重大危险源；

（2）单元内存在的危险化学品为多品种时，则按式（3-1）计算，若满足该公式，则定义为重大危险源。

$$S=q_1/Q_1+q_2/Q_2+\cdots+q_n/Q_n\geq 1 \tag{3-1}$$

式中 S——辨识指标；

q_1，q_2，…，q_n——每种危险化学品实际存在量，t；

Q_1，Q_2，…，Q_n——与各种危险化学品相对应的临界量，t。

3.1.3.2 重大危险源分级指标

重大危险源的分级指标按式（3-2）计算。

$$R=\alpha\left(\beta_1\frac{\alpha_1}{Q_1}+\beta_2\frac{\alpha_2}{Q_2}+\cdots+\beta_n\frac{\alpha_n}{Q_n}\right) \tag{3-2}$$

式中　R——重大危险源分级指标；

α——该危险化学品重大危险源厂区外暴露人员的校正系数；

β_1，β_2，…，β_n——与每种危险化学品相对应的校正系数；

q_1，q_2，…，q_n——每种危险化学品实际存在量，t；

Q_1，Q_2，…，Q_n——与各种危险化学品相对应的临界量，t。

根据单元内危险化学品的种类不同，设定校正系数β值，危险化学品校正系数β对应指标和暴露人员校正系数α值参见GB 18218—2018。根据计算出来的R值，按表3-2确定危险化学品重大危险源的级别。其中，一级危险性最大，四级危险性最低。

表3-2　重大危险源级别和R值对应关系

重大危险源级别	R值
一级	$R \geqslant 100$
二级	$100>R \geqslant 50$
三级	$50>R \geqslant 10$
四级	$R<10$

3.2　危险有害因素辨识与评价方法

危险因素是指能对人造成伤亡或对物造成突发性损害的因素，有害因素指能影响人的身体健康、导致疾病或慢性损害的因素，通常二者没有加以区分统称为危险有害因素。由于人的认知能力有限，有时不能完全认识系统中的危险有害因素；即使认识了现有的危险有害因素，但随着科学技术的发展，新技术、新工艺、新能源、新材料和新产品的出现，又会产生新的危险有害因素。对于已经认识了的危险有害因素，受技术、资金、劳动力等诸多因素的限制，完全根除也是办不到的。因此，系统安全的目标是努力控制危险有害因素，把发生后果严重的事故的可能性降到最低，或者万一发生事故时，把造成的人员伤亡和财产损失降到最小。

3.2.1　危险有害因素辨识方法

选用何种辨识方法进行危险有害因素辨识，要根据分析对象的性质、特点，分析系统的不同阶段，分析人员的知识、经验和习惯来定。常用的辨识方法分为直观经验分析方法和系统安全分析方法两大类。

3.2.1.1　直观经验分析方法

（1）对照经验法。对照经验法主要是对照有关的标准、规范、检查表或依靠分析人员的观察分析能力，借助于经验和判断能力对企业的危险、有害因素进行分析的方法。因此，对照法是一种基于经验的方法，适用于有可供参考先例、有以往经验可以借鉴的危险和有害因素过程，不能应用在没有可供参考先例的新系统中。

（2）类比法。利用具有相同或相似工程系统或作业条件的经验和劳动安全卫生的统计资料来类推、分析企业的危险有害因素。

3.2.1.2 系统安全分析方法

危险是绝对的，安全是相对的。当危险性小到可以被接受的水平时，就认为系统是安全的。所谓“可接受的危险”，是来自某种危险源的实际危险，但是却不能威胁有知识而又谨慎的人。例如，在交通拥挤的道路上骑自行车虽然可能发生交通事故，但是人们仍然愿意骑车代步，这就是一种可接受的危险。不同的人、不同的心理状态下可接受危险水平是不同的，被社会大众所接受的危险称作“社会允许危险”。在危险性评价中，社会允许危险是判别安全与危险的标准。系统安全分析是从安全角度进行的系统分析，通过揭示系统中可能导致系统故障或事故的各种因素及其相互关联来辨识系统中的危险源。系统安全分析方法经常被用来辨识可能带来严重事故后果的危险源，常用于复杂系统、没有事故经验的新开发系统，是一种常用的系统安全评价方法。系统安全分析方法一般适用情况见表 3-3。

常用的系统安全分析方法有预先危险性分析（PHA）、故障类型和影响分析（FMEA）、危险性和可操作性研究（HAZOP）、事件树分析（ETA）、故障树分析（FTA）。

表 3-3 系统安全分析方法适用情况

分析方法	开发研制	方案设计	样机	详细设计	建造投产	日常运行	改建扩建	事故调查	拆除
检查表		√	√	√	√	√	√		√
预先危险性分析	√	√	√	√			√		
危险性和可操作性研究			√	√		√	√	√	
故障类型和影响分析			√	√		√	√	√	
事故树分析		√	√	√		√	√	√	
事件树分析			√			√	√	√	
因果分析			√	√		√	√	√	

A 预先危险性分析

预先危险性分析是一项实现系统安全危害分析的初步或初始工作，主要用于新系统设计、已有系统改造之前的方案设计、选址阶段。人们在还没有掌握其详细资料的时候，用 PHA 来分析、辨识可能出现或已经存在的危险因素，并尽可能在设计阶段找出预防、改正、补救措施，消除或控制危险因素。

预先危险性分析方法的步骤如下：

（1）通过经验判断、技术诊断或其他方法确定危险源，对所需分析系统的生产目的、物料、装置及设备、工艺过程、操作条件以及周围环境等，进行充分的了解；

（2）根据以往的经验及同类行业生产中的事故情况，对系统的影响、损坏程度，类比判断所要分析的系统中可能出现的情况，查找能够造成系统故障、物质损失和人员伤害的危险性，分析事故的可能类型；

（3）对确定的危险源分类，制成预先危险性分析表；

（4）转化条件，即研究危险因素转变为危险状态的触发条件和危险状态转变为事故的必要条件，并进一步寻求对策措施，检验对策措施的有效性；

（5）进行危险性分级，排列出重点和轻、重、缓、急次序，以便处理；

（6）制定事故的预防性措施。

进行预先危险性分析时，首先利用安全检查表、经验和技术查明危险源存在地点，然后识别使危险源诱发事故的诱发因素和必要条件，粗略地进行风险评价分级，最后通过修改设计、增加措施来控制危险因素。例如，氯气（Cl_2）输送系统预先危险性分析：设计初期分析者只知道工艺过程中处理的物质是氯气，以及氯气有毒。于是，把氯气意外泄漏作为可能事故，进行风险评价分级，分析导致事故发生的原因，考察事故后果及提出应采取的危险源控制措施的建议，最后得到氯气输送系统预先危险性分析结果汇总见表3-4。

表3-4 氯气输送系统预先危险性分析

事 故	事故原因	事故后果	危险级别	建议的安全措施
氯气泄漏	储罐破裂	大量氯气泄漏导致人员伤亡	Ⅳ	采用泄漏报警系统；规定最小储存量；制定巡检规程
	反应过剩		Ⅲ	过剩氯气收集处理系统；安全监控系统；制定规程保证收集系统先于装置运行

B 故障类型和影响分析

故障类型和影响分析是对系统的各组成部分、元素的故障及其影响进行的分析。根据系统可以划分为子系统、设备和元件的特点，按实际需要对系统进行分割，然后分析各自可能发生的故障类型，查明各种类型故障对邻近部分或元素的影响以及最终对系统的影响，不同类型的故障对系统的影响是不同的，然后提出避免或减少这些影响的措施。故障类型和影响分析是一种归纳的系统安全分析方法。

故障类型和影响分析一般步骤如下：

（1）明确系统本身情况；

（2）确定分析程度和水平；

（3）绘制系统图和可靠性框图；

（4）列出所有的故障类型并选出对系统有影响的故障类型；

（5）理出造成故障的原因；

（6）结论和建议。

例如，压缩站的氮气储气罐由储气罐及其附属安全阀组成，对子系统的故障类型和影响分析情况见表3-5。

表3-5 氮气储罐故障类型和影响分析

单 元	故障类型	故障影响	故障原因	故障识别	采取措施
氮气储罐	轻微漏气	能耗增加	接口不严	漏气噪声、氮气报警器	加强维护保养
	严重漏气	压力迅速下降，周围人员易窒息	焊缝有裂隙	压力表读数下降、氮气报警器	停机氮气罐修理
	破裂	压力迅速下降，损伤设备及周围人员	材料缺陷、罐体受冲击等	压力表读数下降、氮气报警器	停机氮气罐修理

续表 3-5

单 元	故障类型	故障影响	故障原因	故障识别	采取措施
安全阀	漏气	能耗增加	弹簧疲劳	漏气噪声、氮气报警器	加强维护保养
	误开启	压力迅速下降	弹簧断裂、操作失误	压力表读数下降、氮气报警器	停机修理
	不开启	储气罐内超压，罐体易爆炸	阀门锈死、附着污物、操作失误	开启安全阀时检验	安全阀修理

C 危险性和可操作性研究

HAZOP 分析是指通过分析生产运行过程中工艺状态参数的变动、操作控制中可能出现的偏差以及这些变动与偏差对系统的影响及可能导致的后果，找出出现变动和偏差的原因，明确装置或系统内及生产过程中存在的主要危害因素，并针对变动与偏差的后果提出应采取的措施。

HAZOP 是一种定性的安全评价方法，其本质是通过对工艺流程和操作规程进行分析，由专业人员按规定方法对偏离设计的工艺条件进行过程危险和可操作性研究。其基本过程是以关键词为引导，对各个部分进行系统的提问，发现可能的偏离设计意图的情况，分析其产生原因及后果，并针对其产生原因采取恰当的控制措施。其本质就是由各种专业人员通过系列会议按照规定的方法对工艺流程和操作规程进行分析，对偏离设计的工艺条件进行过程危险和可操作性研究。节点偏差分析的概念如下。

（1）设计意图：被分析的系统或单元按设计要求应实现的功能。

（2）参数：工艺过程描述说明，如流量、压力、温度、液位、相态、组成等。

（3）引导词：典型的引导词有 No/None（无）、More（多）、Less（少）、Reverse（反向）、Other than（其他）、As well as（还有）、Part of（部分）。

（4）偏差：设计意图偏离，偏差的形式通常是由引导词与工艺参数相结合而构成的与意图的偏离。

（5）原因：发生偏差的原因，如“没流量”“流量过大”等，应详细地分析出现偏离的可能的原因。

（6）后果：偏差所造成的结果，HAZOP 分析时假定发生偏差时已有安全措施失效。

（7）安全措施：为消除偏差发生的原因或减轻其后果所采取的技术和管理措施（如报警、联锁、操作规程等）。

HAZOP 分析作为一种工艺危害分析工具，已经广泛应用于识别装置在设计和操作阶段的工艺危害，形成了 IEC 61882 等国际相关标准。一般来说，HAZOP 分析应该由一组多专业背景的人员（如工艺设计师、仪表工程师、安全工程师、经验丰富的操作人员等）以会议的形式，按照 HAZOP 分析执行流程对工艺过程中可能产生的危害和可操作性的问题进行分析研究。

D 事件树分析

事件树分析用来分析普通设备故障或过程波动（称为初始事件）导致事故发生的可能性。在事件树分析中，事故是典型设备故障或工艺异常（称为初始事件）引发的结果。事件树分析是一种按事故发展的时间顺序由初始事件开始推论可能的后果，从而进行危险源辨识的方法。事件树分析既可以定性分析，又可以定量分析。

（1）事件树定性分析。通过编制事件树，研究系统中的危险源如何相继出现并最终导致系统故障或事故的。编制事件树从初始事件开始，自左至右发展事件树。首先考察初始事件一旦发生时应该最先起作用的安全功能。把可能发挥功能（又称正常或成功）的状态画在上面的分支；把不能发挥功能（又称故障或失败）的状态画在下面的分支。然后，依次考虑各种安全功能的两种可能状态，把发挥功能的状态画在上面的分支，把不能发挥功能的状态画在下面的分支，直到达到系统故障或事故为止。

（2）事件树定量分析。由各事件的发生概率计算系统故障或事故发生的概率。当各事件之间相互统计独立时，事故发生概率等于导致事故的各发展途径的概率和；各发展途径的概率等于自初始事件开始的各事件发生概率的乘积。

事件树分析步骤如下：

（1）确定初始事件；

（2）判定安全功能；

（3）发展事件树和简化事件树；

（4）分析事件树。

例如，放热反应釜缺少冷却水会反应过热而导致事故发生。以放热反应釜缺少冷却水事件为初始事件，相关的安全功能有如下三种：

（1）当温度达到 T_1 时，高温报警器提醒操作员；

（2）操作人员增加供给反应釜冷却水；

（3）当温度达到 T_2 时，自动停车系统停止放热反应。

编制的事件树如图 3-1 所示。

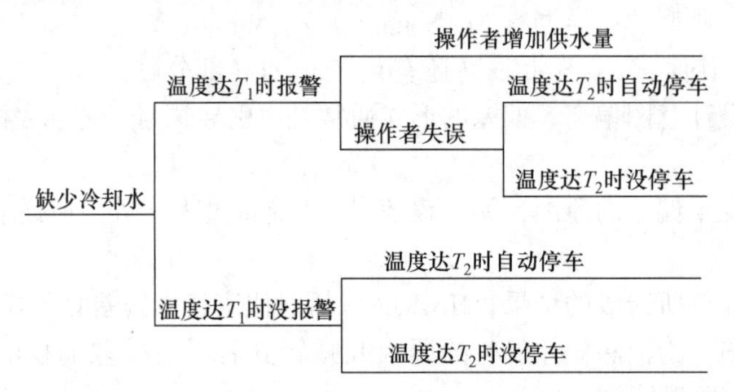

图 3-1 缺少冷却水导致放热反应釜事故分析事件树

E 故障树分析

故障树是演绎地表示故障事件发生原因及其逻辑关系的逻辑树图。因其形状像一棵倒置的树，并且其中的事件一般都是故障事件，故而得名。故障树分析是从特定的故障事件（或事故）开始，利用故障树考察该事件发生的各种原因事件及其相互关系的系统安全分析方法，它是一种描述事故因果关系的有方向的“树”，是系统安全工程中的最重要的分析方法之一。

在故障树中，作为被分析对象的特定故障事件（或事故）被画在故障树的顶端，称为顶事件。导致顶事件发生的最初始原因事件位于故障树各分支的终端，称为基本事件。处于顶事件和基本事件之间的事件称为中间事件，它们既是造成顶事件的原因，又是基本事件产生的结果。故障树能对各种系统的危险性进行识别评价，既适用于定性分析，又能进行定量分析，具有简明、形象化的特点，体现了以系统工程方法研究安全问题的系统性、准确性和预测性。

故障树分析的基本流程如下。

（1）熟悉系统：要具体了解系统状态及各种参数，绘出工艺流程图或布置图。

（2）调查事故：收集事故案例，进行事故统计，设想给定系统可能发生的事故。

（3）确定顶上事件：要分析的对象即为顶上大事。对所调查的事故进行全面分析，从中找出后果严峻且较易发生的事故作为顶上大事。

（4）确定目标值：依据阅历教训和事故案例，经统计分析后，求解事故发生的概率（频率），以此作为要掌握的事故目标值。

（5）调查原因事件：调查与事故有关的所有原因事件和各种因素。

（6）画出故障树：从顶上大事起，逐级找出直接缘由的大事，直至所要分析的深度，按其规律关系，画出故障树。

（7）定性分析：按故障树结构进行简化，确定各基本事件的结构重要度。

（8）确定事故发生概率：确定所有事件发生概率，标注在事故树上，进而求出顶上事件的发生概率。

（9）比较：比较分可维修系统和不可维修系统进行讨论，前者要进行对比，后者求出顶上事件发生概率即可。

（10）分析：故障树分析不仅能分析出事故的直接原因，而且能深入揭示事故的潜在原因，因此在工程或设备的设计阶段、在事故查询或编制新的操作方法时，都可以使用故障树分析，并对它们的安全性作出评价。

故障树的各种事件的内容写在事件符号之内，常用的事件符号如图 3-2 所示。矩形符号表示需要进一步被分析的事件，如顶端事件和中间事件。圆形符号表示基本事件。菱形符号是一种省略符号，表示目前不能分析或不必要分析的事件。房形符号表示基本事件的正常事件，一些对输出事件发生必不可少的事件。转移符号表示与同一故障树中其他部分内容相同。

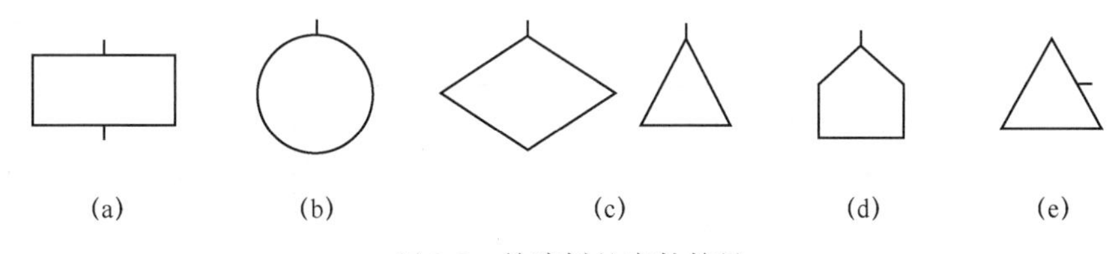

图 3-2 故障树的事件符号

（a）矩形符号；（b）圆形符号；（c）菱形符号；（d）房形符号；（e）转移

故障树中事件之间的关系是因果关系或逻辑关系，用逻辑门来表示。这里使用的逻辑门主要为逻辑与门和逻辑或门，分别表达全部原因事件都发生结果事件才发生，以及任一原因事件发生结果事件就会发生的逻辑关系。

故障树中还有另外一些特殊的逻辑门，如图 3-3 所示。

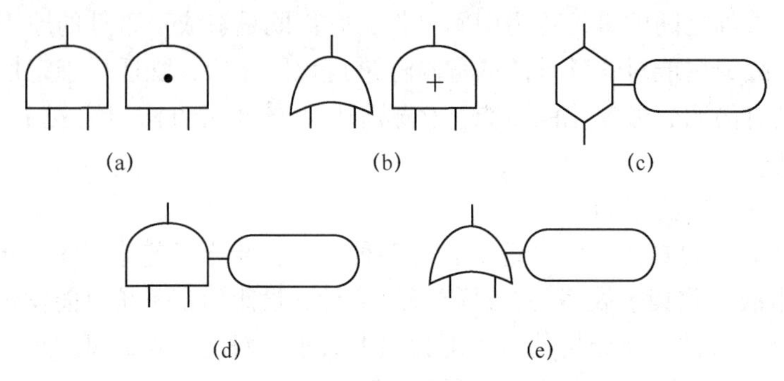

图 3-3　逻辑门符号

（a）逻辑与门；（b）逻辑或门；（c）控制门；（d）条件与门；（e）条件或门

（1）控制门。当满足输入事件的发生条件时输出事件才发生，如不满足输入事件发生条件，则不产生输出。

（2）条件门。把逻辑与门或逻辑或门与条件事件结合起来，构成附有各种条件的逻辑门。

在故障树分析中，控制门和条件门在性质上相当于逻辑与门，而要求满足的条件相当于输入到逻辑与门的一个基本事件。

图 3-4 所示为“从脚手架上坠落死亡”事故原因分析故障树。“从脚手架上坠落死亡”为故障树的顶事件，其发生是由于“从脚手架上坠落”。“安全带没起作用”和“不慎坠落”同时发生是顶事件事故发生的必要原因，把它们用逻辑与门联结起来。“不慎坠落”的发生，可能是由于在脚手架上“滑倒”或“身体失去平衡”，同时“身体重心超出”脚手架，这里用条件或门联结。“身体重心超出”是引起“不慎坠落”发生的必要条件，画成条件事件，在此不讨论“滑倒”“身体失去平衡”的原因，故用省略符号。“安全带没

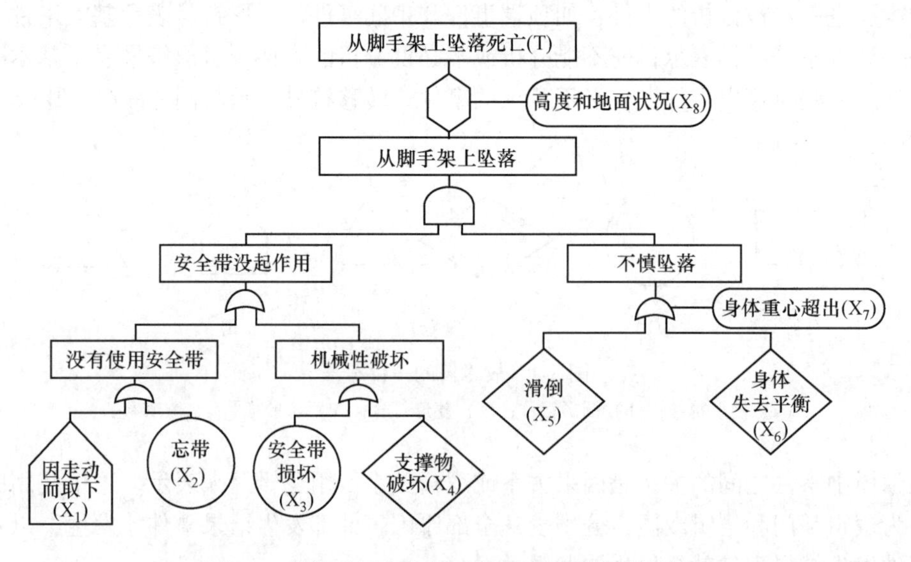

图 3-4　从脚手架上坠落死亡事故原因分析故障树

起作用”可能是由于“没使用安全带”或安全带受力时发生“机械性破坏”，用逻辑或门联结起来。“没有使用安全带”可能是因为“忘带”或“因走动而取下”，用逻辑或门把它们联结起来。“因走动而取下”安全带是生产活动中的正常行为，故用房形符号。“机械性破坏”可能是“安全带损坏”或固定安全带的“支撑物破坏”，用逻辑或门把它们联结起来。“高度和地面状况”决定“从脚手架上坠落”能否造成人员伤亡，用控制门联结。

故障树分析的数学基础是布尔代数。故障树中的逻辑与门对应于布尔代数中的逻辑积运算，记为“∩”或“·”；逻辑或门对应于逻辑和运算，记为“∪”或“+”，于是，可以用布尔表达式来表现故障树。例如，图 3-4 的故障树可以表达为：

$$T=(X_1+X_2+X_3+X_4)\cdot(X_5+X_6)\cdot X_7\cdot X_8$$

式中 T——从脚手架上坠落死亡；

X_1——因走动而取下；

X_2——忘带；

X_3——安全带损坏；

X_4——支撑物破坏；

X_5——滑倒；

X_6——身体失去平衡；

X_7——身体重心超出；

X_8——高度和地面状况。

故障树分析既可以定性分析也可以定量分析，定性分析是定量分析的基础。

（1）故障树定性分析。通过编制故障树找出导致顶事件发生的全部基本事件，求出最小割集合与最小径集合，确定各基本事件的重要度，为采取措施防止顶事件发生提供依据。

编制故障树是故障树分析的第一步。首先选择重大故障事件或后果严重的事故为顶事件，然后找出造成顶事件发生的直接原因，并用恰当的逻辑门把这些作为直接原因的事件与顶事件联结起来。类似地，自上而下依次画出各故障事件的原因，直到找出全部基本事件为止。

在故障树分析中，把能使顶事件发生的基本事件集合叫作割集合。如果割集合中任一基本事件不发生就不会造成顶事件发生，即集合中包含的基本事件对顶事件发生不但充分而且必要，则该集合叫作最小集合。简言之，最小集合是能够引起顶事件发生的最小的割集合。对于事故原因分析故障树，最小割集合表明哪些基本事件组合在一起可以使顶事件发生，为人们指明事故发生模式。例如，考察图 3-4 的故障树中能够引起顶事件发生的基本事件集合，可以得到最小割集合为：

(X_1, X_5, X_7, X_8)　(X_2, X_5, X_7, X_8)　(X_3, X_5, X_7, X_8)　(X_4, X_5, X_7, X_8)

(X_1, X_6, X_7, X_8)　(X_2, X_6, X_7, X_8)　(X_3, X_6, X_7, X_8)　(X_4, X_6, X_7, X_8)

在故障树分析中，把其中的基本事件都不发生就保证顶事件不发生的基本事件集合叫作径集合。若径集合中包含的基本事件不发生对保证顶事件不发生不但充分而且必要，则该径集合叫作最小径集合。最小径集合表明哪些基本事件组合在一起就可以使顶事件不发生。对于事故原因分析故障树，最小径集合指明应该如何采取措施防止事故发生。例如，

图 3-4 的故障树的最小径集合为：

$$(X_1, X_2, X_3, X_4) \quad (X_5, X_6) \quad (X_7) \quad (X_8)$$

导致顶事件发生的初始原因很多，在采取防范措施时应该分清轻重缓急，优先解决那些比较重要的问题，首先消除或控制那些对顶事件影响重大的初始原因因素。在故障树分析中，用基本事件重要度来衡量某一基本事件对顶事件影响的大小。例如，从图 3-4 的故障树可以直观地看出事件“高度和地面状况”对死亡事故的发生最重要。

（2）故障树定量分析。通过基本事件发生概率计算顶事件发生概率，为概率危险性评价提供依据。

当故障树中的基本事件相互统计独立时，事件逻辑积的概率为：

$$P(X_1 \cdot X_2 \cdot \cdots \cdot X_n) = q_1 \cdot q_2 \cdot \cdots \cdot q_n = \prod_{i=1}^{n} q_i \tag{3-3}$$

事件逻辑和的概率为：

$$P(X_1+X_2+\cdots+X_n) = 1-(1-q_1) \cdot (1-q_2) \cdot \cdots \cdot (1-q_n) = 1-\prod_{i=1}^{n}(1-q_i) \tag{3-4}$$

式中 q_i——基本事件发生概率。

根据故障树的布尔表达式和式（3-3）、式（3-4），可以得到由基本事件发生概率来计算顶事件发生概率的公式。图 3-4 的故障树的顶事件发生概率计算公式为：

$$P(q) = [1-(1-q_1) \cdot (1-q_2) \cdot (1-q_3) \cdot (1-q_4)] \cdot [1-(1-q_5) \cdot (1-q_6)] q_7 q_8 \tag{3-5}$$

3.2.2 危险有害因素辨识的主要内容

危险有害因素辨识的主要包括厂址、厂区总平面布置、道路及运输、建（构）筑物、工艺过程、生产设备和装置、作业环境和安全管理措施 8 个方面内容。

（1）厂址。厂址的危险有害因素主要是从厂址的工程地质、地形地貌、水文、自然灾害、周边环境、气象条件、交通运输条件、自然灾害、消防支持等方面进行分析、识别。

（2）厂区总平面布置。厂区总平面布置的危险有害因素主要是从功能分区布置，高温、有害物质、噪声、辐射、易燃易爆危险化学物品设施布置，工艺流程布置，建筑物、构筑物布置，朝向、风向、防火间距、安全距离、卫生防护距离，道路、贮存设施等方面进行分析、识别。

（3）道路及运输。道路及运输的危险有害因素是从运输、装卸、消防、疏散、人流、物流、平面交叉运输和竖向交叉运输等几方面进行分析、识别。

（4）建（构）筑物。建（构）筑物的危险有害因素是从厂房、库房储存物品的生产火灾危险性分类、耐火等级、结构、层数、占地面积、防火间距、安全疏散等方面进行分析、识别。

（5）工艺过程。工艺过程的危险有害因素是从是否消除、预防、减弱、隔离危险有害因素等方面进行考察；从是否设置联锁装置或设置醒目的安全色，安全标志和声、光警示装置来避免危险有害因素等方面进行考察；利用各行业和专业定制的安全标准、规程进行分析、识别。

（6）生产设备和装置。生产设备和装置有害因素是指化工设备和装置在高温、低温、腐蚀、高压、振动、关键设备、控制、操作、检修和故障、失误时的紧急异常情况，分别从以下方面进行识别。

1）机械设备：从运动零部件和工件、操作条件、检修作业、误运转和误操作等方面进行识别。

2）电气设备：从触电、断电、火灾、爆炸、误运转和误操作、静电、雷电等方面进行识别。

注意识别高处作业设备、特殊单体设备（如锅炉房、乙炔站、氧气站）等的危险有害因素。

（7）作业环境。作业环境应该注意识别存在毒物、噪声、振动、高温、低温、辐射、粉尘及其他有害因素的作业部位。

（8）安全管理措施。安全管理措施方面的危险有害因素可以从安全生产管理组织机构、安全生产管理制度、事故应急救援预案、特种作业人员培训、日常安全管理等方面进行识别。

3.2.3 危险性评价方法

3.2.3.1 危险性评价方法分类

危险性是指某种危险源导致事故，造成人员伤亡、财产损失和环境污染的可能性。系统中危险源的存在是绝对的，任何工业生产系统中都存在若干危险源，必须采取措施控制危险源使系统危险性不超过允许危险的水平。在危险评价中，允许危险是判断安全与危险的标准。危险性评价的目的在于评价系统的危险性是否可以接受。受实际人力、物力和资金等方面因素的限制，只能将系统的危险性控制在允许的范围内。危险性评价就是按其危险性的大小把危险源分类排列，从而确定采取控制措施的优先依次顺序。

危险性评价方法按评价结果的量化程度分为定性危险性评价方法和定量安全评价方法。

（1）定性危险性评价方法。定性评价时不对危险性进行量化处理而只做定性比较。定性危险性评价方法通常与有关标准、规范或安全检查表对比判断系统的危险程度，用于整个危险性评价过程中的初步评价，如安全检查表、故障类型和影响分析、危险可操作性研究等方法。

（2）定量安全评价方法。定量评价是在危险性量化的基础上进行的评价，分为概率的危险性评价法和相对的危险性评价法。

1）概率的危险性评价方法。概率的危险性评价方法是以某种系统事故发生概率计算为基础的危险性评价方法。目前，应用较多的是概率危险性评价。概率危险性评价以危险度作为危险性评价指标，它等于危险源导致事故的概率和事故后果严重度的乘积。概率危险性评价包括辨识系统中的危险源、估算事故发生概率、推测事故后果、计算危险度和与设定的安全目标值相比较等一系列工作。概率危险性评价程序如图 3-5 所示。

2）相对的危险性评价方法。相对的危险性评价是评价者根据以往的经验和个人见解规定一系列打分标准，然后按危险性分数评价危险性的方法。相对的评价法又叫作打分法。这种方法需要更多的经验与判断，受评价者主观因素影响较大。生产作业条件危险性评价法、道化学公司（Dow）的火灾爆炸指数法等都属于相对的危险性评价法。

3.2.3.2 生产作业条件危险性评价法

美国的 Keneth J. Graham 和 Gilbert F. Kinney 研究了人们在具有潜在危险环境中作业的

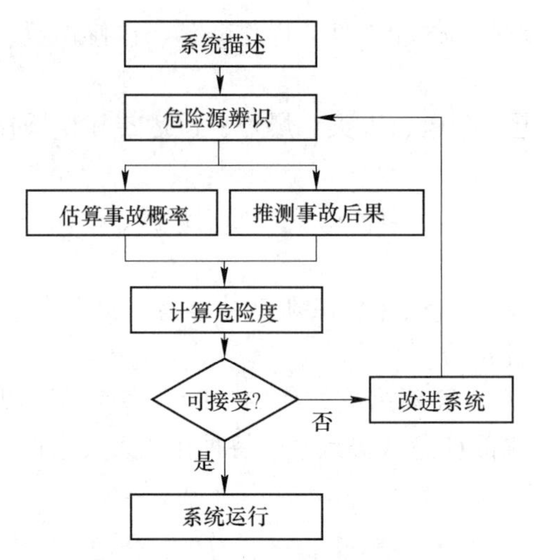

图 3-5　概率危险性评价程序

危险性，并以所评价的环境与某些作为参考环境的对比为基础，将生产作业条件危险性作为因变量（D），事故或危险事件发生的可能性（L）、人员暴露于危险环境的频率（E）和事故后果严重度（C）作为自变量，确定它们之间的函数式：

$$D=L\cdot E\cdot C \tag{3-6}$$

根据实际经验，他们给出三个自变量各种不同情况的分数值，对所评价的对象根据情况进行“打分”，然后根据公式计算出其危险性分数值，再在按经验将危险性分数值划分的危险程度等级表或图上，查出其危险程度。这是一种简单易行的评价作业条件危险性的方法。

图 3-6 所示为诺模图。使用时首先在各评价因素的竖线上找出相应的分数点，然后将事故发生的可能性分数点与暴露于危险环境分数点画直线交于辅助线上一点，过此点与危险严重程度分数点做直线，该直线与危险性分数线交点即为危险性分数点。在危险性分数点右侧列出评价结果。

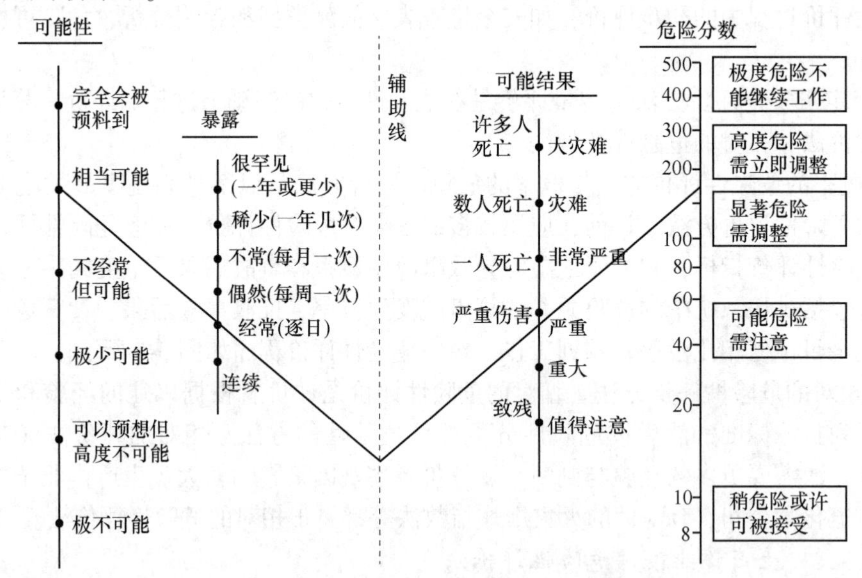

图 3-6　生产作业条件危险性评价诺模图

3.2.3.3 Dow 火灾爆炸指数法

美国道化学公司（Dow Chemical Company）在1964年提出了火灾爆炸指数法，并在随后的20多年中对其实用性与合理性进行调整。火灾爆炸指数法方法独特，且易于掌握，对千差万别的化工生产、贮运和使用过程的危险性，都能较为客观地进行评价，受到工业发达国家的重视。火灾爆炸指数法根据物质燃烧性和化学活泼性、工艺过程危险性评价危险物质加工处理、运输、储存危险性，用于生产单元的危险性排序，见表3-6。

表3-6 火灾爆炸危险指数与危险等级分类

火灾爆炸危险指数 *F&EI*	危 险 等 级
1~60	最轻
61~96	较轻
97~127	中等
128~158	很大
>159	非常大

火灾爆炸指数法利用工艺过程中物质、设备及物料量等数据，通过逐步推算的方式，求出火灾、爆炸危险性大小，客观地量化潜在火灾、爆炸和反应性事故的预期损失，找出可能导致事故发生或使事故扩大的设备，向管理部门通报潜在的火灾、爆炸危险性，使工程技术人员了解各部分可能的损失和减少损失的途径。火灾爆炸指数法评价程序如图3-7所示。

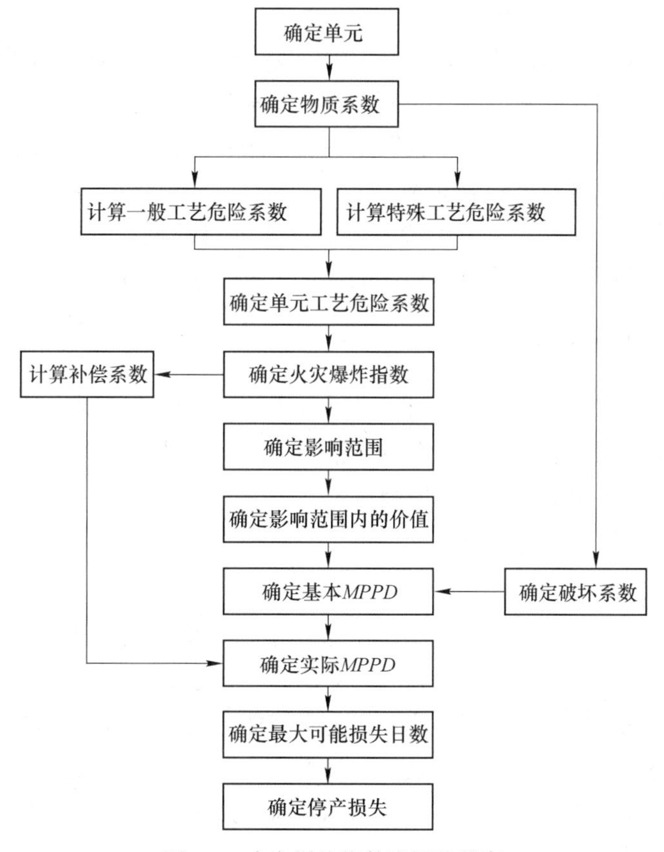

图3-7 火灾爆炸指数法评价程序

该评价方法用物质系数 MF 反映物质燃烧或化学反应发生火灾、爆炸释放能量的强度，同时考虑一般工艺危险性系数 F_1 和特殊工艺危险性系数 F_2，计算火灾爆炸指数 $F\&EI$。$F\&EI$ 作为危险性评价指标，用来估计生产过程中的事故可能造成的破坏。

$$F\&EI = MF \cdot F_1 \cdot F_2 \tag{3-7}$$

根据火灾爆炸指数计算火灾爆炸暴露半径 R（m）：

$$R = 0.256F\&EI \tag{3-8}$$

考虑火灾爆炸影响范围内财产价值和破坏系数，计算基本最大预计损失——基本 $MPPD$：

$$\text{基本 } MPPD = \text{再投资金额} \times \text{破坏系数} \tag{3-9}$$

考虑采取安全措施的补偿系数，计算实际最大预计损失——实际 $MPPD$：

$$\text{实际 } MPPD = \text{基本 } MPPD \times \text{补偿系数} \tag{3-10}$$

最后估算最大可能损失生产日数 $MPDO$ 并计算停产损失。

3.3 危险有害因素控制

危险有害因素控制是利用工程技术和管理手段消除、控制危险源，防止危害因素导致事故，造成人员伤害和财物损失的工作。控制危害因素主要通过改善设备、改进生产工艺、设置安全防护措施等技术来实现。

危险有害因素控制技术包括防止事故发生的安全技术和减少或避免事故损失的安全技术。在采取危险有害因素控制措施时，一方面应该着眼于防止事故的发生，做到防患于未然；另一方面也应做好充分准备，一旦发生事故，能防止事故扩大或引起其他事故，把事故造成的损失限制在尽可能小的范围内。

管理也是危害因素控制的重要手段，通过一系列有计划、有组织的系统安全管理活动，控制系统中人的因素、物的因素和环境因素，有效地控制危险有害因素。

3.3.1 防止事故发生的安全技术

防止事故发生的安全技术的基本目的是采取措施，约束、限制能量或危险物质，防止其意外释放（能量源或危险物质属于危险有害因素）。常用的防止事故发生的安全技术有消除危险源、限制能量或危险物质、隔离等。

3.3.1.1 消除和限制危险源

A 消除危险源

只要生产条件允许，应尽可能完全消除系统中的危险因素，从根本上防止事故发生。但是，人们不可能彻底消除所有的危险源，只能有选择地消除几种特定的危险源。一般来说，当某种危险源的危险性较高时，应该首先考虑能否采取措施消除它。

可以通过选择恰当的生产工艺、技术、设备，合理的设计、结构形式或合适的原材料来彻底消除某种危险因素。例如，用压气或液压系统代替电力系统，防止发生电气事故；用不燃性材料代替可燃性材料，防止发生火灾等方法。有时采取措施虽然消除了某种因素，却可能又带来新的因素。例如，用压气系统代替电力系统可以防止电气事故，但是压气系统却可能发生物理爆炸。

B 限制能量或危险物质

在实际生产中，受现阶段的技术或经济条件的限制，有些危险源并不能被彻底消除，人们只能根据具体的技术、经济条件，设法限制它们拥有的能量或危险物质的量，从而降低危险性。

（1）减少能量或危险物质的量。例如，限制可燃性气体浓度，使其不达到爆炸极限；控制化学反应的速度，防止过热或过压。

（2）防止能量蓄积。能量蓄积会使危险源拥有的能量增加，从而增加发生事故和造成损失的概率，采取措施防止能量蓄积，避免能量意外的突然释放。例如，利用金属喷层或导电涂层防止静电蓄积。

（3）安全地释放能量。在可能发生能量蓄积或能量意外释放的场合，人为地利用能量泄放渠道，安全地释放能量。例如，压力容器上安装安全阀、破裂片等，防止容器内部能量蓄积；设施、建筑物安装避雷保护装置等。

3.3.1.2 隔离、屏蔽和联锁

隔离是从时间和空间上与危险源分离，防止两种或两种以上危险物质相遇，减少能量积聚或发生反应引发事故的可能。屏蔽是将可能发生事故的区域控制起来以保护人或重要设备，减少事故损失。联锁是将可能引起事故后果的操作与系统故障和异常出现事故征兆的确认进行联锁设计，确保系统发生故障和异常时不导致事故。

隔离措施的主要作用如下：

（1）把不能共存的物质分开，防止产生新的能量或危险物质。例如，把燃烧三要素中的任何一种要素与其余的要素分开，防止发生火灾。

（2）限制、约束能量或危险物质在某一范围，防止其意外释放。例如，在带电体外部加上绝缘物，防止漏电。

（3）防止人员接触危险源。通常把防止人员接触危险源的措施称为安全防护装置。例如，利用防护罩、防护栅等把设备的转动部件、高温热源或危险区域屏蔽起来。

联锁本身并非隔离措施，为了确保隔离措施发挥作用，有时候采用联锁措施。联锁的主要作用如下：

（1）安全防护装置与设备之间的联锁。例如，如果不利用安全防护装置，则设备不能运转而处于最低能量状态，防止事故发生。

（2）防止由于操作错误或设备故障造成不安全状态。例如，用限位开关防止设备运转超出安全范围等。

3.3.1.3 故障—安全设计

系统一旦出现故障，自动启动各种安全保护措施，生产部分或全部中断或进入低能的安全状态。例如，电气系统中的熔断器就是典型的故障—安全设计，当系统过负荷时熔断器熔断，把电路断开以保证安全。尽管故障—安全设计是一种有效的安全技术措施，但考虑到故障—安全设计本身可能因故障而不起作用，所以选择安全技术措施时不应该优先采用。

3.3.1.4 减少故障和失误

通过减少故障、隐患、偏差、失误等各种事故征兆，使事故在萌芽阶段得到抑制。一般来说，可以通过增加安全系数、增加可靠性或设置安全监控系统来减少物的故障。

可以从技术措施和管理措施两方面采取防止人失误，一般地，技术措施比管理措施更有效。常用的防止人失误的技术措施有用机器代替人操作、采用冗余系统、耐失误设计、警告以及良好的人—机—环境匹配等。

(1) 用机器代替人。用机器代替人操作是防止人失误发生的最可靠的措施。因为机器在人们规定的约束条件下运转，自由度较少，不像人那样有行为自由性，所以很容易实现人们的意图。与人相比，机器运转的可靠性较高。因此，用机器代替人操作，不仅可以减轻人的劳动强度、提高工作效率，而且可以有效地避免或减少人失误。应该注意到，尽管用机器代替人可以有效地防止人失误，然而并非任何场合都可以用机器取代人。这是因为人具有机器无法比拟的优点，许多功能是无法用机器取代的。

(2) 冗余系统。可以采取两人操作、人机并行的方式构成冗余系统。两人操作方式是指本来由一个人可以完成的操作改由两个人来完成。一般地，一人操作另一人监视，组成核对系统。如果一个人操作发生失误，另一个人可以纠正失误。人机并行方式是由人员和机器共同操作组成的人机并联系统，人的缺点由机器来弥补，机器发生故障时由人员发现并采取适当措施来处理。各种审查也可以看作是冗余措施。在时间比较充裕的场合，通过审查可以发现失误的结果而采取措施纠正失误。

(3) 耐失误设计。耐失误设计是指通过精心的设计，使得人员不能发生失误或者发生失误也不会带来事故等严重后果的设计。耐失误设计一般采用如下两种方式：

1) 利用不同的形状或尺寸防止安装、连接操作失误；

2) 采用联锁装置防止人员误操作。

(4) 警告。警告是提醒人们注意的主要方法，它让人把注意力集中于可能会被漏掉的信息，也可以提示人调用自己的知识和经验。可以通过人的各种感官实现警告，如视觉警告、听觉警告、触觉警告和味觉警告。其中，视觉警告、听觉警告应用得最多。

若间接、指示性安全技术措施仍然不能避免事故、危害发生，则应采用安全操作规程、安全教育、培训和个人防护用品来预防、减弱系统的危险和危害程度。

3.3.2 避免或减少事故损失的安全技术

避免或减少事故损失的安全技术的出发点是防止意外释放的能量作用在人或物，或者减轻其对人和物的作用。其目的是在事故发生之后，减轻事故严重后果。常用的避免或减少事故损失的安全技术有隔离、个体防护、薄弱环节、避难与援救等。

(1) 隔离。避免或减少事故损失的隔离措施，其作用在于把被保护的人或物与意外释放的能量或危险物质隔开。其具体措施包括远离、封闭和缓冲三种。远离是把可能发生事故而释放出大量能量或危险物质的工艺、设备或工厂等布置在远离人群或被保护物的地方，例如将危险性高的化工企业远离市区等。封闭是空间上与意外释放的能量或危险物质隔断联系，控制事故造成的危险局面。例如，森林火灾时利用防火带封闭火区，防止火势扩大。缓冲是采取措施使能量吸收或减轻能量的伤害作用，如安全帽可以吸收冲击能量，防止人员头部受伤。

（2）个体防护。个体防护实际上也是一种隔离措施，它把人体与意外释放的能量或危险物质隔离开，是保护人体免受伤害的最后屏障。

（3）薄弱环节。利用事先设计好的薄弱环节使事故能量按照人们的意图释放，防止能量作用于被保护的人或物。一般地，设计的薄弱部分能以较小的损失避免较大的损失，因此这种安全技术又称为接受微小损失，如电路中的熔断器、驱动设备上的安全连接棒等。

（4）避难与援救。事故发生后应该努力采取措施控制事态的发展，但是，当判明事态已经发展到不可控制的地步时，则应迅速避难，撤离危险区。

为了满足事故发生时的应急需要，在厂区布置、建筑物设计和交通设施设计中，要充分考虑一旦发生事故时的人员避难和援救问题。具体地，要考虑如下问题：

1）采取隔离措施保护人员，如设置避难空间等；

2）使人员能迅速撤离危险区域，如规定撤退路线、设置安全出口和应急输送等；

3）如果危险区域里的人员无法逃脱的话，要能够被援救人员搭救。

为了在发生事故时人员能够迅速地脱离危险区域，事前应该做好应急计划，并且平时应该进行避难、援救演习。

3.3.3 安全监控系统

在生产过程中经常利用安全监控系统监测与安全有关的状态参数，发现故障、异常，及时采取措施控制这些参数不达到危险水平，消除故障、异常，以防止事故发生。

3.3.3.1 安全监控系统的构成

安全监控系统种类繁多，图 3-8 是典型的生产过程安全监控系统示意图。图 3-8 中虚线围起的部分是安全监控系统，它由检知部分、判断部分和驱动部分组成。

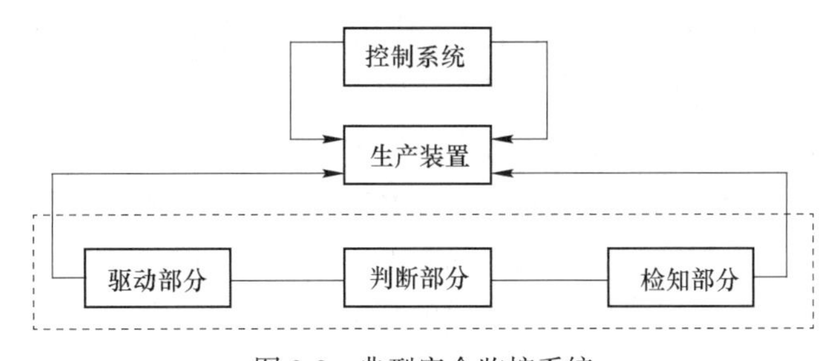

图 3-8 典型安全监控系统

检知部分主要由传感元件构成，用以感知特定物理量的变化。一般地，传感元件的灵敏度较人感官的灵敏度高得多，因而能够发现人员难以直接察觉的潜在变化。

判断部分把检知部分感知的参数值与规定的参数值相比较，判断被监控对象的状态是否正常。

驱动部分的功能在于判断部分已经判明存在故障、异常，有可能出现危险时，实施恰当的安全措施。所谓恰当的安全措施，根据具体情况可能是停止设备、装置的运转，即紧急停车，或者启动安全装置，或者向人员发出警告，让人员采取措施处理或回避危险。

根据被监控对象的具体情况，安全监控系统的实际构成如下。

(1) 检测仪表。安全监控系统只有检知部分由仪器、设备承担。检测仪表检测的参数值由人员与规定的参数值比较，判断监控对象是否处于正常状态。当发现异常需要处理时，由人员采取措施。

(2) 监测报警系统。安全监控系统的检知部分和判断部分由仪器、设备承担，驱动部分的功能由人员实现。系统监测到故障、异常时发出声、光报警信号，提醒人员采取措施。在这种场合，往往把作为判定正常或异常标准的规定参数值定得低些，以保证人员有充裕的时间做出恰当的决策和采取恰当的行动。

(3) 监控联锁系统。安全监控系统的三个部分全部由仪器、设备构成。在检知部分、判断部分发现故障或异常时，驱动机构完成紧急停车或启动安全装置，不必人员介入。这是一种高度自动化的系统，适用于若不立即采取措施就可能发生事故，造成严重后果的情况。

3.3.3.2 安全监控系统的可靠性

安全监控系统的任务是及时发现故障或异常，及早采取措施防患于未然。然而，安全监控系统本身也可能发生故障而不可靠。安全监控系统可能发生两种类型的故障，即漏报和误报。

(1) 漏报。在监控对象出现故障或异常时，安全监控系统没有做出恰当的反应（如报警或紧急停车等）。漏报型故障使安全监控系统丧失安全功能，不能阻止事故的发生，其结果可能带来巨大损失。为了防止漏报型故障，应该选用高灵敏度的传感元件，规定较低的规定参数值，以及保证驱动机构动作可靠等。

(2) 误报。在监控对象没有出现故障或异常的情况下，安全监控系统误动作（如误报警或误停车等）。误报不会导致事故发生，故属于“安全故障”型故障。但是，误报可能带来不必要的生产停顿或经济损失，最严重的是会因此而失去人们的信任。为了防止误报型故障，安全监控系统应该有较强的抗干扰能力。

安全监控系统的漏报和误报是性质完全相反的两种类型故障，提高安全监控系统可靠性是一件困难的工作。一般来说，表决系统既可以提高防止漏报型故障性能，又可以提高防止误报型故障的性能，可以有效地提高安全监控系统的可靠性。

课程思政

学习危险源的评价与控制，应树立正确的风险意识，了解生命安全无可替代，能够始终将风险控制放在首位，在安全生产中能够树立正确的思想观念和习惯行为，为保障人民生命财产和安全做出贡献。

思考题

3-1 分别举例说明两类危险源。

3-2 简述危险源辨识方法及主要内容。

3-3 事件树分析与故障树分析的异同点是什么?

3-4 简述危险性评价的主要方法。

3-5 为减少事故损失，应采用哪些安全技术?

3-6 安全监控系统主要由哪几部分构成，其可能发生的两种类型故障是什么?

4 材料行业常见伤害事故及其预防

伤害事故发生主要有直接原因、间接原因、根本原因和主要原因。直接原因是人的不安全行为和物的不安全状态；间接原因是个人或者环境因素；根本原因是对人的不安全行为和物的不安全状态未能采取有效措施，管理上存在缺陷；主要原因是由于安全理念不强，没有将“安全第一、预防为主、综合治理”的安全生产方针放在首位。

在材料行业，新产品、新工艺、新技术的研发过程及工程活动和材料应用过程中，常见的伤害事故有高处坠落、机械伤害、起重伤害、触电、容器爆炸、灼烫、火灾等。分析伤害事故产生原因，有助于采取有针对性的安全措施，防止伤害事故发生。

4.1 高处坠落事故及其预防

4.1.1 高处坠落事故的影响因素和类型

据《高处作业分级》（GB/T 3608—2022）规定，凡在坠落高度基准面 2m 以上（含 2m）位置进行的作业，称为高处作业。在生产现场，有些作业必须在高空条件下进行，有些作业又必须在坑道的边沿进行，这些作业都是在以地面或坑道底部作为作业高度的基准面，此时作业人员具有与高度成比例的势能，坠落事故就是人体在高处所具有势能的意外释放。人从高处坠落时，是否受到伤害与高度有直接关系。高度越高，坠落后受到伤害的程度就越严重。据统计，从 1m 高处坠落，约有 50%的受伤；从 4m 高处坠，约有 100%的人受伤，甚至死亡；从 15m 以上的高度坠落，约有 100%的人死亡。由此可见，高度是危险性很重要的指标，因此高处作业按高度分为 4 级：高度 2～5m 为一级，5～15m 为二级，15～30m 为三级，30m 以上为特级。

4.1.1.1 影响高处坠落事故的因素

诱发高处坠落事故的原因很多，但事故造成伤害的严重程度则取决于以下因素：

（1）坠落体（物或人）自身质量及发生坠落时的相对高度（附加势能），以及诱发坠落事故的外部施加力（附加动力）的大小；

（2）有无诸如防护栏杆、防护安全网或安全带等防护设施及其可靠程度；

（3）发生坠落时落着点的松软或坚硬程度；

（4）坠落体姿势、状态等。

人从高处坠落到与地面碰撞时，尽管时间极短，本能会在那一瞬间做出保护身体的姿势，但在姿势失去平衡而落下的时候，要想矫正到原来站立的姿势，那是根本来不及的。如果能量集中在头部，即使从 2m 高处坠落，也有可能死亡。

4.1.1.2 高处坠落事故类型

（1）临边作业坠落事故。作业者位于作业面的边沿，如基坑、楼边、阳台、屋面、窗台等边沿进行作业时，若无防护设施，都有可能坠落而造成伤亡事故。

（2）洞口作业坠落事故。洞口作业包括建筑施工过程中的各类预留孔洞、井巷施工过程中的各类井口，以及其他生产过程中的通道口、上料口、楼梯口、电梯井口等，作业人员在附近进行作业时，都有可能发生坠落事故。

（3）悬空作业坠落事故。悬空作业是指构件吊装、管道安装、支拆模板、绑扎钢筋、门窗安装、机器安装和维修等类型作业。此类作业所使用的索具、脚手架、吊笼、吊篮、平台和塔架等设备，一旦出现故障，就有可能造成坠落事故。

4.1.2 高处坠落事故的预防

预防坠落可以依次从创造不坠落的环境、阻止坠落和防止坠落造成伤害等三方面着手采用积极有效的技术措施。

4.1.2.1 人体坠落及其预防

（1）以地面为基准，有从比它高的和比它低的两种情况发生坠落。比地面高的作业，在特定的时间和场合没有设置脚手架时，绝不能凑合着工作，而应采取种种措施以保证作业能安全顺利地进行。可移动梯子是常见的高空作业装置，其放置角度最好为75°，放置角度最好为界限线处，否则在梯子和地面接触的防滑装置上，就要受到很大的水平分力的作用，这个分力就会使梯子滑动而成为坠落的原因。楼梯设置的角度以45°左右为宜。在其两边还应该设置结实的扶手。由于未装扶手或者是使用已经腐蚀了的材料，人们靠在其上而发生坠落的例子也是常有的。

（2）开口处（敞开部位）的坠落事故及其预防。人们处于比地面高的位置时，必然具有与其高度成比例关系的势能。对于作业面的开口处，为了不发生坠落事故，应该设置有盖板、罩子和栏杆等。为了对作业者进行防护，还应根据作业条件，或像高空作业那样使用安全带，或像在艰难作业条件的情况下采用安全网来缓冲势能的冲击。

（3）屋顶作业的坠落事故及其预防。清扫或维修石棉瓦屋顶作业时，没有踩在支撑石棉瓦的木条上，而直接踩在石棉瓦的中央，如果该石棉瓦不能支撑人体的重量则会破裂，就会导致工作人员坠落到地面上发生事故。为了防止这样的坠落，应该设置宽度为30cm以上的跳板，作业者在跳板上行走。为了防备万一发生坠落的情况，最好在屋顶的下方拉上安全网。

（4）跌入料斗的坠落事故及其预防。在具体生产现场，有时由于作业关系，需要使用大的翻斗车或料斗以及深坑之类的装置，这时作业人员因为具有势能，所以就会有从这些装置的开口处跌落下去的危险。在这样的作业条件下，如果装置里面还有高温或粉末状的物质时，作业人员一旦跌入其中，就会发生烧伤或窒息，因此必须设置有高度在75cm以上的栏杆。

4.1.2.2 物体飞射或坠落及其预防

在生产活动中，物体的意外飞射或坠落，极易造成伤害。例如，金属切屑过程中金属屑、尘粒、金属颗粒等的飞溅，爆破过程中的岩石或其他物体抛出，矿石、煤层开采过程中因地压活动致使冒顶片帮，建筑施工过程中由于物料堆放不齐、高度过高或吊物捆绑不牢造成垮塌、坠落等。为了防止物体飞射或坠落的意外事故，应加强管理，建立健全操作规程，提高作业人员的自我保护意识；还要有针对性地设置各类保护装置，如防护罩、防护挡板、防护网等；作业人员亦应佩戴安全帽和穿防护服等保护品。

4.1.2.3 高处作业的注意事项

（1）高空作业者（离工作台面2m以上）应无心血管等疾病，安全带应绑紧挂牢在固定建筑物或设备静止部分上；下面应有人监护；雷雨等恶劣天气不得登高作业。

（2）二层以上建筑物的楼层工作面必须有防护栏杆，楼面上不准有未加围护或遮盖的孔洞；事先检查栏杆或孔洞遮盖物的可靠性，再开始工作。凡因工作需要切断栏杆或搬迁遮盖物时，必须在工作完毕后修复还原，并经安全员验收。对任何高层建筑栏杆不要倚栏休息。

（3）上下楼梯应设扶手栏杆及照明。在楼梯上行走不要跑跳，双手不要插在衣袋内。

（4）在厂区内工作切忌有倒退动作。地面任何沟、井盖板均应盖好。通道上不应有突出地面的钢筋头等物，不应撒有熟料颗粒等易滑物。

（5）在预热器等大型容器内工作时应搭置满堂脚手架，必要时下设安全网。

（6）夜间需要工作的区域应有足够的照明设施。

4.2 机械伤害事故及其预防

材料行业的开发和生产应用中，机械设备必不可少，如农业机械、重型矿山机械、工程机械、石油化工通用机械、机床、电工机械等。如果机械操作失误、外界干扰作用、因机械自身质量出现故障等原因发生事故，它所造成的伤害可能会比较严重。因此，加强管理，采取措施预防机械事故发生，对于确保人身安全和财产损失至关重要。

4.2.1 机械伤害类型

机械构造不同所带来的危险性也不同，根据机械设备的危险程度，在劳动安全方面用到了特种机械的术语。特种机械根据其使用场合，大体上是指以下类型的机械：特种作业使用的机械；危险性较大，必须配备特殊的安全装置才允许使用的机械；危险和有害因素较大，需要进行状态监测，以确定其运行状态是否安全的设备；属于国家劳动安全监察部门指定，其设计、制造都必须经劳动安全监察部门审查、批准以及监督的设备。

机械事故与其他事故不同，它是由机械的一个或几个运动部件所传递的力而造成的，有时也可以是一个人或人体的某一部分与机械的某一部分相接触而引起的。据统计，事故分类中，物体打击、车辆伤害、机械伤害和起重伤害这4种伤害都与机械有关。在事故的起因物中，与机械有关的起因物有锅炉、压力容器、起重机械、发动机、企业车辆、船舶、动力传送机械、非动力手动工具和其他机械等11种。机械设备可造成碰撞、夹击、剪切、卷入等多种伤害，因此必须首先了解机械设备本身存在的危险和有害因素，以预防机械事故。

要掌握机械伤害事故必须首先了解机械设备的危险部位。其主要危险部位包括：

（1）旋转部件和成切线运动部件间的咬合处，如动力传输皮带和皮带轮、链条和链轮、齿条和齿轮等；

（2）旋转的轴，包括连接器、芯轴、卡盘、丝杠和杆等；

（3）旋转的凸块和孔处，如风扇叶、凸轮、飞轮等；

（4）对向旋转部件的咬合处，如齿轮、混合辊等；

（5）旋转部件和固定部件的咬合处，如辐条手轮或飞轮和机床床身、旋转搅拌机和无防护开口外壳搅拌装置等；

（6）接近类型，如锻锤的锤体、动力压力机的滑枕等；

（7）通过类型，如金属刨床的工作台及其床身、剪切机的刀刃等；

（8）单向滑动部件，如带锯边缘的齿、砂带磨光机的研磨颗粒、凸式运动带等；

（9）旋转部件与滑动之间，如某些平板印刷机面上的机构、纺织机床等。

机械伤害危险和危害因素主要有以下几种。

（1）机械及机械零部件危害：指机械设备运动或静止部件、工具、加工物件直接与人体接触引起的挤压、碰撞、冲击、剪切、卷入、绞绕、甩出、切割、切断、刺扎等伤害，不包括车辆、起重机械引起的伤害。

（2）物体打击：主要指物体在重力或其他外力作用下产生运动打击人体而造成的事故，不包括主体机械设备、车辆、起重机械、坍塌等引发的物体打击。

（3）起重伤害：指各种起重作业，包括机械安装、检修、试验中发生的挤压、坠落、物体打击等。

（4）车辆伤害：主要指企业机动车辆在行驶过程中引起人体坠落和物体倒塌、飞落、挤压等伤害事故，不包括起重提升、牵引车辆和车辆停驶发生的事故。

（5）电击伤害：指采用电气设备作为动力的机械以及机械本身在加工过程中产生的静电引起的危险。造成这种伤害的诱发因素是：1）触电，如机械电气设备绝缘不良，错误地接线或误操作等原因触电造成的电击伤害事故；2）静电危害，如机械加工过程中产生的有害静电，可能引起爆炸、电击伤害事故。

（6）灼烫和冷冻：指在热加工过程中，被高温金属和加工件灼烫的危险，或与设备的高温面接触时被灼烫的危险，或在深冷处理时与低温表面接触时被冷冻的危险。

（7）振动危害：指在机械加工过程中使用振动工具或机械本身产生的振动所引起的危害。按振动作用于人体的方式可分为局部振动和全身振动。局部振动产生的伤害如在以手接触振动工具方式进行机械加工时，传向操作者的手和臂而给操作者造成的振动伤害。全身振动产生的伤害是由振动源通过身体的支持部分将振动传给全身而引起的振动伤害。

（8）噪声危害：指机械加工过程或机械运转过程所产生的噪声而引起的危害。机械引起的噪声包括：机械性噪声（如电锯、切削机床等在加工过程中由于机械撞击、摩擦而发出的噪声）、流体机械动力性噪声（如液压机械、气动机械等设备在运转过程中，由于气体压力突变或流体流动而产生的噪声）和电磁性噪声（如电动机、变压器等在运行过程中，由于电机中交变力相互作用而发出的噪声）。

（9）电离辐射危害：指设备内放射性物质、X 射线装置、射线装置等释放超出国家标准允许剂量的电离辐射危害。与此相对应的还有非电离辐射危害，如从高频加热装置中产生的高频电磁波或激光加工设备中产生的强激光等，这种危害是由于紫外线、可见光、红外线、激光和射频等辐射超出卫生标准规定的剂量而引起的危害。

（10）其他危害：诸如机械设备在加工过程中使用或产生的各种化学物、粉尘等有害物所引起的危害。

4.2.2　机械伤害的预防措施

预防机械伤害事故，首先要保证所有机械设备符合安全使用要求、操作者操作正确、设备在使用寿命期内。但寄望于操作者正确操作本身就充满不确定因素，因此，必须使设备本身达到本质安全。本质安全是指在一般水平的操作者判断失误和操作失误的情况下，生产系统和设备仍能保证安全。为此，设计人员在设计阶段综合考虑各种因素，经过分析，正确处理设备各项性能（如生产率、效率、可靠性、实用性、先进性、使用寿命、经济性）和安全性之间的关系（其中安全性必须优先考虑），在设计阶段采取本质安全的工程技术措施实现机械的本质安全。

机械伤害预防措施是要实现机械的本质安全，主要有以下几项措施：

（1）消除产生危险的原因；

（2）减少或消除接触机器（的）危险部件的次数；

（3）使人们难以接近机器的危险部位；

（4）提供保护装置或者个人防护装置。

保护有关操作人员安全的措施主要有：

（1）通过培训，提高人们辨别危险的能力，提高避免伤害的能力；

（2）采取必要的行动增强避免伤害的自觉性；

（3）对机械重新设计，使危险部位更加醒目；

（4）对机械的危险性使用警示标志。

本质安全的常用工程技术措施主要有以下几种。

（1）采用可靠性设计，提高机械设备的可靠性。如使用可靠性高的零部件；设计安全装置时，把安全人机学的因素考虑在内，合理布置各种操作装置、正确选择工作台高度、出入作业地点（方便）等措施，将操作者疲劳降到最低，使操作人员健康舒适地进行劳动。

（2）采用机械化、自动化和遥控技术。一般而言，机械的可靠性比人的可靠性高，人易受生理、心理以及外界因素的影响。使用可靠性高的零部件，采用机械化、自动化和遥控技术代替人的手工操作，是提高劳动生产率、降低劳动强度、减少设备故障率、防止误操作、保证操作者安全和设备安全最有效的措施，尤其适用于在恶劣作业环境中的危险作业。

（3）采用安全防护和保险装置。当无法消除危险因素时，采用安全防护装置隔离危险因素是最常用的技术措施。安装防护装置的材料及其运转部件的距离应符合《机械安全 防护装置 固定式和活动式防护装置设计与制造一般要求》（GB/T 8196—2018）的规定。带有联锁装置的防护罩是最好的本质安全措施之一。安全保险装置又称故障保险装置，这种装置的作用与安全防护装置稍有不同，它能在设备存在超压、超温、超速、超载、超位等危险因素时，进行自动控制并消除或减弱上述危险。安全阀、超载保护装置、限位开关、爆破片、保险丝、极限位置限制器等都是常用的保险装置。

（4）采用传感技术和自动监测、报警、处理系统。光电式、感应式等安全防护装置应设置自身出现故障的报警装置。利用现代化仪器仪表对运行中的设备状态参数进行在线监测和故障诊断。当出现异常现象时，自动报警，发出声、光报警信号，并自动做出应急反应，如自动停机、自动切换到备用设备等。

（5）采用冗余技术。在设计中增加冗余元件或冗余设备，平时只用其中一个，当发生事故时，冗余设备或冗余元件能自动切换。

（6）向操作者提供关键安全功能装置是否正常的信息，如配备操作者容易观察的、能显示设备运行状态和故障的显示器。

（7）设计联锁程序开关。当出现错误指令时，系统会阻止启动操纵器运行。这些关键程序只有在正常操作指令下才能启动机械。

（8）安装紧急停车开关。紧急停车开关应保证瞬时动作时，能终止设备的一切运动，对有惯性运动的设备，紧急停车开关应与制动器或离合器联锁，以保证迅速终止运行。紧急停车开关的形状应区别于一般控制开关，颜色为红色，其布置应保证操作人员易于触及，不发生危险，当设备由紧急停止开关停止运行后，必须按启动顺序重新启动才能重新运转。

（9）采用多重安全保障措施。对于危险性大的作业，要求设备运行绝对安全可靠。为了防止出现故障和发生误操作，应采用双重或多重安全保障措施，保证设备运行万无一失。

在作业过程中，防止机械伤害应注意的事项如下。

（1）不准用手或任何工具接触设备运转中的部位，尤其要警惕运转速度较慢的设备。允许运转中检查、润滑、冷却、清洁或调整的设备，均应在设备上静止不动的位置进行，并要在设备上设置防止可能接触到运转部位的设施，如安全罩、网等。

（2）工作服、鞋帽必须穿戴整齐，扎袖口、衣口。严防设备将衣服、头发卷入。

（3）对运转部位的检修，特别是窑及磨机等设备内的检修，必须先停机，操作人必须亲自通过正当停电手续切断电源。属中控室可启动的设备，应与中控室联系确认后进行。开机前中控人员必须与现场联系，确认设备内外均无人受到安全威胁，并在办理停机停电的手续人签字后方可开车。

（4）进入窑、磨、收尘器等设备内检查或检修时，必须两人以上同行，并明确在外监护人。

（5）严禁任何人在无通道处横跨设备，包括皮带机、绞刀等水平输送设备，更严禁在设备盖上行走。横跨设备的通道应是带扶手的跨越梯凳。

（6）同一台设备上下前后及里外同时检修，要有统一指挥人，加强联系，互相配合，互不影响。

（7）设备运行中清除堵料，需与中控室联系，不得擅自现场开停车，更不准自行进入设备内部。

（8）检修或检查完的设备必须将相应人孔门、盖等关闭就位紧固后，方能通知开车。

（9）检修过程中即使设备已停止运转，也不可在设备上的任何可转动部位站立或行走。

（10）皮带机旁的操作与清理应在皮带停止后进行，皮带跑偏调整应在运转时由有经验的操作者进行，对皮带机的安全拉线开关应学会检查和使用。皮带打滑时，严禁脚蹬、手拉、压杆子。

（11）检修某台设备时，严禁站、坐在附近其他设备上，并清楚相关设备开车的可能性。

（12）严禁在生产现场，特别是在静止设备、高温设备旁及通道上休息、睡觉。

（13）压力容器的排压阀门应该安全可靠，并应按规定周期检查。

4.3 电气伤害事故及其预防

材料的研发、试验、生产和应用过程中，电气使用也是必不可少的。电气引起的伤害事故是电能通过人体而发生的，它与机械能、热能和化学能引起的伤害事故一样，不仅给人体表面造成伤害，而且还会因电流通过人体而引起心脏的心室产生颤动，全身激烈痉挛，最终导致死亡。人体或动物触电的症状可由视觉直接察觉到，但此时若不能得到及时处理就会存在特殊的危险性。此外，以电能起因导致易燃物或可燃物燃烧而引起的火灾与爆炸事故也会造成间接伤亡事故。电气伤亡事故，不仅可由流动的电流引起，而且也可由静电引起。

4.3.1 电流对人体的伤害形式与影响因素

电流对人体的伤害是以产生热、电解、机械、电动力和生物效应形式作用的。电流的热效应表现为人体局部灼伤，电流所流经的血管、神经、心脏、大脑以及其他器官热量骤增，导致上述器官的功能发生障碍。电流的电解效应表现为组织液（包括血液）分解，并伴随物理-化学成分的严重破坏。电流的生物效应表现为电流通过人体时刺激活组织，使得活组织结构由相对的生理静止状态过渡到特殊的活动状态，产生反射性响应，如电流直接通过肌肉组织，由此引起肌肉收缩。未承受电流直接刺激的器官还可能由于中枢神经系统产生的反射作用而使其正常活动受到严重破坏。在活组织中，首先是在肌肉，包括心肌，以及中枢神经系统和周围神经系统中不断地产生生物电势。外部电流与极微弱的生物电互相作用时，破坏了生物电对人体组织和器官的正常作用，并抑制生物电的产生，从而使人体出现功能障碍，甚至造成死亡。

4.3.1.1 伤害形式

（1）局部电击伤害。局部电击伤害是指在电流或电弧的作用下，人体部分组织的完整性明显地遭到损伤。局部电击伤害有电灼伤、电标志、机械伤害、电光眼等形式。

1）电灼伤。电灼伤可分为接触灼伤（又称电流灼伤）和电弧灼伤。前者是人体与带电体直接接触，电流通过人体时产生热效应的结果；后者是指电气设备的电压较高时产生强烈的电弧或电火花，灼伤人体，甚至击穿部分组织或器官，并使深部组织烧死或四肢烧焦及致死。

2）电标志。电标志又称为电流痕记或电钱记。电流流过人体时，在皮肤上留下青色或浅黄色斑痕，其形状多为圆形或椭圆形，有时与所触及的带电体形状相似。受雷电击伤的电标志图形颇似闪电状。电标志经治疗后皮肤上层坏死部分脱落，皮肤恢复原来色泽、弹性和知觉。

3）机械损伤。电流通过人体时，肌肉发生不由自主的剧烈抽搐性收缩，致使肌腱、皮肤、血管以及神经组织断裂，甚至使关节脱位或骨折。

4）电光眼。眼睛受到电弧紫外线或红外线照射后，角膜或结膜发炎。

（2）全身性电击伤。全身性电击伤俗称电击，电击是电流流经人体的结果。遭受电击后，人体维持生命的重要器官和系统的正常活动会受到破坏，甚至导致死亡。

4.3.1.2 电击伤害程度的影响因素

（1）人体电阻。人体内大部分活组织中含有大量的水，具有极为复杂的生物化学和生物物理学过程，因此人体电阻是一个变量，它与皮肤状态、电路参数、生理学因素及环境状况等因素之间存在非线性的函数关系。在某种程度上兼有半导体和电解质的性质。人体的各种组织具有不同的电阻值，其中皮肤电阻是决定整个人体电阻的主要因素。当人体皮肤表面潮湿时，水分因具有较大的导电率而使皮肤电阻大大降低。若皮肤长时间湿润，可导致角质层松软，水分达到饱和，皮肤电阻几乎完全消失。因此，当手或皮肤的某部分在潮湿情况下操作电气设备时，容易酿成触电事故。汗液的导电能力很强，这是因为汗液中含有水和溶解于水中的矿物盐以及某些物质代谢产物。因而在出汗条件下使用电气设备，增加了触电的危险性。皮肤受到污染时（特别是导电性好的物质），电阻将会大为降低，在这种情况下使用电气设备或工具，触电危险性大为增加。人体电阻还与电路参数，例如所接触的电压、电流的种类（交流、直流）和频率，电流大小与通过电流的持续时间以及带电体接触人体部位等诸多因素有关。人体不同部位的皮肤电阻值各异，这是因为皮肤角质层的厚度不一、表面汗腺分布不匀、皮肤血管充血程度不同等。面部、颈部、手掌以上部位（臂）、腋窝和手背的皮肤电阻最小。人体对于直流电的电阻比其对于任何频率的交流电的电阻都大。随着频率的增加，电阻值降低。这种差别仅仅体现在接触电压在10V以下的场合。高于50V时，人体电阻对于直流电和交流电所呈现的电阻是相同的。通常女性的人体电阻比男性小，青少年的人体电阻比成年人小，这显然是由于前者的皮肤薄而细嫩所致。生理刺激（疼痛、声、光等突然刺激）可导致人体电阻在短时间（几分钟）内下降20%~25%。在密闭房间内，空气中氧气分压比露天低，在其他条件相同的情况下，人体电阻相应降低，因而触电的危险性增加。

（2）通过人体的电流。人触电时，通过人体的电流是主要伤害因素。其伤害程度与电流大小、电流通过的持续时间和电流频率等密切相关。电流作用于人体的危险性随电流的大小而变化，这里涉及以下几个基本概念。

1）安全电流。可以长时间通过人体而没有伤害也不会引起任何痛感的电流称为安全电流。在实际应用中，通常50Hz交流电的安全电流最大值为50~70μA，直流电的安全电流最大值为100~125μA。

2）感觉电流。通过人体时能引起感觉兴奋的电流，称为感觉电流。人体在通过交流电流（50Hz）1.1mA、直流电6mA时开始感觉到有电流的作用，皮肤有轻微瘙痒感和微弱的针刺感。感觉电流较长时间通过人体，可能对健康产生不良影响。严重的是当人感觉到电流作用后，可能做出不正确的动作，增加了在带电部分附近、高空以及其他危险场所作业时发生事故的可能性。

3）黏着电流。黏着电流是指电流流过人体时，使握住导体的手产生不可抗拒的痉挛性肌肉收缩的电流。长时间通过时，可能使心肺机能受到严重的破坏。直流电不存在黏着电流，50Hz交流电的最小黏着电流值，男性平均为16mA，女性平均为11mA，儿童为8mA。当电流达到20~25mA时，可出现呼吸困难直至死亡。

4）致颤电流。经过机体时引起心脏纤维性颤动的电流，称为致颤电流。50Hz交流电的致颤电流的平均阈值为 100Hz，直流电的致颤电流阈值 300 Hz。大于 5A 的电流，无论是交流电还是直流电，均会引起心脏停止跳动，甚至会引起呼吸麻痹。通电时间越长，造成重伤或死亡的概率越大。另外，电流通过人体的途径对触电后果起决定性的作用。电流由其他途径通过人体时，可引起这些重要器官起反射作用，但如果流经心、肺、脑等重要器官时，危险性极大，甚至可引起死亡。

（3）施加人体的电压。当电压在 500V 以下时，同样电压的交流电比直流电危害更大；当电压更高时，直流电将比 50Hz 交流电更危险。50Hz 的交流电，其交变系数和人体心脏跳动频率接近，触电时交流电频率加于人体上，导致心肌舒张随交流电频率而行，使触电者出现心室颤抖，血液得不到有效循环死亡。

除上述之外，人体素质对触电后果也有影响，如健康状况、心理状态、精神准备以及技术水平和训练有素与否都与触电后果有明显关系。

4.3.2 防止触电的安全技术

局部电击和全身性电击伤害均是因为人体接触了带电导体才发生的，所以必须设法防止触电。预防触电的措施主要有：将电气设备从人的活动范围内隔离开，排除人体接触电气设备的隔离方式；人体若触电，将通过人体的电流限制在安全范围内。

（1）采用安全电压。安全电压是指不使人直接致死或致残的电压，它取决于人体电阻和人体允许通过的电流。我国的安全电压为 36V（也可能是 24V 或 12V）。如无特殊安全结构和安全措施，危险环境和特别危险环境的局部照明、手提照明灯等，其安全电压应为 36V；工作地点狭窄，周围有大面积接地导体环境（如金属容器内）的手提照明灯，其安全电压应采用 12V。

（2）认真做好绝缘。通常生产中采用的绝缘材料有陶瓷、橡胶、塑料、云母、玻璃以及某些高分子合成材料等。但有些绝缘材料性能受环境影响较大，温度、湿度都会改变其电阻率，机械损伤和化学腐蚀等也会降低绝缘材料的绝缘电阻值。对于一些高分子材料，还存在由于“老化”导致的绝缘性能逐步下降的问题。绝缘材料所具备的绝缘性能一般是指其所能承受的电压在一定范围内所具备的性能。当承受的电压超出相应的范围时，便会出现“击穿”现象。使绝缘材料产生击穿的最小电压叫作击穿电压，此时的电场强度称为材料的耐压强度。固体绝缘材料击穿后，其绝缘性能一般不能恢复，而液体和气体绝缘材料击穿后，其绝缘性能在撤除电压后还能有所恢复。

（3）严格屏护。某些开启式开关电器的活动部分不便绝缘，或高压设备的绝缘不能保证人在接近时的安全，应采取屏蔽保护措施，以免发生触电或电弧伤人等事故。屏护装置的形式有围墙、栅栏、护网、护罩等。所用材料应有足够的机械强度和耐火性能，若采用金属材料，则必须接地或接零。屏护装置应有足够的尺寸，并与带电体保持足够的距离。在带电体及屏护装置上应有明显的警告标志，必要时还可附加声光报警和联锁装置等，以最大限度保证屏护的有效性。

（4）保持安全间距。在带电体与地面之间、带电体与其他设备之间、带电体之间，均需保持一定的安全距离，以防止过电压放电和各种短路事故，以及由这些事故导致的火灾。

（5）电气安全保护措施。为避免电器设施发生触电事故，目前还广泛地采用了接地保护、接零保护和漏电保护等电气保护措施。

（6）漏电保护。漏电保护装置是在电气设备或线路漏电时用以保证人身及设备安全的保护装置，又称触电保安器。设备漏电时会出现两种异常现象：1）正常情况下不带电的金属部分出现对地电压；2）三相电流平衡被破坏，出现零序电流或电压。漏电保护装置，就是在故障时测得零序电流（或电压）或对地电压，经相应转换，使接触器跳闸，切断电源，实施保护作用。按照输入信号的种类和动作特点，漏电保护装置可分为电压型、零序电流型和泄漏电流型三种。当漏电保护装置被用作防止触电的安全设施时，宜采用高灵敏度、快速型，其动作电流与动作时间之积不应超过 30mA · s。

4.3.3 静电起因、危害与预防

4.3.3.1 静电起因

静电的产生过程及方式比较复杂，主要有感应起电、介质的极化起电、温差起电、压力起电、吸附起电、电解起电和接触起电等，有时几种起电方式同时存在。生产中常见的物体经接触和分离过程而产生静电的现象如下。

（1）摩擦起电：用摩擦的方法使两物体分别带有等值异号电荷的过程。这是液体和粉体类物质产生静电的主要原因。

（2）冲流起电：液体类物质与固体类物质接触时，在接触界面形成整体为电中性的偶电层。当此两相物质做相对运动时，偶电层被分离，电中性受到破坏而出现的带电。

（3）剥离起电：剥离两个紧密结合的物体时引起电荷分离而使两物体分别带电。

（4）喷雾起电：喷射在空间的液体类物质由于扩展分散和分离，形成许多微小液雾和新的界面，当此偶电层被分离时而产生静电。

（5）碰撞起电：粉体类物体由于粒子与粒子或粒子与固体之间发生碰撞，形成快速的接触和分离而产生静电。

（6）溅泼起电：溅泼液体时，微小的非湿润液滴落在物体上并在其界面产生偶电层，由于液滴的惯性滚动而发生电荷分离，使液滴及物体分别带上不同符号电荷。

4.3.3.2 静电现象及其危害

带电物体在其附近空间产生静电作用，这种由带电体产生静电作用的附近空间，称为静电作用场。由于静电场的存在，在带电体附近便呈现出各种静电现象，这些物理现象可能会引起各种静电危害与事故。

（1）静电力学现象及其危害。带静电物体在其附近空间产生的电场具有电能，从而使其他物体具有被吸引或被排斥的作用力。静电场的作用力仅有磁铁作用力的万分之一。因此，静电的力学现象只对毛发、纸片、尘埃等轻小物体起作用，对重物不起作用。在生产过程中，静电的力学作用将导致粉末堵塞筛网，或粉末黏附在输送管道和管道转弯处而造成输送不畅；而且静电斥力还使粉尘飞散，收集困难。在印刷中，由于静电作用而使纸张吸附造成不能翻页或套印不准，或因油墨带电而印刷不匀。在医院中，电子器件产生车间和计量容器里，因静电力而吸附灰尘，造成污染、产品质量不良和计量误差等故障和危害。

（2）静电放电现象及其危害。在生产过程中，当物体的静电积聚到一定程度，或其电位高于周围介质的击穿场强时，就会发生静电放电现象，即静电能量转变为热能、光能和

声能的过程。根据静电放电的发光形态，静电放电可以分为电晕放电、刷形放电、火花放电以及沿带电体表面发光的沿面放电。其中火花放电能量快而又集中，因此造成的危害性特别大。静电放电可导致各种生产故障，可使半导体元件遭受破坏，使用这些元件制作的电子装置有可能发生误动作而出现故障。静电噪声可引起信息误差，可引起火灾和爆炸，以及对人体产生静电电击，引起皮炎或皮肤烧伤等伤害。

（3）静电感应现象及其危害。静电感应是在静电场影响下，引起物体上电荷重新分布的现象。这个表面上的感应电荷有正负两种，而整个物体中的正负电荷处于平衡状态，因此其总带电量为零。但由于表面正负电荷完全分离存在，因此将出现静电力学现象和静电放电现象。这些静电现象的存在，又将引起一系列静电危害和事故。被绝缘的良导体如受到静电感应是非常危险的。为此，为了防止液体、粉体物质输送作业中使用的软管、带、薄膜、绕线骨架、旋转机的转子等受到静电感应，必须进行静电接地。

4.3.3.3 防止静电危害的技术措施

由于静电引起的最严重危害是火灾和爆炸，因此静电安全防护的重点主要就是对火灾和爆炸的防护。

（1）控制静电的产生和积聚。首先应采取技术措施，从工艺上限制或避免静电的产生和积聚。如在材料的选用上或生产设备材质的选用上加以注意，改善作业方式，防止溅泼起电、冲流起电等，并尽量降低摩擦速度或流速，灌装溶液时先清除罐底杂质，并净化石油制品，以消除附加静电，也可以采取泄漏法和中和法消除静电。

（2）个体防护。人在活动过程中，接触和分离以及静电感应等原因均可使人体产生静电。人体与其他物体之间放电时，其放电火花足以引燃石油蒸汽及许多气体。因此，在易爆易燃环境中，人必须穿着用导电纤维制成的防静电工作服和用导电橡胶制作的防静电鞋。

4.3.4 安全用电

在生产中电气设备使用多，分布面广；供电系统比较复杂，既有高压又有低压，既有直流又有交流；电线、电缆几乎遍布每个岗位。因此，生产企业用电安全不容忽视，预防和控制触电、电气火灾等事故，做到安全用电应注意以下事项。

（1）凡带电作业的操作者，必须具备相应等级的上岗合格证书，并按规定实行“一人操作，一人监护”制度。

（2）任何工作人员，在带电设备或线路附近工作时，应与带电体保持一定距离，包括所带工具距离低压不小于0.15m，距离高压不小于0.7m。

（3）一般情况禁止带电作业。需带电作业的特殊情况应经电气主管工程师及安全员签字确认措施可靠后实施。停电后的第一操作是：用可靠试电笔检测证实欲操作位置已不带电；人工启动设备时，手必须保证干燥，戴好绝缘手套。

（4）遇到临时突然断电时，应立即切断电源开关，避免来电后设备的突然启动。

（5）电气作业者应穿防电绝缘鞋，高压电气柜前应铺绝缘橡胶板。每年应对安全保护用具（安全带、令克棒、高压测试笔）的耐压程度进行一次检验，不合格者必须更换。

（6）高压建筑物必须配置避雷设施，并应每年定期检查一次接地线路的可靠性，接地电阻不得大于10Ω。电气设备外壳的保安接地电阻应小于4Ω。不要在雷雨中室外作业。

（7）严禁随意更换各设备电气柜的安全保险电流等级，严禁随意乱接电源线及私用电器设备，更严禁短接。

（8）所有电器柜、室均应在操作完毕后关门；闸盒必须上盖。

（9）在窑内、磨机内等金属设备内作业时，临时照明均应该用24V或36V安全电压。电源临时电缆不得有漏电处，用完拆除收回。

（10）电收尘器在运行时不得打开任何人孔门，身体与高压部位要保持1.5m以上距离。检查前应做好停电、放电工作。

（11）使用手持电动工具，必须装接漏电保护器。电线必须是胶皮软线，不得有漏电。操作者应戴绝缘手套及绝缘防护用品。

（12）任何设备变动、技术改造不得使用临时线，均应按正式接线要求架设电源线路。

4.4 危险化学品伤害事故及其预防

材料行业最常见就是危险化学品伤害事故。危险化学品是指具有爆炸、易燃、毒害、腐蚀、放射性等性质，生产、经营、储存、运输、使用和废弃物处置过程中，容易造成人身伤亡和财产损毁而需要特别防护的化学品。危险化学品主要危险特性包括燃烧性、爆炸性、毒害性、腐蚀性和放射性。由于危险化学品具有特殊的物理化学特性，各行各业或多或少地都会利用它来达到生产的目的，或作为产品原料，或作为产品生产的氧化剂、催化剂，或作为疾病诊断治疗的有效手段，尤其是在矿山、冶金、化工、医疗等领域，这些物品应用更是发挥了不可替代的作用。然而，就因为它们所具有的理化特性，一旦引起事故，其后果是十分危险严重的。

4.4.1 化学品安全管理体系

我国现行的化学品管理体系大致由国家发展规划、法律法规与部门规章、标准体系以及我国签署的若干国际公约与协定4个部分组成。

目前，我国初步形成一个自上而下，由有关法律、行政法规、部门规章、地方性规章等组成的化学品安全管理综合体系，2021年修订的《安全生产法》和2013年修订的《危险化学品安全管理条例》，以及与《危险化学品安全管理条例》配套实施的若干部门规章，一起构成了我国化学品安全管理的基本框架。

化学品安全标准体系是我国化学品管理框架的一个重要组成部分，其有关内容涉及面广，包含化学品种类众多，而具体针对事项则又各不相同，分布于许多名称不同的标准中。仅以国家标准为例，有些内容就仅是针对某一单项化学品的，如《溶解乙炔气瓶充装规定》（GB 13591—2009）等；有些则具有通用性质，为专门针对某一事项实施的标准化规定，为综合类标准，如《危险化学品重大危险源辨识》（GB 18218—2018）、《化学品安全标签编写规定》（GB 15258—2009）等。

国际公约与协定指的是我国签署并实施的直接与化学品管控相关的若干重要国际文书，是我国在控制化学品对人类健康和环境造成危害的人类共同行动中，对国际社会做出的庄严承诺。它们与我国国家发展规划、法律法规及部门规章、标准体系，一起构成了我国化学品安全管理的基本框架；位于我国境内的涉及行业、企业单位等，同样必须依据公约与协定中的约束性条款，遵照执行。

4.4.2 危险化学品的分类

危险化学品是指具有毒害、腐蚀、燃烧、助燃等性质，对人体设施、环境具有危害的剧毒化学品和其他化学品。危险化学品品种繁多，物理性质和化学性差异很大。为了在生产、储运和使用过程中便于管理，国家发布了《危险货物分类和品名编号》（GB 6944—2021）、《化学品分类和危险性公示通则》（GB 13690—2009）等危险化学物品安全管理的标准和规定，将危险化学物品分为：爆炸品；气体；易燃液体；易燃固体、易于自燃的物质和遇水放出易燃气体的物质；氧化性物质和有机过氧化物；毒性物质和感染性物质；放射性物质；腐蚀性物质；杂项危险物质和物品。根据发生事故性质的区别，这些物品又概括为易燃易爆品、毒害品、腐蚀物品和放射性物品四大类型。

4.4.2.1 易燃易爆品

易燃易爆品是指在一定条件下易引起燃烧爆炸事故，并造成重大人员伤亡和财产损失后果的物品，主要包括爆炸物品、氧化剂、压缩气体和液化气体、自燃物品、遇水燃烧物品、易燃液体、易燃固体等。

（1）爆炸物品。受到摩擦、撞击、震动、高热或其他因素的激发，能产生激烈的化学变化，瞬间放出大量的热和气体，同时伴有光、声等效应的物品，统称爆炸物品，如 TNT 炸药、硝铵炸药、雷管、黑火药等。

（2）氧化剂。氧化剂的化学性质比较活泼且具有强烈氧化性能，本身不一定可燃，但遇酸、碱、潮湿、高热或与还原剂、易燃物品等接触，或经摩擦撞击均能迅速分解，放出氧原子和大量的热，故有燃烧爆炸的危险，如过氧化钠、氯酸钠、高锰酸钾、氯酸钾、过氧化二乙酰等。

（3）压缩气体和液化气体。为了便于储存、运输和使用，将气体加压压缩储存于压力容器中，各种气体由于性质不同，有些能压缩成液态，有的仍为气态，因此称为压缩气体和液化气体。它们具有易燃、易爆、助燃、剧毒等性质，在受热、撞击等作用下，易引起爆炸、燃烧或中毒事故。压缩气体和液化气体根据性质可分为四种：1）毒性气体，如氯气、光气、溴甲烷、氰化氢；2）易燃气体，如一氧化碳、乙炔、环氧乙烷；3）助燃气体，如氧气、压缩空气、一氧化二氮；4）不燃气体，如氮、二氧化碳、氖。

（4）自燃物品。不需要外界火源的作用，被空气氧化或受外界温度影响，发热并积热不散达到自燃点而引起自燃的物品，称为自燃物品。自燃物品分为两级：1）一级自燃物品，化学性质比较活泼，在空气中易氧化或分解，从而产生热量达到自燃点，如黄磷、三乙基铝、三异丁基铝；2）二级自燃物品，大都是含油类的物质，它们的化学性质虽然比较稳定，但在空气中能氧化发热，引起自燃，如油布、油纸、浸油金属屑。

（5）遇水燃烧物品。金属钠、碳化钙等凡是能与水发生剧烈反应，放出可燃性气体，同时放出大量热量，使可燃气体温度达到自燃点，从而引起燃烧、爆炸的物质，称为遇水燃烧物品。其根据遇水反应速度的快慢及激烈程度分为两级：1）一级遇水燃烧物品，它们是活泼金属及其合金如钾、钠、锂及钾钠合金，金属氧化物如生石灰，碳磷的化合物如碳化钙、磷化钙；2）二级遇水燃烧物品，如锌粉、氢化铝等。

（6）易燃液体。易燃液体是指在常温下易燃的液体物质。闪点在 45℃ 以下的都属于易燃液体。此类物品品种很多，化学组成也很复杂，一般以闪点的高低分为两级：1）一级易燃液体，闪点在28℃以下，如汽油、苯、乙醚；2）二级易燃液体，闪点在28~45℃，如氯化苯、戊醇。

（7）易燃固体。燃点较低，在遇火、受热、撞击、摩擦或与某些物品（如氧化剂）接触后会引起强烈燃烧的固体物质称为易燃固体，如红磷、硫化磷、二硝基甲苯、二甲基丙烷、铝粉、硫黄、松香等。

4.4.2.2 毒害品

凡少量进入人、畜体内，能与机体组织发生作用，破坏正常生理机能，引起机体暂时或永久的病理状态甚至死亡的物质都属毒害品。可经呼吸道、消化道和皮肤进入人体。在工业生产中，毒性危险化学品主要经呼吸道和皮肤进入人体内，有时候也可经消化道进入。工业毒性危险化学品对人体的危害主要是刺激、过敏、窒息、麻醉和昏迷、中毒、致癌、致畸、致突变、尘肺，如氰化钾、三氧化二砷、氯化高汞、磷化锌、汞、氯乙醇、二氯甲烷、四乙基铅、四氯化碳等。

4.4.2.3 腐蚀物品

凡是对人体、动植物体、纤维制品及金属等造成强烈腐蚀的物品，称为腐蚀物品，如酸性腐蚀品（如硫酸、王水、氢氟酸等）、碱性腐蚀品（如强碱、氧化钠等）和其他腐蚀品（如次氯酸钠、硫化钾、二乙醇胺、苯酚等）。腐蚀性物品接触人的皮肤、眼睛、肺部、食道等，会引起表皮细胞组织发生破坏而造成灼伤，而且被腐蚀性物品灼伤的伤口不易愈合。内部器官被灼伤时，严重会引起炎症，甚至会造成死亡。特别是人在接触氢氟酸时，会发生剧痛，组织坏死，如不及时治疗，会导致严重的后果。

4.4.2.4 放射性物品

放射性物品是指含有放射性核素，并且其活度和比活度均高于国家规定豁免值的物品。放射性物品能不断地、自发地放出肉眼看不见的X、α、β、γ射线和中子流等。这些物品含有一定量的天然或人工的放射性元素。如能放射β、γ射线的钴60，能放射α、β、γ射线的镭226，能放射α、β射线的铀。放射性危险化学品的主要危险特性在于它的放射性。放射性强度越大，危险性就越大。极高剂量放射线的作用，主要造成三种类型的放射伤害：

（1）对中枢神经和大脑系统的伤害，主要表现为倦怠、嗜睡、昏迷、震颤、痉挛等，可在两天内死亡；

（2）对肠胃的伤害，主要表现为恶心、呕吐、腹泻、虚脱等，症状消失后出现急性昏迷，通常可在两周内死亡；

（3）对造血系统的伤害，主要表现为恶心、呕吐、腹泻，但很快能好转，经过2~3周无症状之后，出现脱发、经常性流鼻血，再出现腹泻，极度憔悴，通常在2~6周后死亡。

4.4.3 防止危险化学品事故的技术措施

为避免和减少危险化学品引起燃烧爆炸、中毒、腐蚀、辐射伤害和污染事故，降低或防止事故所造成的人员伤亡、财产损失和环境污染，应了解化学品的物理化学特性，进行科学的管理、技术支持、加工操作、仓储运输等工作。

4.4.3.1 危险化学品储运安全措施

A 储存危险化学品的基本安全要求

(1) 储存危险化学品必须遵照国家法律、法规和其他有关的规定。

(2) 危险化学品必须储存在经过公安部门批准设置的专门的危险化学品仓库中，经销部门自管仓库储存危险化学品及储存数量必须经公安部门批准。未经批准不得随意设置危险化学品储存仓库。

(3) 危险化学品露天堆放，应符合防火、防爆的安全要求；爆炸物品、一级易燃物品、遇湿燃烧物品、剧毒物品不得露天堆放。

(4) 储存危险化学品的仓库必须配有具有专业知识的技术人员，其库房及场所应设置专人管理，管理人员必须配备可靠的个人安全防护用品。

(5) 储存危险化学品区域应有明显的标志，同一区域储存两种或两种以上不同级别的危险化学品时，应按最高等级危险化学品的性能标志。

(6) 危险化学品储存方式分为隔离储存、隔开储存和分离储存三种。

(7) 根据危险化学品性能分区、分类和分库储存。各类危险化学品不得与禁忌物料混合储存。

(8) 储存危险化学品的建筑物、区域内严禁吸烟和使用明火。

B 危险化学品运输安全技术与要求

(1) 国家对危险化学品的运输实行资质认定制度，未经资质认定，不得运输危险化学品。

(2) 托运危险物品必须出示有关证明，在指定的铁路、公路交通、航运等部门办理手续，托运物品必须与托运单上所列品名相符。

(3) 危险物品的装卸人员，应按装运危险物品的性质，佩戴相应的劳动防护用品，装卸时必须轻装轻卸，严禁摔拖、重压和摩擦，不得损毁包装容器，并注意标志，堆放稳妥。

(4) 危险物品装卸前，应对车（船）搬运工具进行必要的通风和清扫，不得留有残渣，对装有剧毒物品的车（船），卸车（船）后必须洗刷干净。

(5) 装运爆炸、剧毒、放射性、易燃液体、可燃气体等物品，必须使用符合安全要求的运输工具；禁忌物料不得混运；禁止用电瓶车、翻斗车、铲车、自行车等运输爆炸物品。运输强氧化剂、爆炸品及用铁桶包装的一级易燃液体时，没有采取可靠的安全措施时，不得用铁底板车及汽车挂车；禁止用叉车、铲车、翻斗车搬运易燃、易爆液化气体等危险物品；温度较高地区装运液化气体和易燃液体等危险物品，要有防晒设施；放射性物品用专用运输搬运车和台架搬运，装卸机械应按规定负荷降低25%的装卸量；遇水燃烧物品及有毒物品，禁止用小型机帆船、小木船和水泥船承运。

(6) 运输爆炸、剧毒和放射性物品，应指派专人押运，押运人员不得少于两人。

(7) 运输危险物品的车辆，必须保持安全车速，保持车距，严禁超车、超速和强行会车。运输危险物品的行车路线，必须事先经当地公安交通部门批准，按指定的路线和时间运输，不可在繁华街道行驶和停留。

(8) 运输易燃、易爆物品的机动车，其排气管应装阻火器，并悬挂“危险品”标志。

(9) 运输散装固体危险物品，应根据性质，采取防火、防爆、防水、防粉尘飞扬和遮阳等措施。

(10) 禁止利用内河以及其他封闭水域运输剧毒化学品。通过公路运输剧毒化学品的，托运人应当向目的地的县级人民政府公安部门申请办理剧毒化学品公路运输通行证。办理剧毒化学品公路运输通行证时，托运人应当向公安部门提交有关危险化学品的品名、数量、运输始发地和目的地、运输路线、运输单位、驾驶人员、押运人员、经营单位和购买单位资质情况的材料。

(11) 运输危险化学品需要添加抑制剂或者稳定剂的，托运人交付托运时应当添加抑制剂或者稳定剂，并告知承运人。

(12) 危险化学品运输企业，应当对其驾驶员、船员、装卸管理人员、押运人员进行有关安全知识培训。驾驶员、装卸管理人员、押运人员必须掌握危险化学品运输的安全知识，并经所在地设区的市级人民政府交通部门考核合格，船员经海事管理机构考核合格，取得上岗资格证，方可上岗作业。

4.4.3.2 危险化学品生产工艺的安全措施

A 控制工艺参数

有危险化学品的生产过程必须掌握危险化学品的变化规律，并准确地控制和调节各种工艺参数（如温度、压力、流量、流速、物料配比、投料顺序等），这是安全生产的基本保证，是安全生产的重要措施。

(1) 温度控制。温度是化工生产中的主要控制参数之一。在适当的温度下，物料进行化学反应，如果超温可能导致系统压力升高，发生爆炸，也可能因温度升高造成剧烈的反应发生冲料或爆炸。而温度下降也可能造成反应速度减慢或停滞，当反应温度恢复正常时，由于未反应物料的积聚发生剧烈的反应，来不及散热而引起爆炸。温度下降，也可能使物料凝结堵塞管路或造成设备管路破裂，因易燃物泄漏而发生火灾爆炸等预想不到的事故。为保证安全生产，一般都要严格控制反应温度，向反应系统输入或输出热量，防止过热现象。例如，用乙烯制备环氧乙烷是典型的放热反应，若反应散热不及时，温度过高就会使乙烯完全烧掉而放出大量的热量。环氧乙烷沸点只有10.7℃，爆炸极限宽达3%~100%，在没有氧气存在下也能发生分解爆炸。因此，在生产过程中必须采取有效的散热方法，控制适宜的反应温度。

(2) 压力控制。在化学反应过程中，压力低会使反应速度减慢或根本不反应，致使未反应物料积聚，引起意外的危险；压力过高，超过设备承受压力，也可能使设备发生破裂，造成火灾爆炸事故。

(3) 流量和流速控制。对于放热反应，投料量和投料速度不能超过设定值，否则将会引起物料温度猛升，发生物料的分解等副反应而导致事故。

(4) 配料比和投料顺序的控制。要严格控制热反应物料的配比，反应物料的浓度、含量、投料速度和投量都要准确地分析和计量，严格遵守操作技术规程。对连续化程度较高的、危险性较大的生产，在开始生产时要特别注意反应料的配比关系。可燃和易燃物质与氧化剂进行反应的生产，要严格控制催化剂量。在这类生产过程中，还要严格遵循一定的投料顺序，切忌颠倒，否则会引起事故。

B 控制生产环境的火源及易燃物泄漏

a 严格控制火源

着火源可能是明火、摩擦与撞击火花、电气设备和静电，应依次采取如下措施严格控制火源。

（1）控制明火措施。1）在工艺操作过程中，加热易燃液体时，应当采用安全的加热设备，如热水、水蒸气或密闭的电器等；2）在有爆炸危险的厂房、贮罐、管沟内，应采用密闭或防爆型电器照明，不得使用明火或普通灯具照明，禁止在有这些危险的车间和仓库内吸烟和带入明火等；3）如必须采用明火时，设备应该密闭，防止易燃物溢漫或泄漏，有关炉灶须用封闭的砖墙隔绝在单独的房间内，为防止易燃物质漏入燃烧室，密闭容器设备应定期做水压实验和气压实验。焊割动火安全措施目前主要有置换动火与带压不置换动火两种办法。置换动火就是在焊补前实行严格的惰性气置换，将可燃物排出，使容器内的可燃物含量不能形成爆炸性混合物，保证焊补操作安全，但如果置换得不彻底或有其他因素的影响还是有发生爆炸的危险。为此，焊补操作时还必须做到：安全隔离，严格控制可燃物含量，实施现场空气分析和监视，彻底清洗容器，开出放散孔口，安全生产组织严密，并备有消防器材，以防不测。带压不置换动火目前在燃料油和燃料气容器管道的焊补都有采用，主要是严格控制含氧量，使可燃气体浓度大大超过爆炸上限，从而不能形成爆炸性混合物；并且在正压条件下让可燃气以稳定不变的速度，从容器的裂缝外扩散逸出，与周围空气形成一个燃烧系统，并点燃可燃气体。只要以稳定条件保持这个扩散燃烧系统，就可保证焊补工作的安全。带压不置换法不需要置换容器原有的气体，有时可以在不停车的情况下进行（如焊补气柜）。但是它的应用有一定局限性，只能在容器外面动火，而且需在连续保持一定正压力的条件下进行，没有正压就不适用，因为无法肯定容器内是否负压、有无空气进入等，而且在这种情况下取样分析也不能准确反映系统的气体成分。为确保带压不置换动火的安全性，必须严格控制氧含量，带压动火焊补之前，必须进行容器内气体成分的分析，以保证其中氧的含量不超过安全值。所谓安全值就是在混合气中，当氧的含量低于该值时，就不会形成达到爆炸极限的混合气，也就不会发生爆炸。例如，氢气的爆炸下限为4.0%，上限为75%，当空气中含氧量小于5.2%时就不会形成达到爆炸极限的混合气。在动火前和整个焊补过程中，都要始终稳定控制系统中氧含量低于安全值。这就要求生产负荷要平衡，前后工段要加强统一调度，关键岗位要有专人把关，并要加强气体成分分析（可安置氧气自动分析仪），当发现系统氧含量增高，应尽快找出原因及时排除，氧含量超过安全值时应立即停止焊接。总体来说，燃料容器带压不置换焊补防爆技术的重点是严格控制系统内的氧含量和动火点周围的可燃物含量，使之达到安全要求，并保证正压操作。燃料容器的带压不置换动火是一项新技术，爆炸因素比置换动火时变化多，稍不注意就会给国家财产和人身安全带来严重后果。它要求必须做好严密的组织工作，要有专人进行严密的统一指挥，值班调度有关车间、工段的生产负责人和人员要在现场参加工作。控制系统压力和氧含量的岗位和化验分析等要有专人负责，消防部门应密切配合等。在企业管理健全、安全工作好、技术力量强的工厂企业可以试行该技术，企业管理不健全、安全工作基础差、技术力量不足的企业，特别是小型工厂企业，一般不宜采取这种方法。必须明确规定，在企业各有关生产和安全部门未采取有效措施前，焊工不得擅自进行带压焊补操作。

（2）防止物件之间发生摩擦与撞击控制。1）敲打工具应以铜锡合金或包铜的钢材制成，作业地区也应铺沥青等较软的材料；2）搬运装存可燃气体和易燃液体的金属容器时，应当用专门的运输工具，禁止在地面上滚动、拖拉或抛掷，并防止容器相互摩擦撞击产生火花；3）在有爆炸危险的生产中，机件的运转部分应该用两种材料制作，其中之一是不发火花的，如铜铝等有色金属，如果机器设备不能用那些不发火花的金属制造，应当使其在真空中或惰性气体中操作；4）面广量大的轴承等转动部分应该有良好的润滑，并经常清除附着的可燃污垢。

（3）防静电措施。1）容易积聚电荷的金属设备、管道或容器（如输送可燃气体和易燃液体的管道、灌油设备和油槽车等）应安装可靠的接地装置，以消除静电。2）采取等电位措施消除各个部件之间的电位差。例如在管道法兰之间加装跨接线，既可消除两者之间的电位差，又可造成良好的电气线路有效地防止静电放电。3）采用三角皮带代替平皮带传动，每隔3~5天在皮带上涂抹防静电的涂料。另外，还应防止皮带下垂，保持皮带与金属接地物之间的距离不小于20~30cm，以减少接地金属物放电的可能性。4）在不影响产品质量的前提下，采用喷水或喷水蒸气等方法增加厂房内或设备内空气的湿度，当相对湿度在60%~70%时，能有效防止静电的积聚。另外，工作人员应尽量避免穿尼龙或毛的确良等易产生静电的工作服，最好穿布底鞋或橡胶底鞋。

b 防止可燃物泄漏

消除工艺操作过程排泄和采样时的误操作、阀门压盖松动、泵压盖或密封发生故障、设备结合处松动、装置检修或维修后试转中发生故障、低温下机械损坏或材料缺陷、物料管线损坏等因素可有效防止可燃物泄漏，为此，在生产过程中提倡清洁生产，净化生产车间空气环境。选用电气设备时，不但要按爆炸场所的危险程度选型和安全可靠接线，防止碰撞、击穿短路，而且所选的防爆电气设备的防爆性能还要与爆炸性混合物的分级分组情况相适应。爆炸性混合物按传爆间隙大小的危险程度不同分为1级、2级、3级，各种爆炸性混合物按自燃点高低分为T_1~T_6共6组，见表4-1。应当指出，防爆电气设备所标示的级别和组别，其性能应不低于场所内的爆炸性混合物的级别和组别。当场所内存在两种或两种以上爆炸性混合物时，按危险程度较高的级别和组别选定。

表4-1 爆炸性气体分组举例

级别	最大试验安全间隙/mm	引燃温度 t 与组别					
		T_1	T_2	T_3	T_4	T_5	T_6
		t>450℃	300℃<t≤450℃	200℃<t≤300℃	135℃<t≤200℃	100℃<t≤135℃	85℃<t≤100℃
1	≥0.9	甲烷、乙烷、丙烷、苯、甲苯、二甲苯、苯酚、甲酚	丁烷、丙烯、甲醇、乙醇、丙醇、醋酸乙酯	戊烷、硫化氢、石油、燃料油、柴油	乙醛、三甲胺		亚硝酸乙酯
2	0.5~0.9	丙炔、环丙烷、丙烯腈、氰化氢、焦炉煤气	乙烯、1,3-丁二烯、环氧乙烷、丙烯酸甲酯	二甲醚、丁烯醛、四氢呋喃	二丁醚、四氟乙烯		
3	≤0.5	氢、水煤气	乙炔			二硫化碳	硝酸乙酯

C 防腐措施

根据生产中具体工艺条件下各种材料的特性，正确地选择耐腐蚀材料，是防腐工作的主要环节。各种材料的耐腐蚀性能，可以从专门的防腐手册中查出，必要时应做耐腐蚀试验。在选择耐腐蚀材料时，既要注意技术上的安全可靠性，又要考虑经济上的合理性。在满足生产需要的前提下，尽量以廉价易得的材料代替昂贵稀少的材料。采用合理的保护工艺，如衬里法、外用防护漆、钝化法、加缓蚀剂法和阴极保护法。

(1) 衬里法。衬里法是在设备或管道内壁衬上一层能够抗腐蚀的内层。作为衬里的材料既可以是金属，也可以是非金属。金属衬里常用铝、不锈钢等，以抗酸碱腐蚀，金属材料的电镀、喷镀、渗镀等方法也广泛应用到防腐上。非金属衬里材料有玻璃、石墨、搪瓷、橡胶、环氧树脂、四氟乙烯、聚氯乙烯等。它们不但有良好的防腐性能，而且还可以用喷涂的方法均匀而牢固地涂在设备表面上。

(2) 外用防护漆。外用防护漆是在设备和管道表面涂上各种防护漆，使设备和管道与腐蚀性介质隔绝，达到防腐的目的。目前常用的漆类有酚醛树脂漆、过氯乙烯树脂漆、环氧树脂漆、丙烯树脂漆等。沥青是很好的防腐涂料，多用于地下设备和管道的防腐。

(3) 钝化法。钝化法利用化学药剂使金属表面形成一种钝化膜，对金属起保护作用。常用的成膜剂有铬酸盐、磷酸盐、碱、硝酸盐和亚硝酸盐的混合物。钝化膜在不太强的腐蚀环境中，如在化工厂的循环水系统中以及在大型设备上都有应用，效果很好。

(4) 加缓蚀剂法。在流体介质中加入少量的缓蚀剂，能使金属的腐蚀速度大为降低。缓蚀剂有无机和有机两大类。无机类有铬酸盐、硝酸盐、磷酸盐、硅酸盐等；有机类有苯胺、硫醇胺、乌洛托品等。

(5) 阴极保护法。这种方法对电化学腐蚀很有效。阴极保护法有两种：一种是牺牲阳极法，将较活泼的金属或合金连接在被保护的金属上形成原电池，较活泼金属作为腐蚀电池的阳极被腐蚀，被保护的金属作为阴极得到保护，一般选作阳极材料的有铝、锌及其合金；另一种是外加电流法，将被保护的金属与另一附加电极作为电解电池的两个极，被保护金属作为阴极，在外加直流电的作用下得到保护。阴极保护法广泛应用于海水设施、地下管道及其他埋在土壤中的金属设备上。

D 辐射防护措施

辐射危害随辐射剂量的增加而增大，必须采取有效措施将辐射剂量减至最低水平。工作场所根据辐射水平，通常分为三个区域。

(1) 控制区：连续工作的人员受到的辐射照射可能超过年剂量限值的3/10的区域。

(2) 监督区：连续工作的人员受到的辐射照射一般不超过年剂量限值的3/10，可能超过1/10的区域。

(3) 非限制区：连续工作的人员受到的辐射照射一般不超过年剂量限值的1/10的区域。

各区应有明显的标志，必要时应附有必需的说明。必须严格控制进入控制区的人员，减少进入监督区的人员。

放射性损伤预防的关键是做好外照射防护，其具体措施如下。

(1) 时间防护。人体受到辐射的剂量与受照射时间成正比，照射时间越长，吸收的剂量越多，对身体的损伤也就越大。因此，减少人员在放射场中逗留的时间，能起到防护作用。在某些特殊情况下，人员不得不在大剂量率环境中工作时，应严格限制个人的操作时间，使受照剂量控制在适当的水平。

（2）距离防护。对于点状放射源，在不考虑空气对射线的吸收时，人体受到的剂量与距离的2次方成反比，即距离增加1倍，剂量减少至1/4，因而应尽量增加人体与辐射源的距离，如遥控操作或采用适当的工具等。

（3）屏蔽防护。在实际工作中，仅靠时间和距离这两个因素来调节，往往有一定局限。为了取得更好的防护效果，还需要在放射源和人之间设置一定的屏蔽体，以减少和消除放射对人体的损害。对于不同的放射，应采取相应的屏蔽材料进行屏蔽防护。大部分需要屏蔽的放射是X射线和γ射线。屏蔽这两种射线的材料很多，根据材料的性质可分为两类：一类是高原子序数的金属材料，如铅、铁等；另一类是通用建筑材料，如混凝土、砖、土等。

（4）个体防护。开放源工作一定要根据不同工作性质，配用不同的个人防护用具，如手套、工作服、防护鞋、帽等。

对于任何涉及辐射照射的工作，事先都应进行周密的计划，制定切实可行的工作程序，尽量减少工作人数，禁止不必要人员进入高辐射水平的工作场所。为了提高工作效率，减少在辐射工作场所停留的时间，应使参加工作的人员事先熟悉所要完成的任务和工作程序，必要时（特别是涉及高辐射照射的工作），例如设备维修工作，应事先进行空白练习。

为了加强对辐射工作人员的管理，根据工作条件的不同，对他们实行剂量监督和医学监督。建立个人剂量档案，准确地记录他们的工作性质、工作条件和所接受的剂量，剂量档案应长期保存。应由授权的医疗单位承担对辐射工作人员的医学监督，就业前要进行医学检查，就业后要定期进行职业医学检查，发现与职业有关的疾病要进行治疗。医学检查记录也要长期保存。

为了控制对公众的辐射照射，必须严格控制放射性物质向环境的排放，规定相应的排放上限。对放射性物质排放的控制，既要限制排放浓度，也要限制排放总量。

技术措施指的是为了减少对工作人员和公众的辐射照射而采取的一切技术的或物质的措施。当进行辐射工作单位的设计时，对各个车间、实验室和反应堆、加速器及其相关的实验室等应合理布局，合理规划放射性物质运输通道和人员通道，减少或避免人们遭受杂散辐射的照射。对于外照射源，应依据辐射防护最优化原则设置永久的或临时的屏蔽，减小工作人员所受辐射照射的强度。对于重要的辐射场所或辐射装置，可根据需要设置锁或联锁装置。在可能发生空气污染的区域，设置全面的或局部的通风装置，换气速率应适当，负压大小和气流组织应能防止污染的回流和扩散。开放性的操作应尽量在手套箱、通风柜或热室中进行，以防止放射性物质的弥散。工作人员进入辐射工作场所必须穿戴必要的防护衣具。非密封型辐射源工作场所的入口处一般应设置更衣室、淋浴室和污染监测装置。由此可见，辐射防护的一个重要方面是加强对各级各类人员的辐射与辐射防护的教育和训练（根据工作人员的工作分工和他们已具有的知识水平，进行不同等级、深度和类型的教育和训练），使其正确认识辐射，驱散不必要的恐惧，掌握在各种情况下减小辐射照射的操作方法。辐射防护人员需要更加广泛深入地学习了解核物理和辐射防护的基本知识、有关的辐射防护标准、减小辐射照射的原理和方法以及辐射监督技巧等。操作和运行人员需要了解国家和本部门关于辐射防护的法规和规定，熟练地掌握满足这些法规和规定要求的正确操作，了解辐射控制的方法和技巧。管理人员应了解辐射防护的政策和一般原则。教育工作人员遵守辐射防护规定，评价辐射防护执行情况等。

4.5 起重伤害事故及其预防

起重作业是由指挥人员、起重机司机和司索工群体配合的集体作业。起重机械广泛应用于建筑、交通、机械制造等领域，一旦发生事故，会造成人员伤害和财产损失。起重运输机械从简单到复杂，从小型到大型，与人类社会生活都有着密切的关系。在现代工业生产中，起重运输是整个生产过程中的有机环节，是工业生产实现机械化、自动化的物质手段，它不仅能够提高劳动生产效率，而且还可以大大降低劳动强度。因此，起重运输机械是工业生产中不可缺少的重要工具和设备。然而，起重运输机械在使用过程中，由于操作不当，或机械部件加工质量不好，或安全检查不够等原因，往往会发生一些设备故障和人身伤亡事故，影响工业生产的正常进行。为实现安全生产，必须研究起重运输机械的结构、工作原理以及操作、使用、检查、维护等方面的安全技术。

4.5.1 起重机械类型

起重机械是一种重复的、间歇动作的装置，其特点是通过重复短时间的工作循环，周期性地升降或搬运物品，在每一工作循环中，其所有主要工作机构都做一次正向运动和反向运动，一般是用于搬运成件或包装的物品。起重机械一般分为：

（1）小型起重机。其特点是起升高度小，通常只有单一的起升或牵引机构，操作简单、携带方便，更换作业地点容易，如千斤顶、电（手、气）动葫芦、绞车等。

（2）提升机。其特点是使物品沿导轨单向动作，如电梯、高炉升降机、矿井提升箕斗和罐笼等。

（3）起重机。起重机是能在一定范围内将物品垂直提升和水平运移的机械。按主要用途分为通用、建筑用、铁路和造船用等起重机。

4.5.2 起重机械主要取物装置及其安全要求

起重运输机械装卸和搬运的物品种类很多，因此，需要在起重机械上装设各种取物装置。常用的取物装置分为装卸成件物品和散粒物品两类，如吊钩、吊环、夹钳和电磁吸盘等用于成件物品的装卸，抓斗等用于散粒物品的装卸。

4.5.2.1 吊钩

A 吊钩的分类

吊钩按形状可分为单钩和双钩。单钩制造与使用比较方便，双钩的受力情况比单钩好，单钩用于中小起重量，双钩用于大起重量。

吊钩按制造方式分为锻造吊钩和板式吊钩。锻造吊钩用于中小起重量，板式吊钩，用于大起重量。

B 吊钩的安全使用

a 吊钩的负荷试验

对于新的吊钩，使用时应进行负载试验。试验时，要吊 1.25 倍的额定负载，时间不少 10min。此时，吊钩上不得有裂纹、断裂或产生永久变形，而且在挂上和撤去试验载荷后，吊钩的开口度在没有任何明显缺陷和变形的情况下，不应超过 0.25%。

b 吊钩的安全检查

吊钩每年要检查1~3次，以防出现疲劳变形和裂纹而发生事故。吊钩可用探伤仪或20倍放大镜进行检查，发现下列情况之一者应进行更换：

(1) 吊钩表面出现裂纹、破口；

(2) 钩尾部位和螺纹部分以及吊钩横梁等处，出现疲劳变形和裂纹；

(3) 吊钩的钩口尺寸被拉大到和内圆直径尺寸相等；

(4) 板制吊钩的衬套、心轴、小孔、耳环以及其他各紧固件等出现裂纹和变形，衬套磨损量超过厚度的50%，销轴磨损量超过直径的5%时，都应更新；

(5) 沟口嘴的危险断面磨损量超过其高度的5%，应降载使用，超过10%应该更换。

吊钩使用一段时间以后，因受钢丝绳的摩擦作用，会使吊钩表面硬化，为防止其硬化，可定期进行热处理。为防止钩口磨损，在吊运工件时，要使钢丝绳在钩口处挂牢，不要使它来回窜动。

4.5.2.2 抓斗

抓斗主要用于抓取散粒状、块状物料（如矿石、铁皮等）的装置。要求抓斗的各构件动作应灵敏可靠，抓斗起升时开闭绳和支持绳受力均衡，防止开闭绳超载发生断裂事故。抓斗刃口板有较大的变形或严重磨损，应及时更换或修理。

4.5.2.3 电磁吸盘

电磁吸盘通过内部线圈通电产生磁力，经过导磁面板，将接触在面板表面的工件紧紧吸住，通过线圈断电，磁力消失实现退磁，取下工件的原理而生产的一种机床附件产品，主要用于搬运具有导磁性的材料和黑色金属制品，如钢板、钢块、钢管、型钢等。电磁吸盘的吸附能力与吸附材料的形状、尺寸和大小、温度以及电磁吸盘温升和供电电压等都有关系，适应性差，使用时应注意以下事项：

(1) 电磁吸盘不许吊运温度大于200℃的物品。当物品温度大于200℃时，必须采用有特殊散热条件的电磁盘来承担，但物品的温度也要小于700℃。

(2) 电磁吸盘在吊运物料时，因为随时都有断电造成物料坠落的危险，所以采用电磁吸盘搬运物料时，禁止在人或设备的上方通过。

4.5.2.4 钢丝绳

钢丝绳是由钢丝股和绳芯绕成。绳芯充填中央断面，同时还能增加钢丝绳的挠性。绳芯可分为有机芯（棉、麻）、石棉芯和金属芯。有机芯是用浸透润滑油的麻绳做成，起润滑作用；石棉芯是用石棉绳制成，起耐高温作用；金属芯是用软钢丝制成，起耐高温和承受较大挤压应力的作用。钢丝绳是一种易损坏的零件，正确使用钢丝绳，可以提高其寿命，减少更换次数，既有利于维修，又保证了安全。

故使用钢丝绳必须对其维护：钢丝绳使用时，要保持清洁，润滑良好；钢丝绳不允许有打结、绳股凸出或扭曲；钢丝绳在绳槽中和卷筒上固定要正确，而且牢固可靠；钢丝绳不允许超负荷使用，高温条件下作业时应有绝热装置；钢丝绳使用时，要防止受到突然载荷的冲击，钢丝绳与平衡固定架之间不要产生卡死和摩擦现象。为确保安全，当钢丝绳磨损或腐蚀到一定程度按照要求及时维修或更换钢丝绳。

钢丝绳的端部固定方法如下。

(1) 端部捆扎：将钢丝绳一端绕过套环后与自身编织在一起，然后用细钢丝扎紧，如

图 4-1（a）所示。

（2）楔形套筒固定：将钢丝绳一端绕过楔块，与楔块一起放入套筒内，楔块在套筒的锁紧作用下，将钢丝绳与套筒固定为一体，如图 4-1（b）所示。

（3）锥形套筒灌铅固定：钢丝绳穿过锥形套筒，然后将末端钢丝绳松散，并弯成钩状，再浇入铅或锌液，凝固后与套筒固定为一体，如图 4-1（c）所示。

（4）绳卡固定：绳卡固定方法如图 4-1（d）所示。这种力压法简单、可靠，应用较广泛。

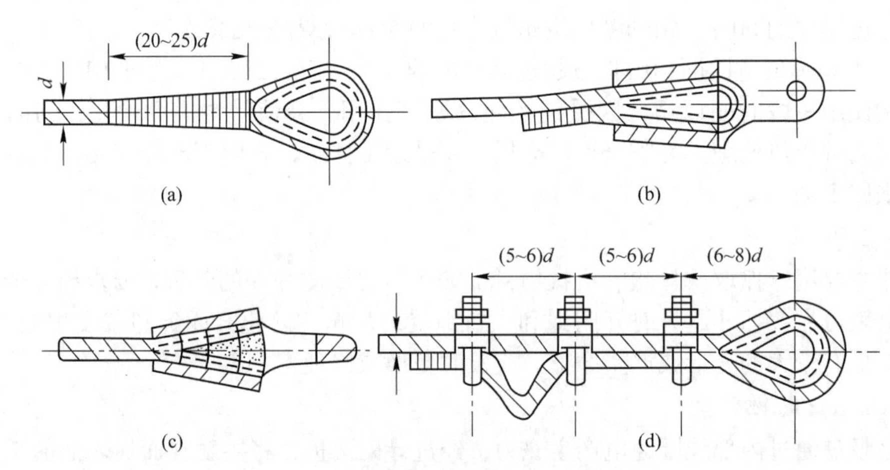

图 4-1　钢丝绳端部固定方法

（a）端部捆扎；（b）楔形套筒固定；（c）锥形套筒固定；d-绳卡固定

4.5.3　起重机械的安全装置

起重机械安全装置主要包括制动装置（如制动器、停止器等）、缓冲装置（如各种类型的缓冲器）、固定装置（如起重量限制器、力矩限制器等）、各种类型的信号按钮以及报警装置（如登机信号按钮和危险电压报警器等）。

4.5.3.1　制动装置

起重运输机械是需要经常起动、制动或停止间歇动作的机械，因此必须有良好可靠的制动装置，以保证安全生产。制动装置主要作用有：

（1）支持：将已提升的物体支持在任意高度上，以阻止其因自重而引起的机构逆转和物体自由下降；

（2）调速或限速：调节或限制机构、机器及物体的运动速度；

（3）制动：使运动的机构或机器停止。

制动装置分为制动器和停止器。制动器是利用摩擦力将机械运动的部分全部动能转化为热能，达到减速或制动的目的。停止器是利用机械止挡作用支持物体，达到不使物体运动的目的。制动器的类型很多，常用的有块式、带式和盘式三种；按其工作状态，可分为常闭和常开式两种。为了保证安全，起重机的起升机构和变幅机构必须使用常闭式制动器；轮式车辆的运行机构和臂架具有大幅度的旋转机构，可采用常开式制动器，其优点是制动力可以调节，制动平衡。用来提升和运输熔化金属及有毒性或爆炸性物质的机构中，必须同时安装两个制动器，以获得更大的安全性。停止器的主要功能有支持作用（主要是指长时间支持重物不动）、止逆作用（允许机构单方向运动）、超越离合作用（允许机构单方向自由运动、逆方向限速运动）。常用的停止器有棘轮式、滚柱式和带式。

4.5.3.2 缓冲器

缓冲器的作用是用来减小起重机与终端挡板相碰撞时或起重机相互碰撞时的冲击能量，以保证设备和人身安全。为了起重机能停车平稳，缓冲器必须体积小、吸收能量大、后坐力小，常用的缓冲器有橡胶缓冲器、弹簧缓冲器和液压缓冲器。

（1）橡胶缓冲器。橡胶缓冲器结构简单、制造成本低，但缓冲能力小，只适用于运行速度小于 50m/min 的情况，工作环境温度一般在 30~50℃。

（2）弹簧缓冲器。弹簧缓冲器的优点是结构简单、维修方便、不受工作环境温度的影响，吸收能量较大；其缺点是起重机与缓冲器相碰撞时，大部分撞击能量储存在弹簧内，在反弹时又将能量传递给起重机，具有较大的反弹力，这对起重机的零部件是有害的。因此，弹簧缓冲器适用于运行速度在 50~120m/min 的起重机上。

（3）液压缓冲器。在碰撞力的作用下，加速弹簧使活塞移动，使油缸中的油液通过芯棒与活塞底部环形间隙注入储油腔，从而使撞击的动能转化为热能，实现其缓冲作用，并在最短距离缓慢地停车。当起重机离开时，复位弹簧使活塞恢复到原始位置，油液又流回油腔，塞头被加速弹簧顶回到初始位置。液压缓冲器的优点是无反弹作用，在碰撞过程中，缓冲力为恒定值。与橡胶和弹簧缓冲器相比较，在较大速度一定的情况下，液压缓冲器缓冲行程比橡胶和弹簧缓冲器可减小一半，因而液压缓冲器非常紧凑，适用于较大冲击能量的起重机。液压缓冲器的缺点是结构复杂，维修不便，密封要求高，而且受环境温度的影响。

4.5.3.3 固定装置

露天作业的起重机，按起重机械管理规程应安装固定装置，如龙门起重机、装卸桥、门座起重机及塔式起重机等都应安装夹轨器、止轮器和锚定装置，以防大风吹袭时起重机被大风吹走或吹倒。固定装置也称为防风防爬装置，主要包括夹轨器、止轮器、起重量限制器以及起重力矩检测器。

（1）夹轨器。夹轨器一般包括手动夹轨器和电动夹轨器。手动夹轨器构造简单、操作方便，但夹紧力有限，安全性差，适用于中小型起重机；电动夹轨器构造复杂、自重大、体积大、成本高，适用于大型起重机。

（2）止轮器。止轮器俗称铁鞋。在车轮与轨道之间放入铁楔，当起重机受到风力而动时，铁楔通过轨道与铁楔间的摩擦力防止车轮滚动。

（3）起重量限制器。起重量限制器的作用是限制吊重不超过额定起重量，以防止造成严重事故，主要作用有起重量限制、幅度限位、起重力矩限制。通常桥式起重机、龙门起重机、装卸桥和门座起重机等都安设起重量限制器以防止超载。当起重机的额定起重量随幅度而变化时，在起重机上通常需要安装起重力矩限制器，例如汽车起重机、轮胎起重机和塔式起重机等。

（4）起重力矩检测器。电子力矩检测器由检测器（起重量、吊臂倾角及长度）、放大器、转换器、运算器、自动停止器等几部分构成。检测器检测出的起升绳拉力、臂长、倾角等输出与之成比例的电信号，经相应放大器放大后，送至倍率转换开关，最后显示器将显示出实际数值，并通过比较器进行比较。当起重量达到额定起重量的85%~90%时，信号灯和蜂鸣器发出预报；当起重量超载时，信号装置发出警报，起重机工作机构自动停止作业。

4.5.4 起重机械事故

起重机械事故，是指起重机械在作业过程中，由机具、吊物等所引起的人身伤亡或设备损坏事故。据统计，在冶金、机电、铁路、港口、建筑等生产部门，起重机械所发生的事故占有很大比例。

起重机械事故灾害的原因是多方面的，归纳起来主要有，安全装置不完善，缺乏安全知识、操作技能低、对危险的认识不足、管理不严等。总之，物的不安全状态和人的不安全行为是构成事故的主要因素。起重机械事故发生频率与受害者的年龄、工龄密切相关。年龄小、工龄短的职工所占比例较大，主要原因是文化素质不高、操作技能低、安全意识差，而且往往存在有好奇、侥幸、省力等心理，对危险因素不会识别或重视不够，因而当事故发生时，缺乏应变能力。年龄较大、工龄较长者，除上述原因外，常常是有章不循、习惯作业，从而导致事故发生。几种主要事故的原因如下。

(1) 挤伤事故。挤伤事故多是吊载物体与地面物体之间挤着吊载物体旋转、翻倒，吊载物体撞击地面物体翻倒，被机体挤着或与机体接触等。常见的挤伤事故是桥式起重机运行中将检修人员挤伤在端梁与土建结构之间，自行式起重机旋转将作业人员挤伤在起重机平衡重与障碍物之间等。发生事故的原因是：无联系或联系不周，无指挥或指挥不当，危险行为或处于危险区，起落吊不稳、放吊不平，歪拉斜吊，挂吊偏重，操作不熟练，大、小车提升同时操作等。

(2) 失落事故。失落事故包括吊物、吊具、机体构件、工具、悬臂等物体掉落事故。造成这些事故的原因较多，常见的是挂吊不牢、起落吊不稳、起升钢丝绳破断、吊装钢丝绳破断、吊装钢丝绳脱钩、吊物凌乱或捆扎不牢、吊具损坏、挂吊位置不当、吊物摆动过大、设备缺陷、运行不稳等。

(3) 坠落事故。坠落事故多半是从机体上坠落、被吊物碰落、与输送工具一起坠落等情况。坠落事故多为从事高空作业的载人吊箱脱绳、断绳等，人与箱体同时坠落而伤人。其原因是：设备有缺陷，检修人员精神不集中。

任何事故都是物的不安全状态和人的不安全行为两个系列轨迹在时间和空间上的交叉引起的。起重机械事故是由于管理上不科学、设备技术状态和人的不安全行为等因素同时发生并交叉作用所造成的。根据事故机理，找出起重机械物质技术上的隐患与人的不安全行为在系统中的时空交叉规律，抓住其管理上的薄弱环节和防范重点，以便从物质上、人员因素上采取相应措施，切断“事故链”，防止事故发生。

4.5.5 起重机械使用安全技术

4.5.5.1 吊运前的准备

吊运前的准备工作包括：

(1) 根据质量、几何尺寸、精密程度以及形变要求等有关技术数据，进行最大受力计算，确定吊点位置和捆绑方式；

（2）编制作业方案：对于大型、重要的物件的吊运或多台起重机共同作业的吊装，事先要在有关人员参与下，由指挥、起重机司机和司索工共同讨论，编制作业方案，必要时报请有关部门审查批准。

4.5.5.2　起重机司机安全操作技术

起重机司机应认真交接班，认真检查吊钩、钢丝绳、制动器、安全防护装置的可靠性，发现异常情况及时报告。

（1）开机作业前，应确认处于安全状态才能开机：起重机上和作业区域内是否有无关人员，作业人员是否撤离到安全区；所有控制器是否置于零位；起重机运行范围内是否有未清除的障碍物；起重机与其他设备或固定建筑物的最小距离是否在0.5m以上；电源断路装置是否加锁或有警示标牌；流动式起重机是否按要求平整好场地，支脚是否牢固可靠。

（2）开车前，必须鸣铃或示警；操作中接近人时，应给断续铃声或示警。

（3）司机在正常操作过程中，不得利用打反车进行制动，不得利用极限位置限制器停车；不得在起重作业过程中进行检查和维修；不得带载调整起升、变幅机构的制动器，或带载增大作业幅度；起重和吊物不得从人上方通过，起重臂下不得站人。

（4）严格按指挥信号操作，对紧急停止信号，无论何人发出都必须立即执行。

（5）吊载接近或达到额定值，或起吊危险器（液态金属、有害物、易燃易爆物）时，吊运前认真检查制动器，并用小高度、短行程试吊，确认没有问题后再吊运。

（6）起重机各部位、吊载及辅助用具与输电线的最小距离应满足安全要求。

（7）以下情况司机禁止操作：起重机结构或零部件（如吊钩、钢丝绳、制动器、安全防护装置等）有影响安全工作的缺陷和损伤；吊物超载或有超载可能，吊物质量不清；吊物被埋置或冻结在地下、被其他物体挤压；吊物捆绑不牢，或吊挂不稳，被吊重物棱角与吊索之间未加衬垫；被吊物上有人或浮置物；作业场地昏暗，看不清场地、吊物情况或指挥信号。在操作中不得歪拉斜吊。

（8）工作中突然断电时，应将所有控制器置零，关闭总电源。重新工作前，应先检查起重机工作是否正常，确认安全后方可正常操作。

（9）有主、副两套起升机构的，不允许同时利用主、副钩工作（设计允许的专用起重机除外）。

（10）用两台或多台起重机吊运同一重物时，每台起重机都不得超载。吊运过程应保持钢丝绳垂直，保持运行同步。吊运时，有关负责人员和安全技术人员应在场指导。

（11）露天作业的轨道起重机，当风力大于6级时，应停止作业；当工作结束时，应锚定住起重机。

4.5.5.3　司索工安全操作技术

司索工主要从事地面工作，其操作工序要求如下：准备吊具、捆绑吊物、挂钩起钩、摘钩卸载、搬运过程的指挥。其操作工序要求如下。

（1）预备吊具。对吊物的重量和重心估量要精确，假如是目测估算，应增大20%来选择吊具，每次吊装都要对吊具进行仔细的安全检查，假如是旧吊索应根据状况降级使用，绝不能超载或使用已报废的吊具。

（2）捆绑吊物。对吊物进行必要的归类、清理和检查，吊物不能被其他物体挤压，被埋或被冻的物体要完全挖出。切断与四周管、线的一切联系，防止造成超载；清除吊物表面或空腔内的杂物，将可移动的零件锁紧或捆牢，外形或尺寸不同的物品不经特别捆绑不得混吊，防止坠落伤人；吊物捆扎部位的毛刺要打磨平滑，尖棱利角应加垫物，防止起吊吃力后损坏吊索；表面光滑的吊物应采取措施来防止起吊后吊索滑动或吊物滑脱；吊运大而重的物体应加诱导绳，诱导绳长应能使司索工既可握住绳头，同时又能避开吊物正下方，以便发生意外时司索工可利用该绳掌握吊物。

（3）挂钩起钩。吊钩要位于被吊物重心的正上方，不准斜拉吊钩硬挂，防止提升后吊物翻转、摇摆；吊物高大需要垫物攀高挂钩、摘钩时，脚踏物应稳固垫实，禁止使用易滚动物体做脚踏物。当多人吊挂同一吊物时，应由专人负责指挥，在确认吊挂完备，全部人员都来离开站在安全位置后，方可发出起钩信号；起钩时，地面人员不应站在吊物倾翻、坠落可能波及的地方。

（4）摘钩卸载。吊物运输到位前，应选择好安置位置，卸载不要挤压电气线路和其他管线，不要堵塞通道；针对不同吊物种类应实行不同措施加以支撑、垫稳、归类摆放，不得混码、相互挤压、悬空摆放，防止吊物滚落、倾倒、塌垛；摘钩时应等全部吊索完全松弛再进行，确认全部绳索从钩上卸下再起钩，不允许抖绳摘索，更不许利用起重机抽索。

（5）搬运过程的指挥。无论采用何种指挥信号，必须规范、精确、明白；指挥者所处位置应能全面观看作业现场，并使司机、司索工都可清晰看到；在作业进行的整个过程中，指挥者和司索工都不得擅离职守，应密切观看吊物及四周状况，及时准确发出、执行指挥信号。

4.5.5.4 高处作业的安全防护

在起重机上，凡是高度不低于2m的一切合理作业点，包括进入作业点的配套设施，如高处的同行走台、休息平台、转向用的中间平台，以及高处作业平台等，都应予以防护。具体要求如下。

（1）高处作业人员应正确佩戴符合要求的安全带和安全绳。

（2）高处作业应设专人监护，作业人员不应在作业处休息。

（3）应根据实际需要配备符合安全要求的作业平台、吊笼、梯子、挡脚板、跳板等，脚手架的搭设、拆除和使用应符合要求。

（4）高处作业人员不应站在不牢固的结构物上进行作业；在彩钢板屋顶、石棉瓦、瓦楞板等轻型材料上作业，应铺设牢固的脚手板并加以固定，脚手板上要有防滑措施；不应在未固定、无防护设施的构件及管道上进行作业或通行。

（5）雨天和雪天作业时，应采取可靠的防滑、防寒措施；遇有五级风以上（含五级风）、浓雾等恶劣天气，不应进行高处作业、露天攀登与悬空高处作业；暴风雪、台风、暴雨后，应对作业安全设施进行检查，发现问题立即处理。

（6）作业使用的工具、材料、零件等应装入工具袋，上下时手中不应持物，不应投掷工具、材料及其他物品；易滑动、易滚动的工具、材料堆放在脚手架上时，应采取防坠落措施。

（7）在同一坠落方向上，一般不应进行上下交叉作业，如需进行交叉作业，中间应设置安全防护层，坠落高度超过24m的交叉作业，应设双层防护。

（8）拆除脚手架、防护棚时，应设警戒区并派专人监护，不应上下同时施工等。

4.5.6 起重机械检验检修安全技术

4.5.6.1 检验周期与检验结论

正常使用的起重机检验周期如下：

(1) 塔式起重机、升降机、流动式起重机每年检验一次；

(2) 桥式起重机、门式起重机、铁路起重机、悬臂起重机、轻小型起重设备、门座起重机、桅杆起重机以及机械式停车设备每两年一次，其中吊运熔融金属和炽热金属的起重机每年一次。

在性能试验中额定载荷试验、静载荷试验、动载荷试验项目，首检和首次定期检验时必须进行，额定载荷试验项目，以后每间隔一个检验周期进行一次。

检验结论分为合格、复检合格、不合格和复检不合格四种。

4.5.6.2 起重机械检修作业中的安全要求

A 机械设备检修的安全要求

(1) 设备检修必须严格执行各项安全制度和操作规程，检修人员必须熟悉相关的图样、资料以及操作工艺。

(2) 检修设备时，严格执行设备检修操作牌制度。

(3) 确保设备的安全防护、信号和联锁装置齐全、灵敏和可靠。

(4) 检修中应按规定方案拆除安全装置，并有安全防护措施，检修完毕，安全装置应及时恢复，安全防护装置的变更，应经安全部门同意，并做好记录、及时归档。

(5) 焊接或切割作业的场所，应通风良好，电、气焊割之前应清除工作场所的易燃、易爆物。

(6) 高处作业应设安全通道、梯子、支架、吊台或吊架，楼板、吊台上的作业孔应设置护栏和盖板，脚手架、斜道板、跳板和交通运输道路，应有防滑措施并经常清扫，高处作业应佩戴安全带、安全帽。

(7) 禁止跨越正在运转的设备、禁止横跨运转部位传递物件、禁止触碰运转部位，禁止站在旋转工件或可能爆裂飞出物件、碎屑部位的正前方进行操作、调整、检查设备，禁止超限使用设备机具，禁止在起重吊物下行走。

(8) 在检修机械设备前，应在切断动力开关处设置“有人工作，严禁合闸”的警示牌，必要时应设专人监护或采取防止电源意外接通的技术措施，非工作人员禁止摘牌合闸，一切动力开关在合闸前应细心检查，确认无人员检修时方准合闸。

(9) 出现紧急情况和事故状态时，按有关抢险规程和应急预案处置。

B 电气设备检修的安全要求

(1) 保证安全距离，在10V及以下电气线路检修时，操作人员及其携带的工具等与带电体之间的距离不应小于1m。

(2) 清理作业现场，应对检修现场妨碍作业的障碍物进行清理，以利检修人员的现场操作和进出活动。

(3) 采取可靠的断电措施，切断需检修设备的电源，并经启动复查确认无电后，在电源开关处挂上“禁止启动”的安全标志并加锁。

(4) 防止外来侵害，检修作业前，应巡视四周，排除安全隐患，做好安全防护。

(5) 集中精力，检修作业中禁止谈论和做与检修无关的事。

(6) 谨慎登高，在2m以上的脚手架检修作业，要使用安全带及其他保护措施。

(7) 防火措施，检修过程中，若需用火，应确认现场有无禁火标志，确认无火灾隐患时，方能动火。

(8) 防止群体作业相互伤害，多人作业时，相互之间要保持一定的安全距离，以防相互碰伤。

4.6 压力容器事故及其预防

作为传热、传质、物料储存和化学反应等基础设备的压力容器，被广泛应用于各个部门。为了储存、运输和应用上的方便储存压缩气体和液化气体的容器（如气瓶、液化气贮罐、槽车）以及压缩机的受压辅助设备（如气体冷却器、油水分离器、贮气罐等）都是压力容器。压力容器使用广泛，容易发生事故，且事故的破坏性往往又非常严重，它的安全问题应该特别引起注意。《特种设备安全法》中规定：压力容器属于对人身和财产安全有较大危险性的特种设备，由专门机构进行监督管理，并须按规定、规范进行制造和使用。

4.6.1 压力容器概述

一个密闭的容器，当其内部承受流体压力载荷时称为内压容器，当其外部承受流体压力载荷时称为外压容器，统称压力容器。

压力容器应用广泛、操作复杂、安全要求高，一旦检验或操作失误，易发生爆炸破裂，容器内的易燃、易爆、有毒介质向外喷泄，会造成灾难性后果，因此，压力容器比一般机械设备有更高的安全要求。

4.6.1.1 压力容器分类

压力容器按照工艺功能划分为反应容器、换热容器、分离容器和储运容器四个类型。

(1) 反应容器：主要用来完成物料的化学转化，如发生器、反应釜等。

(2) 换热容器：主要用来完成物料和介质间的热量交换，如冷却器、热交换器等。

(3) 分离容器：主要用来完成物料基于热力学或流体力学的组元或相的分离，如吸收塔、分离器、干燥塔等。

(4) 储运容器：主要用于流体物料的盛装、储存或运输，如储罐、槽车等。

压力容器的显著特征是承受压力负荷，其按照设计压力 p 的大小，可以划分为低压容器、中压容器、高压容器和超高压容器四个类型。

从使用和管理的角度出发，压力容器常分为两大类，即固定式容器和移动式容器，如图4-2所示。

在《压力容器安全技术监察规程》中，根据压力容器工作压力的高低、介质的危害程度以及在使用中的作用，压力容器分为三大类，其中第三类容器最为重要，对其要求也最严格。

(1) 一类容器：非易燃或无毒介质的低压容器；易燃或有毒介质的低压分离容器和换

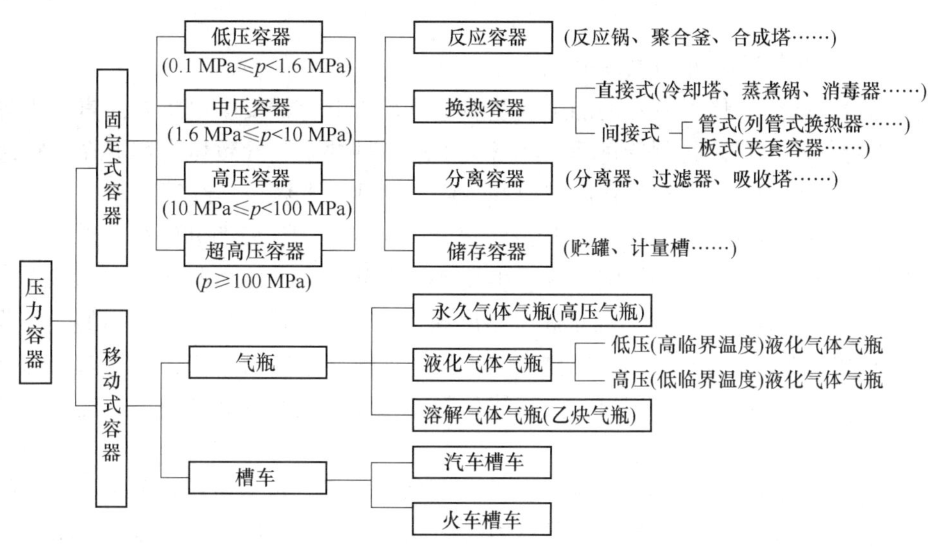

图 4-2　压力容器分类

热容器。

（2）二类容器：中压容器；易燃介质或毒性为中度危害介质的低压反应容器和贮存容器；毒性程度为极度和高度危害介质的低压容器；低压管壳式余热锅炉；玻璃压力容器。

（3）三类容器：毒性程度为极度和高度危害介质的中压容器，和 pV（容器能量储量）大于等于 0.2MPa · m^3 的低压容器；易燃或毒性程度为中等危害程度介质且 pV 大于等于 0.5MPa · m^3 的中压反应容器，和 pV 大于等于 10MPa · m^3 的中压贮存容器；高压、中压管壳式余热锅炉；高压容器。

根据《压力容器安全技术监察规程》的注释，上述分类中的极度危害（Ⅰ级）指最高容许浓度小于 0.1mg/m^3，高度危害（Ⅱ级）为 0.1~1.0mg/m^3，中度危害（Ⅲ级）为 1.0~10mg/m^3，轻度危害（Ⅳ级）为大于等于 10mg/m^3，或爆炸上限和下限之差值大于等于 20%的气体，如乙烷、氯甲烷、环氧乙烷、丁烷、三甲胺、丁二烯、丙烷、丙烯、甲烷等。

4.6.1.2　压力容器的基本要求

压力容器的主要部件是一个能承受压力的壳体及其他必要的连接件和密封件，主要包括本体、封头及其主要附件等。压力容器的结构是否合理，对容器的安全性有重大影响，不合理的结构会使容器局部产生过高的应力而破坏。为了减小局部应力，压力容器的结构应该符合如下基本要求。

（1）承压壳体的结构形状应该连续和圆滑过渡，避免因几何形状的突变或结构上的不连续产生较高的应力。

（2）把器壁开孔、焊缝或转角等产生应力集中或降低部件强度的结构相互错开防止局部应力叠加。

（3）避免采用刚性大的结构。刚性结构使焊接时的自由胀缩受到约束，产生较大的焊接内应力；也会限制承压壳体受压力或温度变化引起的伸缩变形，产生附加弯曲应力或正应力。

4.6.1.3 压力容器常见的制造缺陷

除了正确设计之外，压力容器的加工制造质量也是影响容器安全的重要因素。由焊接等工艺特点决定，压力容器的制造过程中经常会出现各种缺陷，导致压力容器在运行过程中发生事故。常见的制造缺陷有焊接缺陷、残余应力和几何形状不连续等问题。

(1) 焊接缺陷。焊接质量不好如没焊透、气孔、夹渣、焊缝咬边和焊缝裂纹等，不仅降低容器强度，而且还会在这些缺陷周围产生较大的局部应力，使容器易于产生裂纹。

(2) 残余应力。焊接时焊缝内的金属呈熔融状态，当焊缝冷却时，焊缝内的金属收缩受到刚性焊件的限制，在焊缝周围产生拉应力，称为焊接残余应力。较大的残余应力会使容器的承压能力降低，产生局部裂纹，并且能加剧应力腐蚀破坏及疲劳破坏。经过适当的热处理，可以消除残余应力。

(3) 几何形状不连续。压力容器壳体的几何形状，如椭圆度等不符合要求、焊缝接头不平整，或表面粗糙等问题，会造成局部应力集中和应力腐蚀，最终导致容器破坏。

4.6.1.4 压力容器的破坏

(1) 延性破裂。延性破裂是压力容器在内部压力作用下，器壁上产生的应力达到材料的强度极限而发生的。压力容器延性破裂属金属材料的韧性断裂。当容器内的压力升高使器壁的平均应力达到材料的屈服极限时，器壁将产生明显的塑性变形容器容积迅速扩大。在超过容器屈服压力以后，如果压力继续升高，达到材料的断裂强度时，容器即发生韧性断裂。

(2) 脆性破裂。有些容器破裂后经检查并没有发现可见的变形现象；根据破裂时的压力进行应力计算，器壁的平均应力远远低于材料的强度极限，有的甚至还低于屈服极限。这种破裂现象和脆性材料的破裂很相似，称为脆性破裂；又因为它是在较低应力状态下发生的，所以也称低应力破裂。为了防止压力容器发生脆性断裂事故主要应注意减少部件结构及焊缝的应力集中，部件在使用条件下要有较好韧性和消除残余应力。

(3) 疲劳破裂。在压力容器反复的加压和卸压过程中，壳体材料长期受到交变载荷的作用出现金属疲劳从而产生疲劳破裂。

(4) 腐蚀破裂。压力容器的腐蚀破裂是容器因受到腐蚀介质的腐蚀而产生的一种破裂形式。

(5) 蠕变失效。压力容器所用金属材料长时间在应力和高温作用下会产生缓慢而连续的塑性变形甚至发生断裂，这种现象称为蠕变失效。蠕变失效是由于材料性能退化或“老化”产生的。

4.6.1.5 压力容器爆炸

A 压力容器爆炸能量

压力容器破裂时，气体泄出瞬间膨胀释放出大量的能量，这就是通常所说的物理爆炸现象。如果容器内充装的是可燃的液化气体，在容器破裂后它立即蒸发并与周围的空气形成可爆性混合气体，遇到明火、容器碎片撞击设备产生的火花或高速气流所产生的静电作用会立即发生化学爆炸，即通常所说的二次爆炸。因此，压力容器破裂时其爆炸能量的大小，不但与原有的压力和容器容积有关，而且还与介质的化学性质及在器内的物性状态有关。

（1）压缩气体容器的爆炸能量。压缩气体在容器破裂时降压膨胀，由于膨胀过程所经历的时间很短，可以认为没有热量的传递，即气体的膨胀是在绝热状态下进行的，所以压缩气体容器的爆炸能量就是气体绝热膨胀所做的功。

（2）液化气体容器的爆炸能量。介质为液化气体的压力容器，在破裂时，除了气体迅速膨胀以外，还有处于过热状态的液体急剧蒸发，因而这类容器在破裂时所释放出的能量包括器内饱和蒸气绝热膨胀产生的爆炸能量和饱和液体急剧蒸发产生的爆炸能量。

（3）可燃气体器外二次爆炸能量。介质为可燃气体的压力容器破裂时，除了器内高压气体膨胀释放能量以外，往往还会发生化学爆炸，即通常说的二次爆炸。两次爆炸往往是相继发生的，间隔的时间很短，而且二次化学爆炸的能量常比第一次气体膨胀爆炸的能量大得多。

B　压力容器爆炸危害

压力容器爆炸造成的危害主要有爆炸冲击波及碎片的破坏作用、有毒介质破裂后造成的毒害作用、可燃气体容器破裂后造成的火灾等。

（1）冲击波及其破坏作用。压力容器爆炸时，气体爆炸的能量除了很少一部分消耗于将容器进一步撕裂并将容器或其碎片抛出以外，大部分产生冲击波。压力容器破裂时，壳体裂成碎块或碎片具有较大的动能，不仅损坏附近的设备或管道，还会引起连锁爆炸或酿成火灾，造成更大的危害。碎片对人的伤害程度或对设备的损坏程度主要取决于它的动能。

（2）有毒液化气体容器破裂时的毒害区。压力容器所盛装的液化气体，有很多是有毒的，如液氨、液氯、二氧化硫、二氧化氮、氧氰酸等。当容器破裂时，大量液体被蒸发成气体，从而造成大面积的毒害区域。

（3）可燃液化气体容器破裂时的燃烧区。充装可燃液化气体容器破裂时，一部分液体蒸发成气体与周围空气混合，遇到适当条件在器外发生燃烧爆炸，并使其他未被蒸发而以雾状的液滴散落在空气中的液体也随着与周围空气混合而着火燃烧。爆炸燃烧后生成的高温燃气（水蒸气、二氧化碳等）与空气中的氮气升温膨胀，形成体积巨大的高温燃气团，使周围很大一片地区变成火海。

4.6.2　压力容器设计、制造与管理

压力容器的制造和安装必须由具有资质的单位完成，遵循相应的国家标准、行业标准和企业标准。

4.6.2.1　压力容器设计一般要求

（1）设计单位资格。压力容器的设计单位应经国家特种设备安全监督管理部门许可，方可从事压力容器的设计工作。

（2）压力容器结构。压力容器设计应尽可能避免应力集中或局部受力状况。受压壳体的几何形状突变或其他结构上的不连续，都会产生较高的不连续应力。因此，应该力求结构上的形状变化平缓，避免不连续性。

（3）材料选用。材料的质量和规格应该符合国家标准、行业标准和有关技术要求。

4.6.2.2　压力容器设计基础

为了保证压力容器的安全运行，压力容器的设计和制造必须严格按照《压力容器安全监察规程》和《钢制石油化工压力容器设计规定》进行。压力容器设计计算之前，必须正确选择下列重要参数。

(1) 设计压力和设计温度。一般情况下取压力容器的最高工作压力作为设计压力。在容器带有安全泄压装置的场合，设计压力往往略高于最高工作压力，以避免安全泄放装置做不必要的泄放。在使用安全阀的场合取最高工作压力的1.05~1.15倍作为设计压力，在使用防爆片的场合取最高工作压力的1.25~1.5倍作为设计压力。当容器内的介质为液体时，如果液体的静压力超过最高工作压力的5%，则设计压力为最高工作压力与液体静压力之和。对于盛装液化气体的压力容器选取与最高工作温度相应的饱和蒸气压力为设计压力。

设计温度是指容器在正常工作过程中，在相应的设计压力下，壳体或金属元件可能达到的最高温度或最低温度。当设计温度不超过20℃时，属于低温容器；当设计温度高于45℃时，属于高温容器。

(2) 最小板材厚度。设计规范规定，大直径压力容器的板材厚度不应小于$(D-2.54)/1000$，起重D为筒体的最小直径（单位为m）。焊接结构的最小板材厚度许多组织规定为5mm或6mm。

(3) 外压或真空。许多过程容器是在外压或真空下，或偶尔在这些条件下操作。设计规范规定压力容器偶尔承受0.1MPa及其以下的外压，可以考虑不按外压进行设计。

(4) 材料选择。材料在设计压力和温度下的允许应力并不需要过量的壁厚。有些材料，如铜、铝以及其合金和铸铁都有具体的温度限制。

(5) 非压力负荷。容器及其支架设计必须与以下各项负荷匹配：容器及其内容物的重量；料盘、隔板、蛇管等内件的重量；装置、搅拌器、交换器、转筒等外件的重量；建筑物、扶梯、平台、配管等外部设施重量；固定负载和移动负载的重量；隔离板和防火墙的重量；风力和地震负荷。除此之外，还需考虑支撑耳柄、环形加强肋以及热梯度的作用，这些负荷都可以引起过量的局部应力。

(6) 支架。立式容器一般用立柱和耳柄支撑，此类大型容器必须详细考虑支撑物对壳体的作用。折边和壳体外径应该相同，折边和风头转向节应为平焊连接，但这种方法只适用于椭球形或球形封头；对于凸面或碟形封头，折边应该和底封头凸缘外径吻合，角焊连接。大型卧式容器常用三个或更多的鞍形托架支撑。对于铆接结构，每个铆接环缝与一个鞍形托架邻接，防止铆接缝的泄漏。对于小型容器，不管是卧式还是立式，由于支撑附件造成的二次应力、扭矩和剪切力，其支架的设计可能会比大型容器复杂得多。

(7) 封头。压力容器封头有半球形、椭球形、锥形、准球形、平板形等几种类型。在材料、直径和压力负荷都相同的条件下，前四种类型封头的壁厚按序增加，而平板形封头的壁厚还没有简单的计算关系。半球形封头适用于直径较小、压力较低的无毒、非易燃介质的容器。椭球形封头的大小由其内径而不是其外径来决定，相对于准球形封头，长短轴之比为2的椭球形封头应力分布要好，制造也要经济一些。锥形封头造价费用高，常用于蒸煮或提炼容器，有时也用于排出固体或浓稠物料。平板焊接封头除小型低压容器密封外，一般压力容器不宜采用。

4.6.2.3 安全装置

压力容器为了能安全运行，通常设计有附属机构。这些附属机构按适用性能和用途可以分为四类。

（1）联锁装置：为了防止误操作及在紧急状态下能自动停车而设置的控制机构，如联锁开关、联动阀等。

（2）警报装置：指容器在运行过程中出现不正常、不安全因素，使容器处于危险状态时能自动发出声响或其他报警信号的仪器，如温度、压力、液位检测报警器等。

（3）安全计量装置：指能自动显示容器中与安全有关的工艺参数的器具，如压力表、温度计等。

（4）泄压装置：指容器超压时能自动泄放压力的装置。泄压装置是防止压力容器超压的一种装置，该装置当容器在正常工作压力下运行时，保证严密不泄漏，若容器内压力超过规定值，则可以自动且迅速地泄放出容器内介质，防止容器因超压发生事故。泄压装置按工作原理和结构形式可分为阀型、断裂型、熔化型和组合型几种。

1）阀型泄压装置，即常用的安全阀。它通过阀的自动开启排出部分气体来降低其过高的压力。其优点是仅排放压力容器内高于规定值的部分压力，当容器内压力降到正常工作压力时自动关闭，可避免容器一旦超压就得把全部气体排出而造成生产中断及气体浪费；缺点是密封性能较差，即使是合乎规定的安全阀，在正常的工作压力下也难免有轻微的泄漏，并且由于弹簧等惯性作用阀的开启有滞后现象因而泄压较慢。安全阀适用于比较洁净的气体介质如空气、水蒸气等，不宜用于有剧毒性的介质，更不能用于可能产生剧烈化学反应而使容器压力急剧升高的介质。

2）断裂型泄压装置。常用的断裂型泄压装置有爆破片型和爆破帽型。前者用于中低压容器，后者用于超高压容器。断裂型泄压装置特点是密封性能好、泄压反应较快，以及气体内所含的污物对它的影响较小等；其缺点是在泄压动作完成后，爆破原体不能继续使用，容器一旦超压就得被迫停止运行，且爆破元件长期处于高应力状态容易过早因疲劳失效，因而需定期更换，此外爆破元件动作压力也不易准确确定和控制。断裂型泄压装置宜用于容器内可能发生使压力急剧升高的化学反应或介质具有剧毒性的容器，不宜用于液化气贮罐及压力波动较大的容器。

3）熔化型泄压装置，即易熔塞。它是利用装置内的低熔点合金在较高温度下融化，打开通道，使器内气体泄放出以降低压力。优点是结构简单、更换容易动、作压力控制较准确。

4）组合型泄压装置。组合型泄压装置由两种型式的泄压装置组合而成，常用的是安全阀和爆破片或易熔塞的组合结构。组合型泄压装置同时具有阀型和断裂型的优点。组合装置的爆破片可装置在安全阀的入口或出口侧。组合式安全泄压装置一般用于介质为具有腐蚀性的液化气体或剧毒、稀有气体的容器。因为装置的安全阀有滞后作用，所以不能用于器内升压速度极快的反应容器。

4.6.2.4 压力容器生产管理

《压力容器安全技术监察规程》根据压力容器工作压力的高低、介质的危害程度以及使用中的重要性，将压力容器分为三类进行管理，其中第三类容器最为重要。这种分类管理主要体现在压力容器的设计和制造资格的审批以及在选材、设计、制造、检验、使用、管理和安全附件等方面均有着不同的要求和明确规定，必须严格遵照执行。

根据《锅炉压力容器安全监察暂行条例》规定，压力容器的设计单位，须经主管部门的批准，并报同级锅炉压力容器安全监察机构备案。三类容器的设计，须报上级锅炉压力容器监察部门备案。压力容器的设计单位应对所设计的容器的安全性能负责，设计应由设计单位的技术负责人批准。

压力容器设计单位必须具有与设计的压力容器类别、品种相适应的技术力量和设计手段，具有健全的设计管理制度和技术责任制度；必须具有经省级以上主管部门批准，同级劳动部门备案的《设计单位批准书》。

压力容器的制造部门必须具备与所制造的压力容器类别、品种相适应的技术力量、工装设备和检测手段。焊接工人必须具有当地锅炉压力容器安全监察机构颁发的合格证书。压力容器制造部门应具有健全的质量保证体系和管理制度，能严格执行有关规程、规定、标准和技术要求，保证产品制造质量，并持有经省级以上锅炉压力容器安全监察机构签署的《压力容器制造许可》。

压力容器在制造过程中，必须严格执行设计过程和制造过程的质量管理。

设计资料应包括设计图样和设计、安装说明书；对中压以上的反应容器和贮存容器，设计单位应向用户提供强度计算书。

设计总图上应注明下列内容：压力容器的名称、类别；主要受压元件材料牌号，必要时注明材料热处理状态；设计温度、设计压力、最高工作压力、最大允许工作压力、介质名称、容积、压力容器净重、焊缝系数、腐蚀程度、热处理要求、压力试验要求、检验要求以及对包装、运输、安装的要求等。

制造资料应包括竣工图样、产品质量证书、压力容器产品安全质量监督检验证书。

4.6.3 压力容器的使用

4.6.3.1 使用管理

(1) 建立压力容器的技术档案。压力容器技术档案是压力容器从设计、制造、使用、检修全过程的记录，是压力容器管理部门和操作人员全面掌握压力容器技术状况、正确合理地使用压力容器的主要依据，也是研究压力容器失效规律的重要资料。因此，建立压力容器技术档案是安全技术管理的一个重要基础工作。压力容器应逐台建立技术档案，包括容器的原始技术资料、容器使用情况记录资料和容器安全附件技术资料等。

(2) 压力容器使用登记。压力容器的使用单位，在压力容器投入使用前应向市、地锅炉压力容器监察机构申报和办理使用登记手续，取得使用证书后，才能将容器投入运行。

(3) 压力容器使用管理。为了使压力容器管理制度化、规范化，有效地防止和减少事故的发生，国务院颁布了《锅炉压力容器安全监察暂行条例》，原劳动部颁发了《压力容器安全技术监察规程》《使用压力容器检验规程》等一系列法规，对压力容器安全使用管理提出了明确内容和严格要求，其中主要工作有如下几项：

1) 容器管理责任制。容器使用单位除由主要技术负责人（厂长或总工程师）对容器的安全技术管理负责外，还应设置专门机构或指定专职人员负责压力容器安全技术管理工作。专职人员负责贯彻压力容器有关法规，制定本单位安全管理规章制度及安全操作规程，办理使用登记手续，建立并管理压力容器技术档案，编制年度定期检验计划并负责实施，定期向有关部门报送定期检验计划和执行情况，负责压力容器运行、维修和安全附件校验情况的检查，做好压力容器的检验、修理、改造、报废等的技术审查工作，负责组织压力容器检验、焊接、操作人员技术培训和考核。

2）容器操作责任制。每台压力容器都应有专职操作人员。专职操作人员应具有压力容器安全运行所必需的知识和技能，并经考试合格。操作人员应按安全操作规程规定，正确操作使用压力容器，填写操作记录、生产工艺记录或运行记录，做好维护、检查和保养工作；对运行情况进行检查，发现异常时及时调整，遇到紧急情况应按规定采取紧急处理措施并及时向上级报告。

3）容器管理规章制度。一般包括压力容器使用登记制度、压力容器定期检验制度以及压力容器修理、改造、检验、报废的技术审查和报批制度；压力容器安装、改装、特装的竣工验收制度和停用保养制度；安全附件校验、修理制度；容器的统计上报和技术档案管理制度；容器操作、检验、焊接及管理人员的技术培训和考核制度；容器使用过程中出现紧急情况的处理规定，压力容器事故报告制度。

4.6.3.2 安全操作规程

压力容器安全操作规程是对容器操作人员提出的具体要求，以保证容器的安全运行。

(1) 安全操作的基本要求是平稳操作、防止超载。对运行中工艺参数的控制，包括最高工作压力、最高最低工作温度、压力及温度波动幅值的控制；对介质腐蚀性的控制，即通过严格控制介质的成分、流速、温度、水分及 pH 值等工艺指标来降低腐蚀速度；控制交变载荷，减低压力容器在反复变化的载荷作用下的疲劳破坏。

(2) 压力容器运行期间的检查。容器运行期间内的检查应包括工艺条件、设备状况、安全装置的检查，即检查操作压力、温度、液位是否在安全规程规定范围之内，工作介质成分是否符合要求；容器有无渗漏、变形、腐蚀，连接部分有无松动；安全装置是否保持完好状态，其精度是否符合要求。

(3) 压力容器的紧急停止运行。压力容器在运行中出现下列情况之一时，应立即停止运行。容器工作压力、工作壁温、有害物质浓度超过操作规程规定的允许值，经采取紧急措施仍不能下降时；容器的承压部件出现裂纹、鼓包变形、焊缝或可拆连接处泄漏等危及容器安全的迹象时；安全装置全部失效，连接管件断裂，紧固件损坏等，难以保证安全操作时；操作岗位发生火灾，威胁到容器的安全操作；高压容器的信号孔或警报孔泄漏时。

4.6.3.3 气瓶与槽车

气瓶与槽车是移动的压力容器，对其有特殊要求，除了遵守《锅炉压力容器安全监察暂行条例》外，还应分别遵循《气瓶安全监察规程》《溶解乙炔气瓶安全监察规程》《液化石油气槽车安全管理规定》。凡制造、充装、检验各种气瓶、槽车均需经过劳动部门审批同意，具备资格。我国规定临界温度 $t \leqslant 10℃$ 的气体为压缩气体，$70℃ > t > 10℃$ 的气体为高压液化气体，$t > 70℃$ 且在 60℃ 时饱和蒸气压 $p > 0.1$MPa 的气体列为低压液化气体。为了有助于判别气瓶中充装气体的种类、压力范围，避免在充装、运输、贮运、使用和定期检验时混淆不清造成事故，各种气瓶都按规定漆色，参见《气瓶颜色标志》（GB/T 7144—2016）。

为防止气瓶发生爆炸事故，对气瓶的充装、运输、贮运、使用、检验均有严格规定。这些规定的要点是，严格防止充装过量，防止受高温作用使瓶内介质受热，严格控制各种致燃因素，尽量减少发生事故时的受害人数和范围，对气瓶进行定期检验及对有疑问气瓶进行实时检验等。

4.6.3.4 压力容器的检验

压力容器的检验包括产品检验、运行前的投产检验、运行时的定期检验或临时检验。压力容器定期检验分为年度检查和全面检验。

产品检验和投产检验主要为了检查验证压力容器的结构设计、形式是否合理，制造、安装的质量是否可靠。定期检验和临时检验是因为在使用过程中由于长期承受压力和其他载荷，有时还要受到腐蚀性介质腐蚀，或在高温、深冷的工艺下运行，容器部件难免会产生各种各样的缺陷。为了及早发现这些缺陷，消除隐患或采取适当措施进行监护，进行压力容器定期检验是一项行之有效的措施。压力容器定期检验的周期根据容器技术状况、使用条件和有关规定执行。

A 压力容器检验检修准备工作

(1) 影响全面检验的附属部件或其他物件，应当按检验要求进行清理或者拆除。

(2) 为检验而搭设的脚手架、轻便梯等设施必须安全牢固。

(3) 需要进行检验的表面，特别是腐蚀部位和可能产生裂纹性缺陷的部位，必须彻底清理干净，母材表面应当露出金属本体，进行磁粉、渗透检测的表面应当露出金属光泽。

(4) 被检容器内部介质必须排放、清理干净，用盲板在被检容器的第一道法兰处隔断所有液体、气体或者蒸汽的来源，同时设置明显的隔离标志，禁止用关闭阀门代替盲板隔断。

(5) 盛装易燃、助燃、毒性或者窒息性介质的，使用单位必须进行置换、中和、消毒、清洗和取样分析，分析结果必须达到有关规范、标准的规定，取样分析的间隔时间，应当在使用单位的有关制度中做出规定，盛装易燃介质的，严禁用空气置换。

(6) 人孔和检查孔打开后，必须清除所有可能滞留的易燃、有毒、有害气体。压力容器内部空间的气体含氧量应为18%~23%（体积分数），必要时还应当配备通风、安全救护等设施。

(7) 高温或者低温条件下运行的压力容器，按照操作规程的要求缓慢地降温或者升温，使之达到可以进行检验工作的程度，防止造成伤害。

(8) 能够转动或者其中有可动部件的压力容器，应当锁住开关，固定牢靠。移动式压力容器检验时，应当采取措施防止移动。

(9) 切断与压力容器有关的电源，设置明显的安全标志，检验照明用电不超过24V，引入容器内的电缆应当绝缘良好、接地可靠。

(10) 如果现场需射线检测，应当隔离出透照区，设置警示标志。

B 压力容器检验检修安全注意事项

(1) 注意通风和监护，进入压力容器进行检验时，容器外必须有人监护，并且有可靠的联络措施。

(2) 注意用电安全，在容器内检验用电灯照明时，照明电压不应超过24V，检验仪器和修理工具的电源电压超过36V时，必须采用绝缘良好的软线和可靠的接地线，容器内禁止采用明火照明。

(3) 禁止带压拆装连接部件，检验压力容器时，如需要卸下或上紧承压部件的紧固件，必须在压力全部泄放以后进行，不能在容器内有压力的情况下卸下或上紧螺栓或其他紧固件，以防发生意外事故。

（4）检验时，使用单位压力容器管理员和相关人员到场配合，协助检验工作，负责安全监护。

C 压力容器检验分类

压力容器检验通常分为外部检查、内外部检查、耐压试验和气密性试验等。

（1）外部检查包括压力容器本体、接口部位、焊接接头等的裂纹、过热、变形、泄漏状况，外表面腐蚀状况，保温完好状况，检漏孔、信号孔状况，安全附件状况，支座、基础的完好状况，排放装置的状况等的检查。外部检查以直观检查为主，直观检查采用目视检查、灯光检查、锤击检查。

（2）内外部检查主要包括结构检查、几何尺寸检查、表面缺陷情况检查（焊缝上的表面缺陷检查和器材上的表面缺陷）、壁厚测定、材质检查（验证材料的种类和牌号，材料在使用过程中的老化程度）、焊缝埋藏缺陷检查、安全附件检查、紧固件检查。内外部检查应以直观检查、量具测定为主，必要时可采用表面探伤、射线探伤、超声波探伤、硬度测定、金相检验、应力测定、耐压试验等方法。

（3）耐压试验。压力容器耐压试验分为水压试验和气压试验。它是一种综合性检验，不仅是产品验收时必须进行的项目，也是定期检验的重要检验项目。耐压试验是检验容器受压部件的强度，验证其是否具有在设计压力下安全运行所需的承压能力，同时可检查容器各连接处有无渗漏。

耐压试验原则上以水压试验为主，这是因为耐压试验主要是为了检验压力容器的强度。试验时的压力要比容器的最高工作压力高，因而在耐压试验时发生破裂的事件很多。为了减轻容器在耐压试验时破裂所造成的危害，应选用破裂时爆炸能量低的物质作为试验介质。由于水的爆炸能量远小于气体的爆炸能量，因此通常采用水作为耐压试验的介质。

进行水压试验时，为防止压力容器因温度过低而发生低应力脆性破坏，试验时必须保证容器的壁温高于容器材料的无塑性转变温度。试验压力应保证壳体总体薄膜应力值不超过试验温度下材料屈服极限的90%，以免发生整体屈服。

试验时由容器下部一接管口往容器中注水，并在容器顶部设排气口，使器内空气排出。在容器被水充满，气体已全部排净，且容器壁温与水温相同后，才能缓慢升压。先将压力升至最高工作压力，确认无泄漏后继续升压到规定的试验压力，保压10~30min；然后降到最高工作压力，保压进行检查，保压时间不少于30min。重点检查容器是否有整体或局部变形，各连接处有无泄漏。水压试验完毕后，将容器卸压至零，打开排气阀和排水阀，将容器内水排净，并自然通风使内壁晾干或人工烘干。经水压试验后，容器本体和各焊缝、连接部位无渗漏，无可见的异常变形，试验过程无异常响声即为合格。

（4）气密性试验。气密性试验的目的是检验压力容器的严密性。对介质毒性为高度危害以上或设计上不允许有微量泄漏的压力容器，除进行水压试验以外，还应在整体全部装配结束后进行气密性试验。气密性试验压力通常为容器的设计压力，试验时气体的温度不应低于5℃。试验时应缓慢通气，当压力达到试验压力的10%时，停气保压，对连接密封部位及焊缝等进行检查。若无泄漏或异常再继续升压，升压按每级为试验压力的10%~20%逐级升高，每级之间适当保压，以观察有无异常。压力达到试验压力后，应保压10~

30min，检查各连接部位及焊缝有无泄漏，确认无泄漏即为合格。

（5）无损探伤。无损探伤是不破坏、损伤构件而对构件进行质量检验的方法。压力容器检验中常用的方法有射线照相、超声波探伤、磁粉探伤、渗透探伤等。射线照相探伤是利用某种射线（X 射线、γ 射线等）在物质中的衰减规律和对某些产生光化及萤光作用进行探伤的。超声波探伤是利用进入被检查材料中的高频声波遇到界面会发生反射的原理进行检测的一种方法，通过探测和分析反射声波，可确定缺陷的位置、种类和尺寸。磁粉探伤是利用强磁场中铁磁性材料表层缺陷产生的漏磁场吸附磁粉的现象而进行的无损探伤方法。渗透探伤包括着色探伤和荧光探伤两种，可以检查材料表面缺陷。着色探伤是将强渗透性的有色液体渗入工件表面缺陷中，除去表面油液，涂上显像剂即可看到彩色的缺陷图像。着色剂由色料和矿物油配成。显像剂的主要成分是氧化锌、氧化镁、高岭土和火棉胶液。

4.7 火灾事故及其预防

4.7.1 燃烧与火灾

燃烧是可燃物质与助燃物质（氧或其他助燃物质）之间发生的一种发光发热的氧化反应。失去电子的物质被氧化，获得电子的物质被还原，因此氧化反应并不限于氧的反应。如金属钠在氯气中燃烧是激烈的氧化反应，并且伴有光和热的发生。金属和酸反应生成盐也是氧化反应，但没有同时发光发热，因此不能称为燃烧。只有同时发光发热的氧化反应才能被界定为燃烧。

火灾是指在时间和空间上失去控制的燃烧所造成的灾害，通常下列情况也计入火灾统计范围：

（1）民用爆炸物品引起的火灾；

（2）易燃或可燃液体、可燃气体、蒸汽、粉尘以及其他化学易燃易爆物品的燃烧和爆炸引起的火灾；

（3）破坏性试验中引起非实验体燃烧的事故；

（4）机电设备因内部故障导致外部明火燃烧需要组织扑灭的火灾；

（5）车、船、飞机及其他交通工具发生的燃烧事故。

4.7.1.1 燃烧三要素

燃烧和火灾发生的必要条件是必须同时具备可燃物（一切可氧化的物质）、助燃物（氧化剂）、引火源（能够提供一定的温度或热量），即火的三要素。缺少三个要素中的任何一个，燃烧便不会发生。对于正在进行的燃烧，只要充分控制三个要素中的任何一个，使燃烧三要素不能满足，燃烧就会终止。

（1）可燃物。防火的一个重要内容是考虑燃料本身，燃料按其状态可以分为气态、液态和固态三类；按其组成不同可分为无机可燃物质和有机可燃物质两类。根据燃烧的难易程度，物质分为可燃物质、难燃物质和不燃物质三类。可燃物质是在火源作用下能被点燃，且当火源移去后能持续燃烧直至燃尽的物质；难燃物质是在火源作用下能被点燃并阴燃，当火源移去后不能持续燃烧的物质；不燃物质在正常情况下不会被点燃。处于蒸汽或其他微小分散状态的燃料和氧之间极易引发燃烧；固体研磨成粉状或加热蒸发极易起火。

（2）助燃物。凡是具有较强氧化性能，能与可燃物质发生化学反应并引起燃烧的物质称为助燃物或氧化剂。常见的助燃物质有氧气、空气、过氧化钠等。

（3）引火源。凡是能引起可燃物质燃烧的热能都称为引火源。常见的引火源有火焰、电火花、电弧和炽热物质等。

燃烧反应在温度、压力、组成和点火能等方面都存在极限值。只有可燃物质和助燃物质达到一定浓度，火源具备足够的温度或热量，才会引发燃烧。如果可燃物质和助燃物质在某个浓度值以下，或者火源不能够提供足够的温度或热量，即使表面上看似乎具备了燃烧的三个要素，燃烧也不会发生。总之，可燃物质的浓度在其上下极限浓度以外，燃烧便不会发生。由此可见，具备一定数量、浓度的可燃物、助燃物，同时还具备一定强度的引发能源以及不受抑制的连锁反应是引起燃烧的充要条件。

4.7.1.2 燃烧的过程

燃烧是复杂的物理化学过程，多数可燃物质的氧化不是直接进行的，而是一系列复杂的中间阶段。可燃物质的燃烧一般不是物质本身燃烧，而是物质受热分解出的气体或液体蒸汽在空气中的燃烧。可燃物质的聚集状态不同，其受热所发生的燃烧过程也不同。气体最容易燃烧，燃烧所需要的热量用于本身的氧化分解，使其达到着火点，在极短时间内就能全部烧尽。液体在火源作用下，先蒸发成蒸汽，然后氧化分解进行燃烧。与气体燃烧相比，液体燃烧需要多消耗液体变为蒸汽的蒸发热。固体燃烧有两种情况：对于硫、磷等简单物质，受热时首先熔化，然后蒸发为蒸汽进行燃烧，无分解过程；对于复合物质，受热时首先分解成小组成部分，生成气态和液态产物，然后气态产物和液态产物蒸汽着火燃烧。任何物质燃烧都要经历氧化分解、着火、燃烧等阶段。根据可燃物质的聚集状态不同，燃烧可以分为扩散燃烧、蒸发燃烧、分解燃烧和混合燃烧四种形式。

4.7.1.3 火灾的基本概念

（1）闪燃。闪燃是可燃物表面或可燃液体上方在很短时间内重复出现火焰一闪即灭的现象。闪燃往往是持续燃烧的先兆。

（2）阴燃。阴燃是没有火焰和可见光的燃烧。

（3）爆燃。爆燃是伴随爆炸的燃烧波，以亚音速传播的燃烧。

（4）自燃。自燃是可燃物在空气中没有外来火源的作用下，靠自热或外热而发生燃烧的现象。根据热源的不同，自燃分为自热自燃和受热自燃两种。

（5）闪点。在规定条件下，材料或制品加热到释放出的气体瞬间着火并出现火焰的最低温度称为闪点。

（6）燃点。在规定的条件下，可燃物质产生自燃的最低温度称为燃点。

（7）自燃点。在规定条件下，不用任何辅助引燃能源而达到引燃的最低温度称为自燃点。一般情况下，密度越大，闪点越高而自燃点越低。如汽油、煤油、轻柴油、重柴油、蜡油和渣油，密度依次增大，而闪点依次升高，自燃点则依次降低。可燃性固体粉碎得越细、粒度越小，自燃点就越低；固体受热分解，产生的气体量越大，自燃点越低。

（8）引燃能。引燃能是指释放能够触发初始燃烧化学反应的能量，也称最小点火能。其影响因素包括温度、释放的能量、热量和加热时间。

（9）着火延滞期（诱导期）。对着火延滞期时间一般有下列两种描述：着火延滞期时间指可燃性物质和助燃气体的混合物在高温下从开始暴露到起火的时间；混合气着火前自动加热的时间称为诱导期，在燃烧过程中又称为着火延滞期或着火落后期。

燃点高于闪点，液体闪点和燃点的高低决定了其危险性的大小，可燃液体的闪点和燃点越低，两者差值越小，则液体越危险。闪燃的最低温度称为闪点，可燃液体的温度高于其闪点时，随时都有被火点燃的危险。

4.7.1.4 火灾的分类

按物质的燃烧特性，《火灾分类》（GB/T 4968—2008）将火灾分为6类。A类火灾：指固体物质火灾，这种物质通常为有机物质，一般在燃烧时能产生灼热灰烬，如木材、棉、毛、麻、纸张火灾等；B类火灾：指液体火灾和可熔化的固体物质火灾，如汽油、煤油、柴油、乙醇、沥青火灾等；C类火灾：指气体火灾，如煤气、天然气、甲烷、乙烷火灾等；D类火灾：指金属火灾，如钾、钠、镁、铝火灾等；E类火灾：指带电火灾，是物体带电燃烧的火灾，如发电机、电缆、家用电器等；F类火灾：指烹饪器具内烹饪火灾，如动植物油脂等。

《生产安全事故报告和调查处理条例》将火灾事故按其造成后果严重程度分为特别重大、重大、较大和一般火灾4个等级。特别重大火灾是指造成30人及以上死亡，或者100人及以上重伤，或者1亿元及以上直接财产损失的火灾；重大火灾是指造成10人及以上30人以下死亡，或者50人及以上100人以下重伤，或者5000万元及以上1亿元以下直接财产损失的火灾；较大火灾是指造成3人及以上10人以下死亡，或者10人及以上50人以下重伤，或者1000万元及以上5000万元以下直接财产损失的火灾；一般火灾是指造成3人以下死亡，或者10人以下重伤，或者1000万元以下直接财产损失的火灾。

4.7.1.5 火灾的发展规律

根据火灾时建筑物室内温度随时间的变化，火灾事故发展分为初起期、成长期、最盛期和衰减期，如图4-3所示。

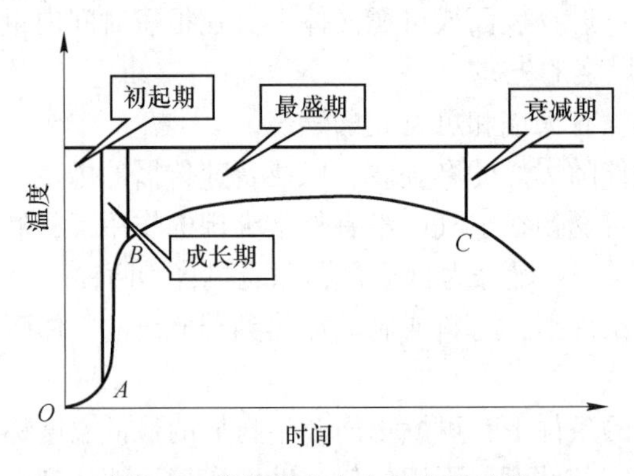

图4-3 建筑物室内火灾发展过程

（1）初起期。火灾发生初期，燃烧发生在局部，其面积小且室温不高，分解及蒸发的气体较少，气流速度缓慢。初起期持续时间的长短，取决于着火源的类型、已燃物质的燃烧性能及其布置方式、室内的通风条件等。若能在该阶段发现火情，灭火工作较易。

（2）成长期。该阶段燃烧面积快速扩大，室内温度不断升高，热对流和热辐射显著增强。室内可燃物燃烧所产生的燃烧热，因传导、对流和辐射的作用，使未燃部分热分解，但因氧气供应不足不能燃烧，若门窗玻璃破碎，新鲜空气与之快速混合，并突然发火，该现象称为爆燃。爆燃发生时，室温急剧上升，大量烟火冲出室外，外部新鲜空气随热对流进入室内，火势猛增，即进入最盛期。爆燃后，火势难以控制，室内人员无法生存，因此延迟爆燃时间对安全疏散、扑救工作极为重要。爆燃时间及激烈程度主要和建筑物的构造、房间开口条件、内部装修材料的燃烧特性、可燃物数量等有关。若室内用非燃材料装修，可燃物数量又很少时，不会出现燃烧，反之，当可燃物和内部装修使用易燃材料多，天棚保温性能好，房间门窗严密则爆燃发生得迅速且猛烈。

（3）最盛期。该阶段火焰呈漩涡状，温度缓慢上升，室内上下几乎没有温差，房间接近于等温状态，其中可燃物处于全面猛烈的燃烧状态，室温可达 800~1000℃，建筑物的结构强度遭到破坏，甚至产生变形和塌落。最盛期的长短及最高温度依赖于房间内可燃物的数量（火灾荷载）、房间开口的大小及围护结构的热工性质等。当 80%的可燃物被烧掉后，火势进入衰减期。

（4）衰减期。该阶段室温逐渐降低，每分钟下降 7~10℃，但在较长时间内室温还会保持在 200~300℃。当可燃物基本烧完后，火势趋于熄灭。在火灾的发展过程中，一旦产生明显的爆燃，不仅着火区域的人员不能生存，甚至附近或同层的人员也因烟火的快速蔓延而遇难。一般认为，在 7~8min 内把火区人员疏散完毕是比较安全的。

4.7.1.6 火灾的危害

火灾的危害主要是火灾热辐射以及烟气窒息毒害产生的。

（1）火灾热辐射。火灾时产生的热能以热射线的方式传播，而热射线在均匀介质中是以电磁波的形式向四周传播的。辐射热量的物体，其单位表面上发射出的热量与媒介质的状态无关，而与物体的绝对温度和面积成正比，即燃烧物体的温度越高、面积越大，辐射强度及辐射热越大。接受辐射热的物体，其受热量和两者间距离的 2 次方成反比，即距离越近，受热量越多，距离越远，受热越少。

（2）火灾烟气。火灾时物质燃烧所生成的气体、水蒸气及固体微粒等混合物统称为烟气。火灾发生的各阶段，由于燃烧条件不同，生成的烟气成分各异。在火灾初起期，某些材料开始受热析出水蒸气，故此时多呈灰白色烟气，随着材料中水分的减少和碳粒析出的增多，烟逐渐变为灰黑色。在火灾的成长期中，燃烧面逐渐扩大而室温也不断升高，烟气的产生依赖于空气的供给状况。如果氧气供应受到限制，不完全燃烧产物增多，形成较多的浓黑毒烟；反之，如门窗烧损而空气流通，烟气便相应减小。火灾衰减期时，可燃物已大部分烧掉，烟也随之减少。烟气的成分取决于可燃物的化学组成和燃烧条件。大部分可燃物都属于有机化合物，主要由碳、氢、氧、硫、磷、氮等组成，燃烧时可生成二氧化碳、一氧化碳、水蒸气、二氧化硫和五氧化二磷等产物，氮在燃烧过程中则呈游离态析出，氧在燃烧过程中消耗掉了。除一氧化碳外，其余气体都不能再燃烧，称完全燃烧的产物。可燃物不完全燃烧时，不仅会生成上述完全燃烧产物，而且还会生成一氧化碳、醇类、酮类、醛类以及其他一些复杂的有机化合物，这些物质常常具有毒性。对含碳量多的物质，在氧气不足的条件下燃烧时，产生大量的碳粒子，表现为黑烟。

塑料越来越多使用在家具和日用品方面，还常用作建筑的装修及管道、电缆的隔热材料和缠料等，一旦发生火灾，不仅能加速火势的扩大，而且还会产生大量的有毒浓烟，其危害远远超过一般的可燃材料，设计时应特别注意。火灾时烟气的危害包括对人体本身的危害、在疏散及扑救过程中遮挡人的视线、浓烟造成的恐慌心理等。其中，对人身的危害可归结为以下几点：

1）一氧化碳中毒。一氧化碳吸入人体后，会和血液中的血红蛋白结合，从而使血红蛋白失去携带氧的功能，致使身体缺氧失去知觉乃至死亡。

2）其他有毒气体中毒。建筑中可燃材料在燃烧时可产生大量有毒有害的气体，如甲醛、乙醛、氢氯化物、氢化氰等毒气，对人体极为有害。当烟中含有 5.5×10^{-6} 的丙烯醛时，会对上呼吸道产生刺激症状；超过 10×10^{-6} 时，就能引起肺部的变化，数分钟内即致死亡。随着某些新型建筑材料及塑料的使用，烟气的毒性越来越大。

3）缺氧。火灾过程中燃烧消耗的大量氧气，并且会产生大量的一氧化碳、二氧化碳及其他有毒气体，使空气中的含氧量大大降低，从而使人缺氧。当爆燃发生时，含氧量会降到5%以下，使人呼吸停止，数分钟后死亡。

4）高温。火焰本身或火焰产生的高温能使人被烧伤烧死，人体在火焰和高温灼烤下，心脏跳动加速，大量出汗，很快出现疲劳和脱水现象，当热的强度超过人体能承受的限度时就会使人死亡，或由于吸入大量的热气到肺部，使血压急剧下降，毛细管破坏，从而导致血液循环系统破坏，使人致死。

4.7.1.7 火灾的预防措施

根据物质燃烧的原理，防火的基本措施如下。

（1）控制可燃物。可燃物是燃烧过程的物质基础，在选材时，尽量用难燃或不燃的材料代替可燃材料，如用水泥代替木料建筑房屋；对于具有火灾、爆炸危险性的厂房，采用抽风或通风方法以降低可燃气体、蒸汽和粉尘在空气中的浓度；凡是能发生相互作用的物品，要分开存放等。

（2）隔绝助燃物。破坏燃烧的助燃条件，将易燃、易爆物品隔离存放，以及控制可燃物和氧化剂的接触，即使有着火源作用也因为没有助燃物参与而不致发生燃烧；如对有异常危险的生产，可充装惰性气体保护；隔绝空气储存某些危险化学品，如金属钠存于煤油中，磷存于水中，二硫化碳用水封闭存放等。

（3）清除火源。如采取隔离火源、控制温度、接地、避雷、安装防爆灯、遮挡阳光等措施，防止可燃物遇明火或温度升高而起火。

（4）阻止火势、爆炸波的蔓延。为阻止火势、爆炸波的蔓延，就要防止新的燃烧条件形成，从而防止火灾扩大，减少火灾损失。如在可燃气体管路上安装阻火器、安全水封；机车、轮船、汽车、推土机的排烟和排气系统戴防火帽；在压力容器设备上安装防爆膜、安全阀；在建筑物之间留防火间距、筑防火墙等。

（5）安装防火报警设备。安装防火报警设备是预防火灾的措施之一，通过及时发现火灾和采取相应的措施，可以减少火灾造成的损失。同时，禁止私自挪动消防器材也属于安装防火报警设备的措施之一。

（6）配备适用的消防器材。按照国家标准配备消防器材，经常检查器材的性能和完好程度；保持消防栓的完好状态，确保水源和水压；定期检查消防器材的灭火能力。

4.7.2 爆炸分类及其预防措施

爆炸指大量能量由于意外原因在瞬间迅速释放或者急剧转化为功及其他形式的能量，

如光、热等形态的现象，是物质发生急剧的物理、化学变化，在瞬间释放出大量能量并伴有巨大声响的过程。爆炸常伴随发热、发光、高压、真空、电离等现象，和火灾相比，爆炸发生的过程更短，一旦发生就没有时间采取措施进行控制，而且爆炸对人所造成的伤害和冲击波影响的范围更大，损失也更严重，因此对爆炸事故的早期预防尤为重要。

4.7.2.1 爆炸分类

按爆炸的过程，爆炸可分为核爆炸、物理爆炸和化学爆炸三类，后两者较常见。

物理爆炸是指物理状态发生急剧变化而引起的爆炸，如高压容器的破裂、减压时引起的槽罐破损及蒸气的爆炸等。物质的化学成分和化学性质在物理爆炸后均不发生变化。

化学爆炸是指物质发生急剧化学反应，产生高温高压而引起的爆炸，如爆燃、聚合、分解及反应迅猛等引起的爆炸。物质的化学成分和化学性质在化学爆炸后均发生了质的变化。化学爆炸通常会引发火灾。化学爆炸按照冲击波传播的速度，可分为轻爆、爆炸和爆轰。当传播速度为每秒数十厘米到数米时，称为轻爆；当传播速度为每秒数十米到数百米时，称为爆炸；当传播速度为每秒一千米到数千米时，称为爆轰。爆炸过程巨大能量的瞬间释放通常引发空气的强烈震动，即爆炸冲击波，它所具有的强大压力会使附近的建筑物和人员遭受严重的破坏及伤害，导致生产活动停止。

4.7.2.2 常见的爆炸类型及其预防措施

A 气体爆炸

气体爆炸按照其爆炸机理可以分为分解爆炸性气体爆炸和燃炸性混合气体爆炸。分解爆炸是指即使在没有氧气的条件下，其也可由于自身的分解而放出热量产生的爆炸。常见可产生分解爆炸的气体有乙炔、乙烯、环氧乙烷等，其分解时的能量密度比该气体燃烧时的能量密度大，因此发生分解时更危险，易爆炸。分解爆炸的敏感性主要与压力有关，所需的初始能量随压力升高而降低。可燃性混合气体爆炸通常指可燃或可爆性气体与助燃气体已预先混合为一定浓度，遇火源而发生的爆炸。当预混合气体在大气中遇火源时，自由膨胀，不产生压力及爆炸声响时表现为速度较慢的预混合燃烧，当燃烧速度很快时会变为爆燃甚至爆轰，形成强大的冲击波，给环境造成巨大的破坏。值得注意的是，可燃气体与空气混合物并不是在任何浓度下遇到火源都能爆炸，必须在一定的浓度范围内，遇火源才能发生爆炸，这个浓度范围称为爆炸极限。能够爆炸的最低浓度称为爆炸下限，能够爆炸的最高浓度称为爆炸上限。爆炸极限值不是一个物理常数，它随条件的变化而变化，如温度的影响、压力的影响、惰性介质的影响、爆炸容器对爆炸极限的影响以及点火源的影响。

气体爆炸的预防措施主要有：严格控制火源；防止预混合可燃气的产生；用惰性气体预防气体爆炸；切断爆炸传播的途径。

B 粉尘爆炸

可燃性粉尘是指能够在空气中燃烧或无焰燃烧，并在常温常压下能够与空气形成爆炸性混合物的粉尘。粉尘爆炸是悬浮在空气中的可燃性固体微粒接触到火焰（明火）或电火花等点火源时发生的爆炸现象。具有粉尘爆炸危险的物质较多，常见的有金属粉尘（如铝粉、镁粉等）、粮食（如小麦面粉、淀粉）、煤粉、饲料（如血粉、鱼粉）、林产品（如纸粉、木粉等）、农副产品（如棉花、烟草）、合成材料（如塑料、燃料）等。某些厂矿生产过程中产生的粉尘，特别是一些有机物加工中产生的粉尘，在某些特定条件下会发生爆炸燃烧事故。

可燃性粉尘悬浮于受限空间的空气中并形成粉尘云时，若粉尘浓度满足爆炸极限且点火源的能量超过可燃性粉尘的最小点火能，就会发生粉尘爆炸。因此，可燃性粉尘的存在会形成潜在的爆炸环境，粉尘爆炸需要满足 5 个要素（见图 4-4）：

（1）粉尘本身具有可燃性或者爆炸性；

（2）粉尘必须悬浮在空气中并与空气或氧气混合达到爆炸极限；

（3）有足以引起粉尘爆炸的热能源，即引火源；

（4）粉尘具有一定扩散性；

（5）粉尘存在的空间必须是一个受限空间。

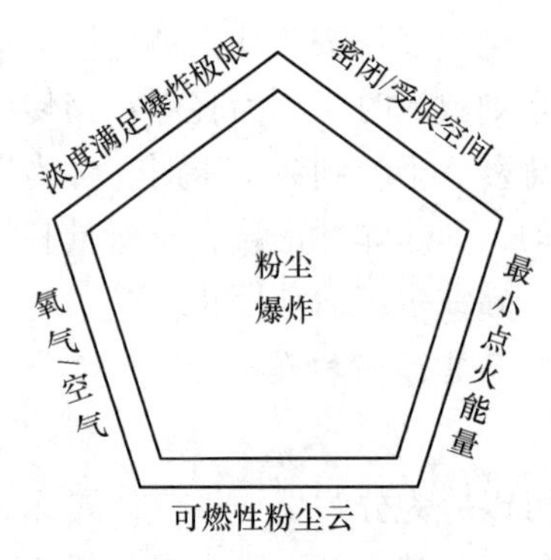

图 4-4　粉尘爆炸五要素

粉尘爆炸的过程如下：

（1）粉尘在空气中分布达到一定浓度，有外界能量供给粉尘粒子表面以热能使其温度上升；

（2）粒子表面的分子由于热分解或干馏的作用，变为气体分布在粒子周围；

（3）这种可燃性气体与空气混合而燃烧；

（4）粉尘燃烧放出的热量，以热传导和火焰辐射的方式传给附近悬浮的或被吹扬起来的粉尘，这些粉尘受热气化后使燃烧循环地进行下去。

随着每个循环的逐次进行，其反应速度逐渐加快，通过剧烈的燃烧，最后形成爆炸。这种爆炸反应以及爆炸火焰速度、爆炸波速度、爆炸压力等将持续加快和升高，并呈跳跃式发展。

粉尘爆炸的实质是气体爆炸，爆炸的激烈程度和着火的难易程度随着粉尘的物理性质、化学性质和环境条件存在着很大差别。一般认为燃烧热越大的物质越容易爆炸，如煤尘、碳、硫黄等。氧化速度快的物质容易爆炸，如镁粉、铝粉、氧化亚铁、燃料等。容易带电的粉尘也很容易引起爆炸，如合成树脂粉末、纤维类粉尘、淀粉等。这些导电不良的物质由于与机械或空气摩擦产生的静电积聚起来，当达到一定量时，就会放电产生电火花，构成爆炸的火源。粉尘爆炸的特点如下。

（1）粉尘爆炸具有极强的破坏性，粉尘爆炸涉及的范围很广，煤炭、化工、医药加工、木材加工、粮食和饲料加工等部门都时有发生，粉尘爆炸速度或爆炸压力上升速度比爆炸气体小。

（2）容易产生二次爆炸。第一次爆炸气浪把沉积在设备或地面上的粉尘吹扬起来，在爆炸后的短时间内爆炸中心区会形成负压，周围的新鲜空气便由外向内填补进来，形成所谓的“返回风”，与扬起的粉尘混合，在第一次爆炸的余火引燃下引起第二次爆炸。二次爆炸时，粉尘浓度一般比一次爆炸时高得多，故二次爆炸威力比第一次要大得多。

影响粉尘爆炸的主要因素如下。

（1）化学性质。粉尘化学结构及反应特性对爆炸有很大影响，发热量大，爆炸性也大。

（2）粒度及形状。粉尘爆炸的起始反应是在粒子表面进行的，粒子比表面积增大，热的生成速度大于其扩散速度使能量聚集起来；粒子的形状影响比表面积，粒子当量直径小，其表面积大，爆炸性也大。

（3）挥发分。粉尘的挥发分含量越多，产生碳氢化合物的速度越快，爆炸危险性越大。

（4）灰分。粉尘中不可燃烧的部分称为灰分，其含量越高，爆炸性越小。

（5）水分。粉尘中水分在挥发时变成水蒸气，可以抑制粉尘的浮游性，减弱和阻碍爆炸的性能，降低粉尘爆炸的危险性。

《粉尘防爆安全规程》（GB 15577—2022）中规定了工厂在设计、施工中都必须严格实施粉尘防爆标准。如果在生产装置本身、生产环境、消除静电、防二次爆炸等四个方面能做好工作就能杜绝悲剧发生。具体来说，企业首先应确定是否存在可燃性粉尘，其次找到可能存在爆炸性粉尘的环境，最后采取措施消除粉尘源。粉尘爆炸风险管控可以从粉尘爆炸五要素入手，消除其中任意一个要素即可避免粉尘爆炸事故的发生，若无法完全消除某一个要素，则需要尽可能降低粉尘爆炸带来的事故影响。粉尘涉爆风险管控的落实，需要相应的管理措施进行保障。粉尘涉爆风险管控过程如图 4-5 所示。

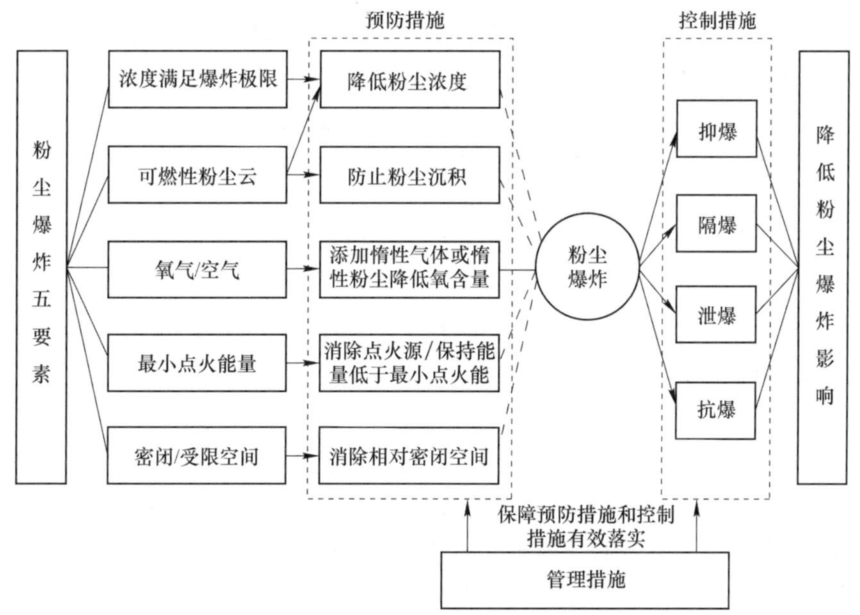

图 4-5 粉尘涉爆风险管控过程

控制粉尘爆炸的预防措施具体有以下几种。

（1）采用适用有效的除尘设施来控制厂房内的粉尘，如采用封闭设备、通风排尘、抽风排尘或润湿降尘等措施。应当注意的是，易燃粉尘不能用电除尘设备；金属粉尘不能用湿式除尘设备；所有产尘点均应装设吸尘罩；除尘设备的风机应装在清洁空气一侧；为防止粉尘飞扬，设备启动时应先开除尘设备，后开主机，停机时则正好相反。

（2）在厂房的设计上应采取防积尘措施，如粉尘车间各部位应平滑，梁、支架、墙及设备等应具有便于清扫的表面结构。此外，在车间内做好清洁工作，及时人工清扫，也是消除粉尘源的好方法。

（3）采取措施消除点火源。生产过程中应当采取措施防止明火、与粉尘直接接触的设备或装置（如光源、加热源等）可能存在的热表面、雷电或静电、摩擦撞击等因素引燃粉尘。

（4）采取措施降低助燃气体含量。通常采用的方法是在粉尘与助燃气体混合气中添加惰性气体（如氮气），减少氧含量，使可燃粉尘无法形成爆炸性混合物。

（5）消除相对封闭的空间。将有粉尘爆炸危险的工艺设备设置在建筑物外的露天场所，将厂房内有粉尘爆炸危险的工艺设备设在建筑物内较高的位置，并靠近外墙。

降低粉尘爆炸影响的防护措施通常有抑爆、隔爆、泄爆和抗爆四个方面。爆炸抑制系统是在爆燃现象发生的初期（初始爆炸）由传感器及时检测到，通过发射器快速在系统设备中喷射抑爆剂，从而避免危及设备乃至装置的二次爆炸。通常情况下，爆炸抑制系统与爆炸隔离系统一起组合使用。抑爆的一种措施是往粉体处理设备内部注入惰性气体，如N_2、CO_2等代替空气，从而降低氧气的含量，以达到抑制爆炸的目的；另一种措施是取消易燃易爆物料。但这两种措施都很难做到，所以一般采用最简单的措施，就是消除引火源，从而抑制爆炸的发生。这就要采用爆炸抑制系统，最简单的爆炸抑制系统是由四个单元组成，即监视器、传感器、发射器和电源。

隔爆是用一个壳体把电气元件装起来，电气元件成为点燃源引起爆炸后产生的高温高压气体，通过外壳的间隙（隔爆间隙）减温减压排向外界，经过减温减压的气体就不足以引起壳体外界的爆炸了。因此，隔爆是指把爆炸的能量隔绝在腔体内部，而不是隔绝腔体外的爆炸危险气体，浇封才是隔绝外部爆炸性气体。

泄爆是通过将安装在设备上的泄爆板等设备，在爆炸过程中打开泄放压力和火焰，避免工艺设备的灾难性破坏。泄爆板的面积与保护的设备体积、物料的爆炸性参数有关，可以通过有关公式计算得出。

在实际应用中，并不是单独使用一种防护措施，往往组合运用多种防护措施，以达到更可靠、更经济的防护目的。

为防止引发燃烧，在粉尘没有清理干净的区域，严禁明火、吸烟、切割或焊接等，静电必须消除，电线也应该是适于多尘气氛的。对于易燃粉尘等高危险物质，最好是在封闭系统内加工，在系统内导入适宜的惰性气体，置换其中的空气。另外，企业应认真做好安全生产和粉尘防爆教育，普及粉尘防爆知识和安全法规，使职工了解本企业粉尘爆炸危险场所的危险程度和防爆措施；对危险岗位的职工应进行专门的安全技术和业务培训，经考试合格后方准上岗；从管理层面着手，保障预防措施和控制措施有效落实。

C 蒸汽爆炸

蒸汽爆炸是指液体剧烈地沸腾或是闪蒸成蒸汽的现象，可能是因为液体本身的过热、被其中细微的细屑快速地加热，或是因为和熔化的金属反应而升温。若压力容器（如压水反应堆）运作在超过气压的条件下，也可能会产生蒸汽爆炸的情形。液体变成气体的速度非常快，其体积剧烈膨胀。蒸汽爆炸时，若没有容器的限制，爆炸会将蒸汽、沸腾的液体、加热的物质往各个方向散播，因此有可能造成烫伤或是灼伤。根据过热液体形成的过程来划分，蒸汽爆炸分为以下两种。

（1）传热型蒸汽爆炸。热从高温物体向与之接触的低温液体快速传热，液体瞬间转变成过热状态，造成蒸汽爆炸。

（2）平衡破坏型蒸汽爆炸。在高压密闭容器中，保持蒸气压平衡的液体，由于容器破坏而引起高压蒸汽泄漏，容器内压力急剧减小，液体处于过热状态，因此发生蒸汽爆炸。

引起蒸汽爆炸的原因可能有以下几个方面：

（1）火焰包围易气化液体的储罐，液体受热迅速气化，体积急剧膨胀，产生的压力超出了储罐的承受能力；

（2）冷热液体混合且温度超过其中一种液体的沸点；

（3）封闭层下的液体受热汽化；

（4）低沸点液体进入高温系统；

（5）分层液体中高沸点液体受热后将热量传给低沸点液体，使之汽化；

（6）液体在系统内处于过热状态，一旦外壳破裂、液体泄漏、压力降低，过热液体会突然闪蒸引起爆炸。

蒸汽爆炸的实质是物理爆炸。高压容器突然破裂能够释放出巨大的能量，产生爆炸波将容器或碎片高速抛向远方，易引起打击伤害。蒸汽爆炸一般都是由外部热源引起的，如果储罐中液体是可燃的，则急速泄出的可燃性蒸汽在空气中形成蒸汽云，易被爆炸释放的能量引燃，产生一个飘浮的火球，火球持续的时间和大小由发生爆炸瞬间储罐所装燃料的总量决定。如果储罐较大，火球散发的热辐射还可能点燃周围可燃物，或烧伤周围人员。

蒸汽爆炸的预防措施主要包括：

（1）合理控制工艺参数，包括温度控制、压力控制、流量控制和物料控制等；

（2）优化设计设备和容器，如强化结构设计、使用安全阀、使用过压保护系统和使用防静电设计；

（3）制定安全操作规程，明确人员的岗位职责，确保其能够按照操作规程执行工作，减少人为因素引发的蒸汽爆炸；

（4）对从事相关工作的人员进行蒸汽爆炸的危害和防范知识的培训，使其树立安全意识，并掌握必要的操作技能。

课程思政

通过学习常见伤害事故及其预防，我们在安全生产和生活中，应始终贯彻“安全第一、预防为主、综合治理”的安全生产方针政策，对待安全问题应该有严谨、实事求是的态度和责任心，避免安全事故发生，维护社会和谐稳定。

思考题

4-1 简述高空坠落伤害事故类型及预防措施。

4-2 简述机械事故伤害危险因素及预防措施。

4-3 简述电流对人体伤害形式及防止触电的安全措施。

4-4 简述化学危险性物品伤害事故类型。

4-5 简述防止危险化学物品事故发生的安全措施。

4-6 简述控制危险化学品生产工艺过程中事故发生的安全措施。

4-7 起重机应进行哪些负荷试验，其目的是什么？

4-8 电梯使用前应进行哪些试验？安全运行应注意的要求有哪些？

4-9 简述压力容器爆炸的原因、危害及预防措施。

4-10 压力容器运行过程中进行安全操作时应注意的操作要求有哪些？

4-11 建筑物室内火灾分为哪几个阶段？建筑物防火采取哪些主要措施？

4-12 发生火灾时应采取哪些主要应急措施？

4-13 气体爆炸的原因及预防措施是什么？

4-14 粉尘爆炸的原因及预防措施是什么？

4-15 蒸汽爆炸的原因及预防措施是什么？

5 高校专业实验室常见伤害事故及其预防

高校专业实验室是从事实验教学、科学研究、生产试验和技术开发及服务的实体，是提高学生综合素质的实践课堂。随着高等教育事业不断向前发展，高校实验室规模不断扩大，加之种类繁多的化学品、易燃易爆物品、剧毒物品和仪器设备在实验室使用和保存，同时有些实验还需要在高温、高压等特殊环境下进行，实验室内存在试剂泄漏、中毒、机械伤害、火灾、爆炸等极大的安全隐患，发生安全事故会引发严重后果，因此如何避免和减少此类事故的发生是高校日常安全工作的重中之重。

5.1 实验室常见的事故类型

高校专业实验室往往涉及人身安全、危险化学物品的管理和使用、用水用电、实验操作、仪器设备使用和维护、危险废弃物处理与环保、科研成果保密等诸多方面。一时疏忽可能会造成火灾、爆炸、中毒和窒息、机械伤害、触电、设备损害等事故。应找到导致事故发生的原因，提前采取控制措施，防患于未然。事故发生时应防止事故扩大或者引起其他事故，把事故造成的损失限制在尽可能小的范围内；事故发生时进行应急处理，这是每个实验室工作者必须具备的素质。常见的实验室安全事故包括火灾性事故、爆炸性事故、毒害性事故、机械和电气伤人事故等。

5.1.1 火灾性事故

无论是在生活中还是在工业生产中，火灾性事故时有发生，高校实验室火灾事故案例并不少见。造成此类事故的原因可能有以下几点。

（1）电气火灾，是高校实验室起火的主要原因之一。过载、短路、设备过热以及违规操作是电气火灾的主要诱因。材料专业实验室电气设备繁多，其中不乏高功率耗电设备，如马弗炉、高温管式炉等，自身发热较大且极易导致线路过热。因实验需要，一些设备需要常开，比如烘箱、水浴、风机等设备，长时间使用容易导致设备发热，如学生在实验室用红外灯烘烤样品无人看守导致火灾事故。各种用电设备由于短路、老鼠啃咬、接触不良、超负荷、线路故障等原因容易产生电火花和设备过热等现象，进而导致火灾发生。

（2）危险化学品火灾，主要是由于化学品使用不当、储存不当或废弃物处理不当引起火灾。很多研究实验需要以危险化学试剂为原材料，因此在实验室中经常会存放各种易燃易爆的化学品和试剂，比如活泼金属、强酸强碱、氢气等，如果存放、使用和回收操作不当，很有可能造成火灾和爆炸事故。实验试剂没有分类，直接摆放在一起，存在混放、乱放的现象，摆放杂乱存在较大的火灾安全隐患；相比于其他种类的实验而言，材料化学实验本身具有较高的危险性，有的实验需要在高温高压条件下进行，有的需要不间断加热，有的还需要加入强酸强碱等危险品，操作不慎可能引发火灾；有些金属加工实验中废弃的镁粉、铝粉等易燃易爆物品处理不当也容易引起爆炸火灾性事故；还有些学生违规吸烟使火源接触易燃物导致火灾。

（3）消防设施、器材的配置不足。很多高校实验室都存在消防设施、器材配置不足的问题，包括数量不足、种类不足、完好有效率不足等，比如配备的灭火器数量少，或未配备灭火毯，或配置的灭火器型号不符合要求。有些实验室虽然配置了必要的消防设施、器材，但是由于未进行定期的维护保养，部分消防设施、器材损坏，降低了灭火的效能或者根本起不到灭火的作用。

5.1.2　爆炸性事故

实验室爆炸性事故多发生在存放和使用易燃易爆物品和压力容器的实验室，主要类型有可燃气体爆炸、化学品爆炸、活泼金属爆炸、高压容器爆炸和粉尘爆炸等。造成此类事故的常见原因如下。

（1）对易燃易爆品处理或者储存不当，导致燃烧爆炸。例如，不能混放的化学试剂混放在一起；一些本身容易爆炸的化合物，如硝酸盐类、硝酸酯类、三碘化氮、乙炔、叠氮化物等，受热或被敲击时会发生爆炸。

（2）强氧化剂与其他试剂发生化学反应分解引起燃烧和爆炸，或者化学反应过于激烈而失去控制发生爆炸。例如，乙醇和浓硝酸混合时会发生猛烈的爆炸反应。

（3）违反操作规程使用设备、压力容器而导致爆炸。例如，在密闭体系或狭小容器中进行蒸馏、回流等加热操作，反应产生的热量或大量气体难以释放导致爆炸；在加压或减压实验中使用不耐压的玻璃仪器导致物理爆炸等。

（4）在使用和制备易燃易爆气体时，不在通风橱内进行，或在附近点火引起爆炸；易燃易爆气体如氢气、乙炔等炔类气体、煤气和有机蒸汽等大量逸入空气，引起爆燃。常见气体的爆炸极限见表5-1。

表5-1　常见气体的爆炸极限

气体名称	爆炸极限（体积分数）/%
氢气	4.1~74.2
乙炔	3~82
二硫化碳	1~44
乙醛	4~57
一氧化碳	12.5~74
乙醚	1.9~36.5
丙酮	2.6~13
甲醇	6.7~36.5
乙醇	3.3~19
丙醇	2.1~13.5
二恶烷	2~22.2
苯	1.4~8

（5）设备老化、存在故障或者缺陷，造成易燃易爆物品泄漏，遇火花而引起爆炸。

（6）实验过程中，加错实验试剂，形成爆炸反应或形成爆炸性混合物，引发爆炸。

（7）由火灾事故引起仪器、设备和化学试剂等的爆炸。

（8）高压气瓶未固定牢固导致爆炸，或者搬运钢瓶时不使用钢瓶车，让气体钢瓶在地上滚动，或撞击钢瓶表头，随意调换表头，或气体钢瓶减压阀失灵等引起爆炸。

（9）一些不能混放的气瓶混放在一起，如氧气钢瓶和氢气钢瓶放在一起引起爆炸。

有些学生在实验过程中操作不规范、粗心大意或违反操作规程导致爆炸事故发生，常见原因如下：

（1）配制实验试剂，如配制浓的氢氧化钠时未冷却就将瓶塞塞住摇晃，或者配制稀硫酸时将水倒入浓硫酸中，都会引发爆炸；

（2）金属钠、钾等遇水都易发生爆炸；

（3）制备易燃气体，附近不能有明火，制备和检验氧气时，不能混有其他易燃气体，制氢实验中操作稍有不慎，可能会发生爆炸；

（4）减压蒸馏时，若使用锥形瓶、平底烧瓶或接收瓶，因其平底不能承受较大负压而发生爆炸。

5.1.3 毒害性事故

毒害性事故主要是发生于具有化学品和剧毒物质的实验室和具有毒气排放的实验室。造成此类事故的原因可能是：

（1）使用有毒试剂时，疏于防护或违规操作造成的急性或慢性中毒；

（2）设备设施老化、存在故障或缺陷，造成有毒物质泄漏或有毒气体排放不出，酿成中毒；

（3）管理不善、操作不慎或违规操作，实验后有毒物质处理不当，造成有毒物品散落流失、造成污染或被犯罪分子用于投毒引发的毒害事故等；

（4）废液处理不当，造成有毒废水未经处理而流出，引起环境污染；

（5）排风设施不良引起有毒气体积聚造成的中毒；

（6）违反操作规程，将食物带进实验室，造成误食中毒。

5.1.4 机电伤害性事故

机电伤害性事故多发生在高速旋转或冲击运动的实验室，或要带电作业的实验室和一些有高温产生的实验室。事故发生的原因可能是：

（1）操作人员违反操作规程或设备设施老化而存在故障和缺陷，造成漏电触电和电弧火花伤人；

（2）操作人员违反操作规程，乱拉电线等造成的机电伤人事故；

（3）操作人员操作不当或缺少防护，造成挤压、甩脱、碰撞伤人。

5.1.5 生物实验感染性事故

生物实验感染性事故一般发生在生物或医学实验室，主要有细菌或病毒感染、传染事故，外源生物或转基因生物违规释放对生物多样性、生态环境及人体健康产生潜在危害等。此类事故一旦发生，将对人类健康及生活环境产生危害作用。引发生物感染性事故的原因可能是：

（1）实验操作人员安全意识不够、操作不当、防护不当导致实验过程中接触病原微生物引起健康损害；

（2）实验人员实验过后的废弃物处置不当，导致自己或他人感染；

（3）实验场所未按规定消毒，导致进入实验场所人员感染。

5.1.6 灼伤性事故

灼伤性事故一般发生在使用化学试剂、高温设备的实验室。事故发生的原因可能是：

（1）皮肤直接接触强腐蚀性物质、强氧化剂、强还原剂，如浓酸、浓碱、氢氟酸、钠、溴等引起的局部外伤；

（2）使用高温设备，未按操作规程佩戴防护用具导致烫伤；

（3）操作不当导致火灾爆炸，致使人员灼伤。

5.1.7 放射性实验事故

放射性实验事故发生的原因可能是：实验室使用的核辐射源及射线装置，如微波辐射、光辐射以及红外、紫外等辐射都可以使得公众或者实验人员接受的射线照射或吸入的放射性物质超过安全值，引起受照射人员机体发生病变，甚至对环境造成长期的影响。预防放射性皮肤病的关键是做好外照射防护。

5.1.8 其他实验室安全事故

实验室还可能发生设备损害事故或物品丢失、信息资料被盗、网络被黑客攻击等事故。设备损害性事故多发生在电加热实验室或需要稳定供电的大型仪器实验室，事故发生的原因可能是：线路故障或雷击造成突然停电，致使被加热的介质不能按要求恢复原来状态造成设备损坏；误操作导致设备不正常运行或停止，致使设备损坏。

5.2 实验室安全事故发生的原因及对策

5.2.1 实验室安全事故发生的原因

根据现代事故因果连锁理论，事故发生的直接原因是人的不安全行为和物的不安全状态，基本原因是个人因素和工作条件，但最根本的原因还是管理的缺陷。实验室安全事故发生的原因可以从人的不安全因素、物的不安全状态和管理缺陷三个方面来分析。

（1）人的不安全因素。人的不安全因素主要包括：实验室中从事科研、教学的师生以及实验室管理人员的安全意识淡薄，缺乏基本的安全知识技能，不能严格遵守操作规程，操作不规范，不采取正确的个人防护，不良的实验习惯，进入实验室行为不正确或动机不纯等。从根本上说就是实验室相关人员的安全观念不强、安全意识淡薄、管理失误。

（2）物的不安全状态。实验室物的不安全状态包括：实验室的设计、规划、布局不合理，设备密集；危险化学试剂较多，危险化学品混放、乱放，存放不合理；实验室设备设施陈旧、线路老化；实验室缺乏相应的应急措施和急救设备等因素。

（3）管理缺陷。近年来，高校实验室建设步伐的不断加快，开放力度不断加大，但实验室相应的安全管理制度及安全操作规程没有及时调整和完善，导致实验室安全存在管理盲区。高校的扩招，实验室新建、扩建使实验室工作人员相对紧缺，聘请的临时工或者学生助理等非专业工作人员管理实验室，因其缺乏相应的安全知识技能，所以存在安全隐患。有些高校缺乏事故责任追究制度，对安全事故奖惩不明，使得相关人员工作流于形式，不重视安全工作。归纳起来，管理的缺陷主要体现在两方面：一方面是管理制度不完善、奖惩不明；另一方面是管理人员不足和不专业，或者管理人员安全责任意识不够，实验室安全管理工作流于形式、敷衍了事。

5.2.2 实验室火灾应急预案和事故预防对策

为预防高等学校实验室火灾事故发生，进一步规范高等学校实验室消防安全管理，保障学校教学科研正常开展，维护学校安全稳定，教育部发布了《高等学校实验室消防安全管理规范》（JY/T 0616—2023）。该规范主要规定了高等学校实验室消防安全管理的总体要求、消防安全责任、消防安全制度和管理、消防安全措施、灭火和应急疏散预案编制和演练、火灾事故处置与善后以及奖惩制度。

高校实验室应严格执行《高等学校实验室消防安全管理规范》，针对突发事件的特点，识别事件的危害因素，分析事件可能产生的直接后果以及次生、衍生后果，评估后果的危害程度，提出控制风险、治理隐患的措施，制定实验室应急预案。应急预案管理应遵循统一规划、分类指导、分级负责、动态管理的原则，依法、迅速、科学、有序应对突发事件，最大程度减少突发事件及其造成的损害。

对待实验室的安全隐患，不能抱有侥幸心理，不管发生的可能性有多小，事故一旦发生，就会造成不可挽回的损失。实验室安全工作应该始终坚持“安全第一，预防为主，综合治理”的基本原则，采取可行有效的措施，健全管理制度和操作规程，制定应急预案并进行演练，完善管理队伍建设，提升管理水平，加强管理，奖惩分明；改善实验室的硬件及软件设施条件，消除实验室工作中的不安全因素；最关键的是加强实验室操作人员和管理人员的安全教育工作，消除人的不安全因素。

5.2.3 实验室安全教育与文化

5.2.3.1 实验室安全教育工作的必要性

实验室安全教育工作的开展是国家法律、法规的要求。《中华人民共和国高等教育法》《高等学校学生行为准则（试行）》《普通高等学校学生安全教育及管理暂行规定》和《学生伤害事故处理办法》等法律、法规，明确了学校在大学生安全教育和管理中的职责，也规定了大学生在安全教育与管理中享有的权利和必须履行的义务。

实验室安全教育的目的在于通过教育教学手段，提高实验者的安全意识及安全素质，掌握必要的安全知识和技能，减少和消除安全隐患及事故，掌握必要的逃生自救常识，一旦发生事故能够及时正确逃生，通过教育提高管理人员的安全意识和处理事故的能力。

实验室安全事故预防与发生，人为因素占主要地位，要有效地预防和控制实验室事故的发生，必须要开展有效的实验室安全工作，通过教育和宣传让实验室管理人员和操作人员提高自身安全意识，通过形式多样的教育培训使实验者具备基本的实验室安全知识、环保知识、安全技能及事故应急能力。

5.2.3.2 实验室安全文化的培育

实验室安全文化是高等学校在实验室安全管理实践过程中长期积累、不断总结完善形成的，是全体师生员工认同，和学校文化有机结合的安全理念和行为准则。实验室安全文化从理念、制度、行为和环境等多方面影响师生员工，使之树立“安全第一，预防为主，综合治理”的责任意识，使全体实验参与人员化被动为主动，自觉建立安全、健康和环保的实验室环境。高等学校构建成功有效的实验室安全管理体系是高等学校校园文化的重要组成部分，是“关爱生命，以人为本”教育理念的体现，也是高校教育发展的要求。

（1）培育安全理念文化。通过各种形式的安全教育，结合其他征文、竞赛、现场演示等方式，潜移默化地对师生员工意识、态度、行为等产生影响，使他们树立正确的安全意识、态度和责任，营造良好的实验室安全文化氛围。

（2）培育安全行为文化。通过引进先进的安全观念、安全知识、安全技能和安全行为，规范实验室全体师生员工的行为；通过专业的教育、培训和实践演练等手段，提高师生员工的基本安全素质，使他们养成良好的安全习惯，有良好的安全行为准则，自觉规范自己的行为，从“要我安全”变为“我要安全”。

（3）培育安全制度文化。实验室的发展过程中应该根据实验室软硬件条件、专业特点、实验者安全素质等情况，结合当前实验室安全形势及未来的目标，不断对规章制度进行整合、完善，建立广大师生员工主动接受、自觉遵守的安全管理机制和行为规范。

（4）培育安全环境文化。实验室建设过程中应该保证必要的投入，推广先进的实验安全防护技术和安全管理手段，不断改善实验室设施，提升实验室工作环境和人文环境，创造安全、和谐、整洁、健康的实验室环境，促进实验室安全文化的形成，体现“以人为本”的核心价值观，激发师生的自豪感和凝聚力，提高学校教学、科研的竞争力。

实验室安全需要每一个与实验室相关的人员对安全工作的执行和坚持。要从根本上重视安全问题，防患于未然。建立健全各项规章制度、提升实验室硬件设施和管理者水平、加强安全教育、培育安全文化，从多方面彻底消除安全隐患，创造一个安全、和谐的实验教学和科学研究环境。

5.3 实验室试剂的管理

大多数实验室化学试剂都有不同程度的毒害，会对人体健康产生危害。实验室试剂的管理主要包括普通实验试剂的管理、分类存放和易制毒、易制爆试剂的管理。其中，易制毒和易制爆化学品根据我国应急管理部的相关规定来进行管理，易制毒化学品按2022年修订的《易制毒化学品管理条例》施行，易制爆危险化学品按2019年发布的《易制爆危险化学品治安管理办法》施行，其储存场所按《易制爆危险化学品储存场所治安防范要求》（GA 1511—2018）执行。

5.3.1 实验室化学试剂对健康的危害

5.3.1.1 健康危害种类

实验室化学试剂对人体健康危害种类主要包括以下几种。

(1) 急性中毒：机体一次接触外来化合物之后引起的中毒甚至死亡。常见的急性中毒化学物质有丙烯醛、甲基汞、氢氰酸、碳基镍等。

(2) 慢性中毒：症状可能不会立即出现，经数月甚至数年才表现，如长期接触重金属(如铅、汞及其化合物等) 及一些有机溶剂 (如苯、卤代烷烃等)。

(3) 腐蚀性：通过化学反应对机体接触部位 (如皮肤、视网膜、肌肉等) 造成不可逆性的组织损伤。实验室常见的腐蚀性化学物质有强酸、强碱、氢氟酸等。

(4) 刺激性：对机体接触部位组织造成可逆性的炎症反应，如挥发性盐酸、硝酸、氨水等。

(5) 致敏性：机体对材料产生的特异性免疫应答反应，表现为组织损伤和生理功能紊乱，如皮肤出现红肿、瘙痒及严重的过敏性休克等现象。实验工作人员应当对化学药品引发的过敏症状保持警觉。

(6) 窒息性：可使机体氧的供给、摄取、运输、利用发生障碍，使全体组织、细胞得不到氧或不能利用氧，导致组织、细胞缺氧，丧失功能、坏死使人窒息，如一氧化碳、二氧化碳、氮气和氰化物等。

(7) 神经毒性：对中枢神经、周边神经系统的结构和功能有毒副作用。实验室可接触到的神经毒素有汞 (包括有机汞和无机汞化合物)、二硫化碳、农药等。

(8) 生殖毒性和生长毒性：生殖毒性是一种可以引起染色体变异或损伤的物质，可以导致胎儿夭折或畸形。许多生殖毒素是慢性毒素，只有在被多次或长时间接触才会对人体造成伤害，有些只有经过了青春期才会慢慢显现出来。生长毒素作用于孕期，并且对婴儿有很大的伤害。一般其在怀孕前三个月作用最为明显，尤其是容易通过皮肤迅速被吸收的物质，如甲酰胺，接触前一定要做好防护措施。

(9) 特异性靶器官系统毒性：毒性物质包括大部分卤代烃、苯及其他芳香烃和氰化物等，对机体的器官 (肝脏、肾脏、肺等) 会产生多种影响。

(10) 致癌性：致癌物是慢性毒性物质，只有在多次或长时间接触后才会造成损伤，且具有潜伏性。很多研究的新物质未经致癌性检测，使用可能具有潜在致癌性的物质时，要进行适当防护。

5.3.1.2 毒性物质侵入人体途径

毒性物质主要通过消化道、呼吸道和皮肤三种途径入侵人体，有些毒物被人吞食后才会中毒，有些毒物会通过注射进入人体，有些毒物溅入眼内，会通过眼结膜或眼角膜吸收进入人体，还有些毒物无论何种途径进入人体都会对身体造成毒害。

(1) 通过消化道入侵。食入毒害性物质时，毒物会通过口腔进入食道、胃、肠并被口腔、胃部、肠道逐步吸收；如果这些器官发炎、溃疡或者感染，它们的保护层会吸收更多的有毒物质。毒性物质从消化道侵入，人体具体的吸收量还和当时肠胃所含的食物种类及质量相关；多数情况下会导致立刻中毒，甚至会造成死亡。

(2) 通过呼吸道入侵。毒害物质可以通过口、鼻吸入，对鼻腔、咽喉和肺部产生刺激，毒素会直接进入血液，快速流经大脑、心脏、肝脏以及肾脏等人体器官。吸入中毒是一种较为常见的中毒方式，比食入更有危害。通常情况下，肺部可将吸入的气体迅速吸收，而其中的灰尘、雾气以及微粒都会进入肺部。患有哮喘或其他肺部疾病的人更易中毒。

(3) 通过皮肤入侵。一些有毒蒸汽或者有毒物质与皮肤接触，可通过毛囊、表皮屏障汗腺等方式进入皮下血管并传至身体各个部位。人体吸收的量与毒害物质的浓度、溶解度、皮肤的温度、出汗有关，当皮肤受损有创伤时，有毒物质更容易入侵。

外源化合物对有机体的损害能力越大，其毒性就越高，但是其毒性强弱是相对的，有毒物质本身的物理化学性质以及与机体的接触途径、接触量、接触方式等都是毒性强弱影响因素。有毒物质的分子结构与其毒性存在一定的关系，如脂肪族烃系列中碳原子越多，毒性越大；含有不饱和键的化合物化学毒性较大。有毒物质的毒性与物质的化学结构、溶解度和挥发性等有关。一般而言，溶解度（包括水溶性或脂溶性）越大的有毒物质，其毒性越大，因其进入人体内溶于体液、血液、脂肪等的数量、浓度越大，反应越剧烈所致。挥发性越强的有毒物质，挥发到空气中的分子数量越多，与身体接触或进入人体毒物数量越多，毒性越大。

5.3.1.3 对环境的危害

有些化学物质（如卤化碳）会消耗大气平流层中的臭氧层，使紫外线更多地辐射地面，危害人体健康，削弱人免疫系统，使人患皮肤癌、白内障等疾病；也会减少作物产量及破坏海洋食物链等。一些化学物质进入环境中，可使水生环境产生急性或慢性毒性，其毒性可能存在实际的或潜在的生物累积，最终影响人类身体健康。

5.3.2 实验室试剂的分类管理

5.3.2.1 实验室试剂管理人员的职责

实验管理人员必须了解实验室化学试剂的库存种类、等级、数量，并做好化学试剂进库及领出登记工作。实验管理人员平时需做好化学试剂的申购任务，保证实验正常运转。

实验室化学试剂必须按照其特性进行分类保管，对于特殊试剂，应按要求妥当保存，以免失效。剧毒试剂必须由两人管理，并详细做好剧毒药品的使用登记；剧毒药品必须经过有关领导的审批，方可领取使用。

5.3.2.2 实验室试剂的一般管理原则

实验试剂一般存放的原则是：实验试剂一律应放入试剂柜中，不应按字母顺序存放，不能与配制溶液混在一起放置；所有的化学试剂都应有明显的标签（名称、质量规格和来货日期），还应有危险性质明显标志；理化性质相互抵触、相互作用或灭火方法不同的化学试剂应分类隔离存放；易燃物、易爆物及强氧化剂只能少量存放；固体试剂与液体试剂分开存放，液体试剂放置矮柜，袋装、瓶装分开存放；低沸点的化合物应放入冰箱；遇光易变质的试剂应装在避光容器内；易挥发、潮解的试剂，要密封；长期不用的试剂，应蜡封；装碱的玻璃瓶不能用玻璃塞等；酸碱不能混放，氧化剂和还原剂不能混放；准备间或试剂柜必须保持整洁、干燥、阴凉、通风、低温，远离火、水、无名物，变质物要及时清理销毁。

(1) 一般试剂：通常存放在室温条件下，放置于药品橱内。

（2）避光试剂：试剂置于棕色试剂瓶内，避免阳光直射。如试剂瓶外有黑纸或塑料盒包装，使用后应将黑纸包裹好，或放入原装塑料盒中，以免光照后失效。

（3）易潮解、吸水的试剂：一旦开启使用，每次使用后必须严密封闭试剂瓶口，然后放入干燥器内，以免潮解失效。

（4）冷藏保存试剂：使用后按试剂瓶标签的要求，保存在-4℃或相应的温度下。

（5）易爆炸试剂：在使用这些试剂时，要小心仔细，严格遵守操作规程。通常存放在专用的防爆试剂柜中。

（6）易燃试剂：易燃试剂和自燃试剂应存放在阴凉处，并远离火源、电源等。一旦发生事故燃烧，应立即切断电源、关闭火源，迅速将其他可燃物品移开现场，扑灭燃火。

（7）实验准备室的试剂橱内，一般只提供实验常用的试剂，试剂使用后应及时放回原处，并做好试剂使用登记记录；试剂未经许可，不可带出实验室。

（8）各专项实验室所使用的试剂，由分管该实验室的实验员申购、领取，并按有关规定自行保管。

（9）库存试剂领取时，由领取人写明试剂名称、包装量、试剂等级，签名后才可领取。

（10）试剂从仓库领出后，不再回库，取用后存放于准备室的试剂橱内，或由各专项实验室负责人员保管。

（11）试剂的订购需要一定时间周期，如需要应提前申请。

5.3.3 实验室化学试剂的分类存放

实验室常见危险品及其保存方法如下。

（1）爆炸品。爆炸品的特征是摩擦、震动、撞击、碰到火源、高温能引起激烈的爆炸，如硝化甘油、苦味酸、雷汞等。

爆炸品在保存和使用时应注意：装瓶单独存放在安全处；使用时避免摩擦、震动、撞击、接触火源；为避免有危险性的爆炸，实验中的用量要尽可能少一些。

（2）易燃易爆气体。易燃易爆气体在与空气的混合物达到爆炸极限的范围时，遇明火、星火、电火花等会发生猛烈的爆炸，如氢气、甲烷、一氧化碳等。

易燃易爆气体在保存和使用时应注意：要密封（如盖紧瓶塞）防止倾倒和外溢；要远离火源（包括易产生火花的物品）。

（3）易燃液体。易燃液体易挥发，其蒸汽与空气的混合物达到爆炸极限范围时，遇明火、星火、电火花均能发生猛烈的爆炸，如甲苯、丙酮、二硫化碳、乙醚、乙酸乙酯等。《化学品分类和标签规范　第7部分：易燃液体》（GB 30000.7—2013）中将易燃液体按闪点划分为四类：1）第一类是极易燃液体和蒸汽，闪点小于23℃且初沸点不大于35℃，如乙醚、汽车汽油等；2）第二类是高度易燃液体和蒸汽，闪点小于23℃且初沸点大于35℃，如甲醇、乙醇等；3）第三类是易燃液体和蒸汽，闪点不小于23℃且不大于60℃，如航空燃油等；4）第四类是可燃液体，闪点大于60℃且不大于93℃，如柴油等。

易燃液体在保存和使用时应注意：要密封（如盖紧瓶塞）防止倾倒和外溢；存放在阴凉通风的专用橱中；要远离火种（包括易产生火花的器物）和氧化剂。

（4）易燃固体。易燃固体着火点低，易点燃，其粉尘与空气混合达到一定程度，遇明火、火星或电火花能激烈燃烧或爆炸，与氧化物接触易燃烧或爆炸，如萘、硝化棉、TNT等。

易燃固体在保存和使用时应注意：与氧化物分开存放于阴凉处，远离火种；金属钠、钾等碱金属贮于煤油中，黄磷贮于盛水的棕色试剂瓶中；苦味酸，湿保存，要时常检查是否放干了；镁、铝（粉末或条片），避潮保存，以免积聚易燃易炸氢气；吸潮物、易水解物，贮于干燥处，封口应严密。

（5）易挥发试剂。这类试剂多属一级易燃物、有毒液体，在保存和使用时应注意：远离热源火源，于避光阴凉处保存，通风良好，不能装满；这类试剂贮存要特别注意，最好保存在防爆冰箱内；易产生有毒气体或烟雾的试剂要存放在通风橱中。

（6）腐蚀性液体。腐蚀性液体一般指具有腐蚀物质以及可能损害皮肤和眼睛的液体试剂，如盐酸、硫酸、氢氧化钠等。其保存和使用时应注意：腐蚀品应放在防腐蚀试剂柜的下层；或下垫防腐蚀托盘，置于普通试剂柜的下层。

（7）产生有毒气体或烟雾的试剂。产生有毒气体或烟雾的试剂存于通风橱中。不同气体钢瓶瓶身涂不同颜色，方便区分。例如，二氧化碳钢瓶为铝白色，氧气钢瓶为天蓝色，乙炔气钢瓶为白色，氯气钢瓶为黄色，氢气钢瓶为绿色，氟化氢钢瓶为灰色，液氨钢瓶为黄色。

（8）剧毒试剂。剧毒试剂的保存应有剧毒试剂的明显标志，锁上。

（9）致癌试剂。致癌试剂的保存应有致癌试剂的明显标志，锁上。

（10）相互作用试剂。相互作用试剂应隔离存放，如乙醚与高氯酸、苯与过氧化氢、丙酮与硝基化合物。

（11）特别保存试剂。易氧化易分解物如卤化银、浓硝酸、过氧化氢、硫酸亚铁、高锰酸钾、亚硫酸钠，应存于阴凉暗处，用棕色瓶或瓶外包黑纸盛装。但双氧水不要用棕色瓶装（有铁质促使分解），最好用塑胶瓶装外包黑纸。苯乙烯、乙酸乙烯酯等应放在防爆冰箱里保存。打开氨水、硝酸、盐酸等试剂瓶封口时，应先盖上湿布，用冷水冷却后再开瓶塞，以防溅出，尤其在夏天更应注意。放射性物品未经辐射物质管理部门批准，不得存放使用。

5.3.4 易制毒、易制爆化学品的管理

易制毒化学品是指国家规定管制的可用于制造麻醉药品和精神药品的原料和配剂，这些化学药品既广泛应用于工业生产和生活，也可能流入非法渠道制造毒品。《中华人民共和国禁毒法》第二十一条规定：国家对易制毒化学品的生产、经营、购买、运输实行许可制度；《中华人民共和国刑法》第三百五十条规定：违反国家规定，非法运输、携带醋酸酐、乙醚、三氯甲烷或者其他用于制造毒品的原料或者配剂进出境的，或者违反国家规定，在境内非法买卖上述物品的，处三年以下有期徒刑、拘役或者管制，并处罚金；数量大的，处三年以上十年以下有期徒刑，并处罚金。表5-2列出了易制毒化学品的分类和目录，第一类主要可以用于制造毒品的原料；第二类、第三类主要可以用于制造毒品的配剂。

表 5-2 易制毒化学品的分类和品种目录

序号	第 一 类	序号	第 二 类
1	1-苯基-2-丙酮	1	苯乙酸
2	3，4-亚甲基二氧苯基-2-丙酮	2	醋酸酐
3	胡椒醛	3	三氯甲烷
4	黄樟素	4	乙醚
5	黄樟油	5	哌啶
6	异黄樟素	6	溴素
7	N-乙酰邻氨基苯酸	7	1-苯基-1-丙酮
8	邻氨基苯甲酸	8	α-苯乙酰乙酸甲酯
9	麦角酸 *	9	α-乙酰乙酰苯胺
10	麦角胺 *	10	3，4-亚甲基二氧苯基-2-丙酮缩水甘油酸
11	麦角新碱 *	11	3，4-亚甲基二氧苯基-2-丙酮缩水甘油酯
12	麻黄素、伪麻黄素、消旋麻黄素、去甲麻黄素、甲基麻黄素、麻黄浸膏、麻黄浸膏粉等麻黄素类物质 *	序号	第 三 类
13	羟亚胺	1	甲苯
14	邻氯苯基环戊酮	2	丙酮
15	1-苯基-2-溴-1-丙酮	3	甲基乙基酮
16	3-氧-2-苯基丁腈	4	高锰酸钾
17	N-苯乙基-4-哌啶酮	5	硫酸
18	4-苯胺基-N-苯乙基哌啶	6	盐酸
19	N-甲基-1-苯基-1 氯-2-丙胺	7	苯乙腈
		8	γ-丁内酯

注：1. 第一类、第二类所列物质可能存在的盐类，也纳入管制。

2. 带有 * 标记的品种为第一类中的药品类易制毒化学品，其包括原料药及其单方制剂。

易制爆危险化学品是指可以制备成爆炸性混合物，且在制备或储存过程中极易发生爆炸的化学品。易制爆化学品通常包括强氧化剂、可/易燃物、强还原剂、部分有机物等。根据《危险化学品安全管理条例》第二十三条规定，公安部编制了《易制爆危险化学品名录》(2017 年版)。

剧毒、易制爆和易制毒化学品是国家管制类化学品，这些类别化学品的购买、保存及使用需要严格按照国家法律、法规进行。购买流程是必须由课题负责人提出申请，学院主管领导签字、盖学院公章，校分管部门审批，归管公安局审批，批准后指定供应商处购买。购回化学品统一交指定老师登记、保管，实行双人双锁：化学品放于设有两把锁的专柜保存，钥匙分别由两位保管人掌管，爆炸品需存入专业的阻燃防爆柜中，柜上也需两把锁；药品出入柜时，必须由两位保管人均在场监督签发，且需建立专用的登记本，记录化学品的存量、发放量、使用人姓名、用途等，随时做到账务相符。使用后的化学品应及时存回保险柜中。领取剧毒化学品的人员要注意安全，必须戴好防护用具，使用专用工具取用。剧毒与易制毒化学品要定期检查，防止因变质或包装腐蚀损坏等造成泄漏事故。过期化学品及实验废弃物应集中保存，统一由环保部门认可的单位处理，严禁乱扔乱放，销毁剧毒物品（包括包装用具）时，须经过处理使其毒性消失，以免造成环境污染。

5.4 实验室废弃物处理

高校实验室废弃物是指实验过程中产生的废气、废液、废固物质、实验用剧毒物品、麻醉品、化学残留物品、放射性废弃物、实验动物尸体及器官、病原微生物标本以及对环境有污染的废弃物。与工业“三废”相比，其数量较少，成分复杂，且可能具有易燃、易爆、腐蚀和毒害等危害，处理不当会对人体健康以及周边水环境、大气环境、土壤环境等造成严重影响。因此，必须正确处理实验室废弃物。

我国颁布如《中华人民共和国环境保护法》（简称《环境保护法》）、《中华人民共和国固体废物污染环境防治法》（简称《固体废物污染环境防治法》）、《废弃危险化学品污染环境防治办法》和《病原微生物实验室生物安全管理条例》等法律、法规来保证和规范对实验室废弃物处理管理。

实验室废弃物处理一般先鉴别废弃物及其危害性，系统收集、储存实验废弃物，采用适当的方法处理废弃物来减少废弃物储存量，如废弃物的再利用或减害处理，最后正确处理废弃物。高校实验室废弃物主要分为化学实验室废弃物、生物实验室废弃物与放射性废弃物。

5.4.1 化学实验室废弃物处理

化学实验室废弃物可以分为废气、有机废液、无机废液、有机固体废弃物、固体废弃物、超过有效使用期限或者已经变质的化学品等。

废气的来源主要是实验中化学试剂的挥发、分解和泄漏，以及分析过程中的产物等。废固的主要来源则是化学反应过程中产生的沉淀，日常消耗破损的玻璃仪器和包装材料，以及多余的固体试剂、纸张和滤纸。“三废”中主要以废液居多，主要有实验后剩余的残液、多余的样液，失效的试剂、洗液、仪器清洗用液，以及清扫的废水等。

5.4.1.1 化学实验室“三废”的处理要求

化学实验室“三废”如果处理不当，很有可能引发爆炸、火灾等安全事故，轻者受伤，重者死亡。

（1）储存场地的要求。场地必须做硬化处理，场所应防水、防高温，通风良好，有专门的警示标志，分类存放，门口张贴醒目标志，场内做好分类。场内分类的做法是分为以下几大区域。1）固废：有色玻璃废弃试剂瓶及破损仪器、无色玻璃废弃试剂瓶及破损仪器、有色塑料废弃试剂瓶及破损仪器、无色塑料废弃试剂瓶及破损仪器、废弃试剂及沉淀残渣、金属、纸张。2）废液：有机易燃废液、有机非易燃废液、无机废液（如酸性废液、碱性废液、含重金属废液等）。

（2）储存容器的要求。储存容器必须统一规格，确保不破损、不泄漏，桶上粘贴或悬挂危废识别标志，密封。储存期限不得超过一年。

（3）收集的要求。科学合理地安排实验流程和操作，尽量减少废物量，减少污染，做好记录，指导学生分类收集，做好台账。

(4) 处理的要求。对于产生的化学废物应先采取减害性预处理，科学回收利用，科学规划减少化学试剂的用量，降低化学废物的体积、数量和危险程度，降低处理过程中的负荷，防止二次污染。

(5) 记录的要求。专人负责制：专人负责填写实验室废弃物清单，内容包括危险废物基本信息（类别，pH 值，成分，储存量，产生源，废物嗅、色、形态、危险特性、产地等）、废物流向、利用数量、自行处置数量、情况等记录表，保证记录的真实性。

5.4.1.2　化学实验室"三废"的处理方法

(1) 废气。无毒气体和少量有毒气体直接通过通风橱和通风管道，经过空气稀释后排放；大量有毒气体可根据不同的化学性质进行吸收处理，无害后排放。例如，碱性 NH_3 可用回收的废酸进行吸收，而酸性气体如 SO_2 等则可用废碱溶液吸收后排放。对于可燃性气体，或含苯、醛、酮、醇等有机气体在排放口燃烧排放也可去除污染。

(2) 废固。分类收集（如玻璃分类、纸张分类、试剂分类、沉淀残渣分类、金属分类等）回收利用，不能利用的交由有资质的相关处理机构处理。

(3) 废液。1) 无毒害的废液，如浓度低的无机盐 NaAc 等可以直接排放。2) 普通废液可通过氧化还原、酸碱中和处理后加水稀释至盐类浓度低于 5%后排放，如 HCl 和 NaOH 反应生成盐和水。3) 含有重金属的废液，可通过混凝沉淀法处理。如含汞废液，可将 pH 值调为 8~10，再加入过量 Na_2S，使其生成 HgS 沉淀，再加入 $Fe(OH)_3$ 共沉淀后分离除去。4) 有机废液可以通过物理法（过滤、沉淀、上浮、隔油和离心分离等）、化学法（通过化学反应来分离、去除废液中呈溶解、胶体状态的污染物或将其转化为无害物质）、生物法（通过微生物的代谢分解，使有机污染物转化为稳定、无害的物质）去除。

实验室常见废弃化学品安全预处理的一般方法见表 5-3。

表 5-3　实验室常见废弃化学品的处理方法

废弃化学品类型	预处理方法
弱酸	中和
弱碱	中和
浓酸	稀释、中和
浓碱	稀释、中和
有机酸	中和
有机碱	中和
有机氧化物	稀释、还原
无机氧化物	稀释、还原
有毒重金属	还原、氧化
毒性有机物	还原、氧化
还原性水溶液	还原、氧化
氰化物、硫化物和含氨溶液	还原、氧化

5.4.2　生物实验室废弃物处理

生物实验室的废弃物主要是病原微生物操作产生的废弃物，其处理应遵守《固体废物污染环境防治法》《中华人民共和国传染病防治法》《病原微生物实验室生物安全管理条例》《医疗废物管理条例》《病原微生物实验室生物安全环境管理办法》和《实验动物管理条例》等规定。废弃物的收集、运输、贮存和处理等相关工作人员和管理人员，应当进行相关法律、专业技术、安全防护和紧急处理等知识的培训，并配备必需的防护用品，定期进行健康检查以及免疫接种。

病原体的培养基、标本、菌种和毒种保存液属于《医疗废物管理条例》中的高危险废弃物，应当就地消毒；排泄物只有严格消毒以后才能排入污水处理系统；使用一次性医疗器具容易致人损伤的医疗废物，应当消毒并做毁形处理；能够焚烧的，应当及时焚烧，不能焚烧的，消毒后集中填埋处理；禁止转让、买卖医疗废物；禁止在非贮运地点倾倒、堆放医疗废物或将其混入其他废物和生活垃圾；禁止邮寄，或在饮用水源保护区的水体上、铁路、航空运输，或与旅客在同一运输工具上载运医疗废物。违反相关规定者，将依据情节严重程度不同而遭到行政处罚，甚至承担相应的民事或刑事责任。

5.4.2.1 生物实验室废弃物处理原则

生物安全实验室废弃物需要分类处理，所有感染性材料必须在实验室内清除污染、高压灭菌或焚烧。生物安全实验室废弃物清除污染的首选方法是高压蒸汽灭菌，废弃物应装在特定容器中，也可采用其他替代方法。实验人员完成实验后将废弃物进行分类处理；实验人员将感染性废弃物进行有效消毒，或灭菌处理，或焚烧处理；实验人员将清除污染的废弃物进行包裹后存放到指定位置，以便进行后续处理；在感染性废弃物处理过程中，应避免人员受到伤害或环境被破坏。

5.4.2.2 高压处理前的准备

在高压处理前，首先应将废弃物进行分类，分为可以高压处理的物品和不能高压处理的物品。可以采用高压处理的物品有感染性标本和培养物、培养皿和相关的材料、需要丢弃的活的疫苗、污染的固体物品。不能高压处理的物品包括化学性和放射性废弃物、某些外科手术器械和某些锐器等。

高压处理前必须做好的准备工作：

(1) 所有的物品均须有标签；

(2) 必须使用特定的耐高压包装袋；

(3) 所有生物材料的长颈瓶需要用铝箔进行封口；

(4) 能够重复使用的物品高压处理时需要和液体物品分开放置；

(5) 包装不能装得太满，如果袋子外面被污染，需要用双层袋子；

(6) 专人负责高压锅的使用，超过50L的高压操作人员要有高压锅操作岗位证书，使用人会正确开关机，会做好个人防护，能正确区分物品是否可以高压处理并确认包装是否正确。

5.4.2.3 不同种类的废弃物处理方法

生物废弃物应与化学废弃物、生活垃圾等分开存储；实验室内配备生物废弃物垃圾桶(内置生物废弃物专用塑料袋)，并粘贴专用标签标识；刀片、移液枪头等尖锐物品应使用利器盒或耐扎纸板箱盛放，送储时再装入生物废物专用塑料袋，贴好标签。

(1) 实验废弃物的生物活性实验材料，特别是细胞和微生物必须及时灭活和消毒处理。

（2）固体培养基等要采用高压灭菌处理，未经有效处理的固体废弃物不能作为日常垃圾处理。

（3）液体废弃物如细菌等须用15%次氯酸钠消毒30min，稀释后排放，最大限度地减轻对周围环境的影响。

（4）被解剖的动物器官或动物尸体须及时妥善处理，禁止随意丢弃；无论是在实验室还是动物房，废弃的实验动物器官或尸体必须按要求消毒，并用专用塑料袋密封后冷冻储存，统一送有关部门集中焚烧处理。严禁随意堆放动物排泄物，与动物有关的垃圾必须存放在指定的塑料垃圾袋内，并及时用过氧乙酸消毒处理后方可运出。

（5）实验室所用吸头、吸管、离心管、注射器、手套等器械与耗材以及包装等塑料制品应使用特制耐高压超薄塑料容器收集，定期灭菌后，回收处理。

（6）废弃的玻璃制品及金属物品应使用专用容器分类收集，统一回收处理。

（7）注射针头用过后不应再重复使用，应放在盛放锐器的一次性容器内焚烧，如需要可先高压灭菌；盛放锐器的容器达到容量的3/4时，可先进行高压灭菌处理，再将其放入“感染性废弃物”的容器中进行焚烧。

（8）高压灭菌后重复使用的污染材料（有潜在感染性）必须先高压灭菌或消毒后再清洗、重复使用。

（9）工作台上应放置收纳废弃物不易碎的容器、盘子或广口瓶；当给废弃物消毒时，应充分接触消毒剂（不能有气泡阻隔），并根据所使用消毒剂的不同保持适当的接触时间；盛放废弃物的容器在重新使用前应进行高压灭菌并清洗。

5.4.3 放射性废物处理

放射性物质在生产和使用过程中，可能会发生人体表面和其他物体表面受到污染的状况，影响操作者身体健康，污染环境。

如果放射毒性较低、污染量较小，在一定时间内可以进行清洗，清洗污染过程越早进行效果越好；如果污染较为严重，特别是有人员损伤，应参照放射性事故应急处理程序进行处理。

5.4.3.1 轻微放射性污染事故清洗处理方法

（1）工作场所表面污染，根据表面材料的性质及污染情况，选用适当的清洗方法；一般先用水及去污粉或肥皂刷洗，若污染严重则考虑用稀盐酸或柠檬酸溶液冲洗，或刮去表面或更换材料。

（2）手和皮肤受到污染时，要立即用肥皂、洗涤剂、高锰酸钾、柠檬酸等清洗，也可用1%二乙胺四乙酸钙和88%的水混合后擦洗，头发如有污染也应用温水加肥皂清洗；不宜用有机溶剂及较浓的酸清洗，有机溶剂和浓酸会促使污染物进入人体。

（3）吸入放射性核素的人，可用0.25%肾上腺素喷射上呼吸道或用1%麻黄素滴鼻使血管收缩，然后用大量生理盐水洗鼻、漱口，也可用祛痰剂（氯化铵、碘化钾）排痰，眼睛、鼻子、耳朵也要用生理盐水冲洗。

（4）清除工作服上的污染时，如果污染不严重，及时用普通清洗法清洗即可；污染严重时，不宜手洗，要用高效洗涤剂（如草酸和磷酸钠的混合液）；若无合适清洗剂，可将受污染的衣物封存在大塑料袋内，避免大面积污染。

(5) 有些不合适上述清洗方法的污染，应先咨询专家，再做处理。

5.4.3.2 放射性废物的管理和处理

含有放射性核素或被放射性污染，活度和浓度大于国家规定的清洁控制水平，并预计不可再利用的物质称为放射性废物。目前还没有有效的方法使放射性物质的放射性消失，只能利用其放射性自然衰减的特性，将其封闭，在较长的时间内使其放射强度逐渐减弱，达到消除放射性污染的目的。

实验室放射性废物应与其他废物分开存放，放射性废物应有专用的存放容器，避免泄漏，存放地点应有有效的屏蔽防止外照射。放射性废物存储应防止丢失，包装完整易于存取，并且在包装上要标明放射性废物的核素名称、活度、其他有害成分以及使用者和日期，并定期检查，防止泄漏。放射性废物在实验室临时存放不宜过长，应按主管部门要求送往专门存贮和处理放射性废物的单位进行处理。

放射性废物处理的目的是降低废物的放射性水平和危害，减小废物处理的体积。在实际工作中，应合理使用放射性设备、试剂和材料，尽量回收再利用，尽量减少放射性废物的量。放射性废物的处理包括对放射性液体废物的处理、放射性固体废物的处理和放射性气体废物的处理。

(1) 放射性液体废物的处理。

1) 稀释排放。符合我国《放射防护规定》中规定浓度的废水，可以采用稀释排放的方法直接排放，否则应净化处理后再排放。

2) 浓缩贮存。半衰期较短的放射性废液可以在专用的容器中封装贮存，待其放射强度降低后，再稀释排放。对半衰期长或放射强度高的废液，可通过沉淀法、离子交换法和蒸发法等方法浓缩后再用专用容器经固化处理后深埋或贮存于地下，使其自然衰变。

3) 回收利用。对于放射性废液中含有的有用物质，尽可能回收利用，减少污染物的排放。

(2) 放射性固体废物的处理。可燃固体废物可以高温焚烧，将放射性物质聚集在灰烬中，再将灰烬密封在金属容器中，也可固化处理。对于无回收价值的金属制品，可在感应炉中熔化，使放射性废物固封在金属块内。对于压缩、焚烧减容后的放射性固体废物可封装在专门的容器中，或固化在沥青、水泥、玻璃中，然后再深埋在地下或贮存于混凝土结构的安全贮存库中。

(3) 放射性气体废物的处理。对于低放射性废气，特别是含有半衰期短的放射性物质的低放射性废气，一般通过高烟囱直接稀释排放；对于含粉尘或含有半衰期长的放射性物质的废气，则需经过一定的处理，如用高效过滤的方法除去粉尘，用碱液吸收除去放射性碘，用活性炭吸附碘、氪、氙等，经处理后的气体再通过高烟囱稀释排放。

总之，中、长半衰期核素固液废物的处置应符合国家规定的处置方案或回收协议，短半衰期核素固液废弃物放置 10 个半衰期经检测达标后作为普通废物处理，并有处置记录；报废含有放射源或可产生放射性的设备，须报学校管理部门同意，并按国家规定进行退役处置。X 射线管报废时应破坏高压设备，拍照留存；涉源试验场所退役，需按国家相关规定执行；放射性废物应及时送交城市放射性废物库收贮；排放气态或液态放射性流出物应严格按照环评和地方生态环境部门批准的排放量和排放方式执行。

5.5　实验室常见事故的处理方法

5.5.1　危险化学品试剂泄漏的处理方法

覆盖、稀释和吸附是三种比较科学的处置危险化学品的物理方式，主要是针对已经泄漏的危险化学品，能够使其得到较为有效的控制。

（1）覆盖。在危险化学品泄漏以后，可以通过在危险化学品的表面覆盖一层泡沫，防止危险化学品挥发到空气中。

（2）稀释。稀释的原理是通过降低危险化学品的浓度来减少危险化学品的危害性，通常是利用开花或者喷雾射流形式，来降低危险化学品在空气中的浓度，同时在一定程度上起到抑制危险化学品挥发的作用。即便是对于一些不可溶性的危险化学品，这种方式也能够在一定程度上沉淀危险化学品，从而保护周围人员的生命安全。此外需要注意的是，通过稀释方式进行危险化学品处置的过程中，会产生一定量的带有危害成分的水，因此还要做好这些稀释用水的收集处理工作。

（3）吸附。吸附是通过特定的吸附剂，对液态、气态危险化学品进行吸附并固化的处置方式。采用吸附的优点是能够将比较活跃的气态、液态危险化学品转化为物理特性比较稳定的固态物质，从而减少扩散并便于处置。常用的吸附剂包括天然有机吸附剂和无机吸附剂两类。

危险化学品风险防范的化学措施主要包括固化和中和。固化方法主要是向已经泄漏的危险化学品中加入稳定剂或保定剂，如凝胶、石灰等，这些物质在接触到危险化学品以后容易发生化学反应，使危险化学品呈现出稳定的形态，方便进行集中收集处理。中和方法主要是针对一些酸性或碱性危险化学品，在危险化学品中加入酸碱性对立的物质，使得这些酸性或碱性的危险化学品发生中和反应，产生水、二氧化碳、盐等无害物质。除此以外，还可以采用专门的中和试剂，有效改变危险化学品的形态，防止其挥发或溢流，比如对于地面泄漏物，可以采用碳酸钠溶液进行处理，成本低、效果明显；对于液态的碱性危险化学品，可以采用磷酸二氢氨。

5.5.2　火灾事故的预防与处理

在使用易挥发、易燃烧的有机溶剂（如乙醇、丙酮）时操作不慎，极易引起火灾事故。为了防止事故发生，必须注意以下事项。

（1）操作和处理易燃、易爆溶剂时，应远离火源；对易爆炸固体残渣，必须小心销毁；对于易发生自燃的物质以及沾有它们的称量纸，不能随意丢弃，以免引起火灾。

（2）实验前应仔细检查仪器装置是否正确、稳妥与严密；操作要求正确、严格；常压操作时，切勿造成系统密闭，否则可能会发生爆炸事故；沸点低于80℃的液体，一般蒸馏时应采用水浴加热，不可直接加热；实验操作中，应防止有机物蒸汽泄漏，不可用敞口装置加热。实验过程中有挥发性气体、毒害性物质的应在通风橱进行。

（3）实验室试剂应分类存放，易燃易爆的物质应存放在专门的试剂柜中，且不得超过规定的量。

实验室一旦发生火灾应保持镇定，要做到“三会”：会报火警；会使用消防设施扑救初起火灾；会自救逃生。

当发现火灾时，在保证自身安全的情况下，立即切断室内一切火源和电源，然后根据着火的具体情况进行正确的抢救和灭火，常用方法如下。

（1）在可燃液体燃着时，应立即拿开着火区域内的一切可燃物质，关闭通风器，防止扩大燃烧。酒精及其他可溶于水的液体着火时，可用水灭火；汽油、乙醚、甲苯等有机溶剂着火时，应用石棉布或干砂扑灭，绝对不能用水，否则反而会扩大燃烧面积。

（2）金属钾、钠或锂着火时，绝对不能用水、泡沫灭火器、二氧化碳、四氯化碳等灭火，可用干砂、石墨粉扑灭。

（3）电器设备导线等着火时，不能直接用水及二氧化碳灭火器（泡沫灭火器），以免触电。应先切断电源，再用二氧化碳或四氯化碳灭火器灭火。

（4）衣服着火时，千万不要奔跑，应立即用石棉布或厚外衣盖熄，或者迅速脱下衣服，火势较大时，应卧地打滚以扑灭火焰。

（5）烘箱有异味或冒烟时，应迅速切断电源，使其慢慢降温，并准备好灭火器备用。千万不要急于打开烘箱门，以免突然吸入空气助燃（爆），引起火灾。

（6）发生火灾时应注意保护现场。较大的着火事故应立即报警。若有伤势较重者，应立即送医院。

（7）熟悉实验室内灭火器材的位置和灭火器的使用方法。手提式干粉灭火器的使用方法为：先撕掉小铅块，拔出保险销；左手握着喷管对准火焰根部，右手提着按下压把，将干粉射流喷向燃烧区火焰根部即可。

5.5.3 爆炸事故的预防与处理

实验室发生爆炸时，事故现场人员在确保自身安全情况下，迅速切断电源和管道阀门，转移其他易爆物品，并立即报告。所有人员听从现场指挥，有秩序地通过安全出口或其他方法迅速撤离爆炸现场。

为了防止爆炸事故发生，在实验操作中应注意以下事项：

（1）对于易爆炸化合物：1）如有机化合物中的过氧化物、芳香族多硝基化合物和硝酸酯、干燥的重氮盐、叠氮化物、重金属的炔化物等，在使用和操作时应特别注意；2）含过氧化物的乙醚蒸馏时，有爆炸的危险，事先必须除去过氧化物，若有过氧化物，可加入硫酸亚铁的酸性溶液予以除去；3）芳香族多硝基化合物不宜在烘箱内干燥；4）乙醇和浓硝酸混合在一起，会引起极强烈的爆炸。操作时应在大口烧杯中，将硝酸缓慢加入到乙醇中，并在通风橱中进行；5）易燃易爆化学试剂严禁放在电冰箱内。

（2）仪器装置不正确或操作错误，有时会引起爆炸。如果在常压下进行蒸馏或加热回流，仪器必须与大气相通。在蒸馏时要注意，不要将物料蒸干。在减压操作时，不能使用不耐外压的玻璃仪器（如平底烧瓶和锥形烧瓶等）。

（3）氢气、乙炔、环氧乙烷等气体与空气混合达到一定比例时，会生成爆炸性混合物，遇明火即会爆炸。

（4）对于放热量很大的合成反应，要小心地慢慢滴加物料，并注意冷却，同时要防止因滴液漏斗的活塞漏液而造成事故。

5.5.4 中毒事故的预防与处理

实验中的许多试剂都是有毒的。有毒物质往往通过呼吸吸入、皮肤渗入、误食等方式导致中毒。为防止中毒性事故的发生，在实验操作中应注意以下事项。

（1）处理具有刺激性、恶臭和有毒的化学试剂时，如 H_2S、NO_2、Cl_2、Br_2、CO、SO_2、SO_3、HCl、HF、浓硝酸、发烟硫酸、浓盐酸，乙酰氯等，必须在通风橱中进行，并保持实验室通风良好。

（2）实验中应避免手直接接触化学品，尤其严禁手直接接触剧毒品。沾在皮肤上的有机物应当立即用大量清水和肥皂洗去，切莫用有机溶剂洗，否则可能会增加化学品渗入皮肤的速度。

（3）溅落在桌面或地面的有机物应及时除去。如不慎损坏水银温度计，洒落在地上的水银应尽量收集起来，并用硫黄粉盖在撒落的地方。

（4）实验中所用剧毒物质由各课题组技术负责人负责保管、适量发给使用人员并回收剩余。实验装有毒物质的器皿要贴标签注明，用后及时清洗，经常使用有毒物质的实验操作台及水槽要注明，实验后的有毒残渣必须按照实验室规定进行处理，不准乱丢。

操作有毒物质实验中若出现咽喉灼痛、嘴唇脱色或发绀、胃部痉挛或恶心呕吐、心悸头晕等症状，可能系中毒所致。视中毒原因施以下述急救措施后，立即送医院治疗，不得延误。

（1）固体或液体毒物中毒：有毒物质尚在嘴里的立即吐掉，用大量水漱口；误食碱者，先饮大量水再喝些牛奶；误食酸者，先喝水，再服 $Mg(OH)_2$ 乳剂，最后饮些牛奶，不要用催吐药，也不要服用碳酸盐或碳酸氢盐；重金属盐中毒者，喝一杯含有几克 $MgSO_4$ 的水溶液，立即就医；砷和汞化物中毒者，必须紧急就医。

（2）吸入气体或蒸汽中毒：立即将中毒者转移至室外，解开衣领和纽扣，使其呼吸新鲜气。对休克者应第一时间施以人工呼吸，但不要用口对口法，并立即送医院急救。

5.5.5 触电事故的预防与处理

为防止实验室触电事故的发生，在实验过程中应注意以下事项。

（1）实验中常使用电炉、电热套、电动搅拌机等，使用电器时，应防止人体与电器导电部分直接接触，以及石棉网金属丝与电炉电阻丝接触。

（2）不能用湿的手或手握湿的物体接触电插头；电热套内严禁滴入水等溶剂，以防止电器短路。

（3）为了防止触电，装置和设备的金属外壳等应连接地线。实验后应先关仪器开关，再将连接电源的插头拔下。检查仪器设备是否漏电应该用试电笔，凡是漏电的仪器，一律不能使用。

一旦发现发生触电事故，应立即关闭电源；用干木棍使导线与被害者分开或者使被害者和大地分离，急救时急救者必须做好防止触电的安全措施，手或脚必须绝缘。必要时进行人工呼吸并送医院救治。

5.5.6 放射性损伤的处理

急性损伤应立即脱离辐射源，防止被照皮肤再次受到照射或刺激；疑有放射性核素沾染皮肤时，应及时清洗，并予以去污处理；对于危及生命的损害（如休克、外伤和大出血），应首先进行抢救处理。

对于职业性放射工作人员，Ⅰ度慢性放射性皮肤损伤患者，应妥善保护局部皮肤，避免外伤及过量照射，并做长期观察；Ⅱ度损伤者，应视皮肤损伤面积的大小和轻重程度，减少射线接触或脱离放射性工作，并给予积极治疗；Ⅲ度损伤者，应脱离放射性工作，并及时给予局部和全身治疗。对久治不愈的溃疡、严重皮肤组织增生或萎缩性病变，应尽早手术治疗。

Ⅰ度患者一般无须处理，有红斑者可局部湿敷，搽消炎抗过敏的药膏，如艾洛松等；出现渗液糜烂的可以用硼酸水、碘伏等湿敷外涂；水疱发生溃疡者可用氦-氖激光治疗。急性红斑可用洗剂或冷湿敷，有糜烂时可以外涂1%龙胆紫或用2%~3%硼酸溶液、2%~3%甘草水或地榆煎液等湿敷，对溃疡可用抗生素软膏，或用鱼肝油和白蜡配成软膏，或33%蜂蜜鱼肝油软膏。分泌物多时可用复方硫酸铜溶液稀释10倍热湿敷，以改善血液循环，刺激肉芽新生。有全身症状时按具体情况采用抗生素、皮质类固醇、输血或其他内科疗法。若有癌变倾向时，应做病理检查，必要时及早切除并植皮。

5.5.7 其他事故的应急措施

（1）玻璃割伤。一般轻伤应及时挤出污血，并用消过毒的镊子取出玻璃碎片，用蒸馏水洗净伤口，涂上碘酒，再用创可贴或绷带包扎；大伤口应立即用绷带扎紧伤口上部，使伤口停止流血，急送医院就诊。

（2）烫伤。被火焰、蒸气、红热的玻璃、铁器等烫伤时，应立即用大量水冲洗或浸泡伤口处，以迅速降温避免温度烧伤。对于轻微烫伤，可在伤处涂些鱼肝油或烫伤油膏或万花油后包扎。若皮肤起泡（二级灼伤），不要弄破水泡，防止感染；若伤处皮肤呈棕色或黑色（三级灼伤），应用干燥且无菌的消毒纱布轻轻包扎好，急送医院治疗。

（3）被酸液、碱液、酚灼伤。皮肤被酸灼伤要立即用大量流动清水冲洗（皮肤被浓硫酸沾污时切忌先用水冲洗，以免硫酸水合时强烈放热而加重伤势，应先用干抹布吸去浓硫酸，然后再用清水冲洗），彻底冲洗后可用2%~5%的碳酸氢钠溶液或肥皂水进行中和，最后用水冲洗，涂上凡士林。碱液灼伤要立即用大量流动清水冲洗，再用2%醋酸洗或3%硼酸溶液进一步冲洗，最后用水冲洗，再涂上凡士林。酚灼伤时立即用30%酒精揩洗数遍，再用大量清水冲洗干净后用硫酸钠饱和溶液湿敷4~6h，由于酚用水冲淡1：1或2：1浓度时，瞬间可使皮肤损伤加重而增加酚吸收，故不可先用水冲洗污染面。受上述灼伤后，若创面起水泡，均不宜把水泡挑破。重伤者经初步处理后，急送医务室。

（4）酸液、碱液或其他异物溅入眼中。酸液溅入眼中，立即用大量水冲洗，再用1%碳酸氢钠溶液冲洗。若为碱液，立即用大量水冲洗，再用1%硼酸溶液冲洗。洗眼时要保持眼皮张开，可由他人帮助翻开眼睑，持续冲洗15min。重伤者经初步处理后立即送医院治疗。若木屑、尘粒等异物进入眼中，可由他人翻开眼睑，用消毒棉签轻轻取出异物，或任其流泪，待异物排出后，再滴入几滴鱼肝油。若玻璃屑进入眼睛内是比较危险的，这时要尽量保持平静，绝不可用手揉擦，也不要让别人翻眼睑，尽量不要转动眼球，可任其流泪，有时碎屑会随泪水流出。用纱布轻轻包住眼睛后，立即将伤者急送医院处理。

（5）误食强酸性腐蚀毒物。先饮大量的水，再服氢氧化铝膏、鸡蛋白；对于强碱性毒物，最好要先饮大量的水，然后服用醋、酸果汁、鸡蛋白。不论是酸中毒还是碱中毒都需灌注牛奶，不要吃呕吐剂。

（6）水银容易由呼吸道进入人体，也可以经皮肤直接吸收而引起累积性中毒。严重中毒的征象是口中有金属气味，呼出气体也有气味；流唾液，牙床及嘴唇上有硫化汞的黑色；淋巴腺及唾液腺肿大。若不慎中毒时，应送医院急救。急性中毒时，通常用碳粉或呕吐剂彻底洗胃，或者食入蛋白（如牛奶或鸡蛋清）或蓖麻油解毒并使其呕吐。

实验室应常备急救箱，急救箱内一般应有下列急救药品和器具：

（1）医用酒精、碘酒、红药水、紫药水、止血粉、凡士林、烫伤膏（或万花油），1%硼酸溶液或2%醋酸溶液，1%碳酸氢钠溶液等；

（2）医用镊子、剪刀、纱布、药棉、棉签、创可贴、绷带等。

医药箱专供急救用，不允许随意挪动，平时不得动用其中器具。

课程思政

高校材料学科实践教学能够培养学生的综合素质和责任意识，实验室教育必不可少。在实验室，应该严格遵守实验室安全操作规程和各种规章制度；在实验室应该要有安全责任意识，合理分工，有良好的团队协作能力；在实验的全过程中，应该提高安全意识，会进行风险评估，采取措施控制和避免危险因素，预防事故发生，会正确地处理事故，从而达到本质安全。

思考题

5-1 实验室常见的事故类型有哪些？简述它们发生的原因。

5-2 简述实验室安全事故预防对策。

5-3 简述实验室化学试剂对人体健康和环境的危害。

5-4 简述毒性物质侵入人体的途径。

5-5 简述实验室试剂分类存放的原则。

5-6 简述实验室常见废弃物的处理方法。

6 职业危害识别与控制

我国于2002年5月1日实行《职业病防治法》，目的是预防、控制和消除职业病危害，防治职业病，保护劳动者的健康及相关权益，促进经济发展。

《职业病防治法》规定：用人单位应当为劳动者创造符合国家职业卫生标准和卫生要求的工作环境和条件，并采取措施保障劳动者获得职业卫生保护。在工业生产过程中产生的各种有害物质如果不加以预防和控制就会造成环境污染，影响生产过程的正常运行，造成职业危害。因此，控制工业有害物质的产生和散发，改善作业环境是防止职业危害、保护环境的重要措施。

6.1 职业危害的识别

职业病是指企业、事业单位和个体经济组织的劳动者在职业活动中，因接触粉尘、放射性物质和其他有毒、有害物质等因素而引起的疾病。职业危害是指对从事职业活动的劳动者可能导致职业病的各种危害。职业危害因素包括职业活动中存在的各种有害的化学、物理、生物因素以及在作业过程中产生的其他职业有害因素。

6.1.1 粉尘与尘肺

6.1.1.1 生产性粉尘的产生

能够较长时间悬浮于空气中的固体微粒称为粉尘。在生产过程中形成的粉尘称为生产性粉尘。生产性粉尘的来源十分广泛，如：固体物质的机械加工、粉碎；金属的研磨、切削；矿石的粉碎、筛分、配料或岩石的钻孔、爆破和破碎等；耐火材料、玻璃、水泥和陶瓷等工业中原料加工；皮毛、纺织物等原料处理；化学工业中固体原料加工处理，物质加热时产生的蒸汽、有机物质的不完全燃烧所产生的烟尘。此外，粉末状物质在混合、过筛、包装和搬运等操作时产生的粉尘，以及沉积的粉尘由于振动或气流的影响又浮游于空气中（二次扬尘）也是生产性粉尘的一个主要来源。

6.1.1.2 生产性粉尘的分类

生产性粉尘分类方法有几种，其根据自身性质可以分为以下三类。

（1）无机性粉尘：

1）矿物性粉尘，如煤尘、硅石、石棉、滑石等；

2）金属性粉尘，如铁、锡、铝、铅、锰等；

3）人工无机粉尘，如水泥、金刚砂、玻璃纤维等。

（2）有机性粉尘：

1）植物性粉尘，如棉、麻、面粉、木材、烟草、茶等；

2）动物性粉尘，如兽毛、角质、骨质、毛发等；

3）人工有机粉尘，如有机燃料、炸药、人造纤维等。

（3）混合性粉尘：指上述各种粉尘混合存在。在生产环境中，最常见的是混合性粉尘。

6.1.1.3　生产性粉尘的性质

生产性粉尘的理化性质包括粉尘的化学成分、粒径与分散度、密度、润湿性、比表面积、荷电性和爆炸性等。

（1）化学成分。固体物料被粉碎后，其化学成分基本无变化。有些微细颗粒含有有毒物质、放射性物质和游离二氧化硅，如石英岩、花岗岩等含有大量的二氧化硅。

（2）粒径与分散度。粉尘粒径代表粉尘大小的尺度，由于粉尘形状、大小不规则，通常用其“当量粒径”来表示粉尘大小。按粒径大小粉尘可以分为粗尘（>40μm）、细尘（10~40μm）、微尘（0.25~10μm）、超微尘（<0.25μm）。

粉尘的粒径分布又称粉尘的分散度，指粉尘集合体中，各种粒径或粒径区间尘粒所占的比例，有数量分散度和质量分散度两种表示方法。数量分散度指各粒径区间尘粒的颗粒数占总颗粒数的百分比；质量分散度指各粒径区间尘粒的质量占总质量的百分比。同一粉尘组成，用不同方法表示其分散度，在数值上有差别。若用数量分散度表示，粉尘一般划分为小于2μm、2~5μm、5~10μm、10~15μm、15~20μm、20~30μm、30~40μm等若干个级别。

（3）密度。密度是指单位体积粉尘的质量，分为真密度和容积密度。粉尘的真密度是指每单位体积（不包括尘粒内闭孔体积）粉尘颗粒材料所具有的质量，即密实状态下单位体积粉尘的质量；容积密度指粉尘在松散状态下的单位体积质量。

（4）润湿性。润湿性是指粉尘与液体接触时，能否相互附着或附着强弱的特性，可分为亲水性和疏水性两类。润湿性强的粉尘有利于用湿式除尘。

（5）比表面积。比表面积是指单位质量粉尘的总表面积。比表面积与粒径成反比，粒径越小，比表面积越大。比表面积增加，粉尘的表面活性增强，从而对粉尘的润湿、凝聚、附着、燃烧和爆炸等性质都有明显的影响。

（6）荷电性。荷电性是指浮游于空气中的粉尘，通常带有电荷，是由于天然辐射、摩擦、粒子间的撞击、外界离子或电子附着和放射性照射等原因产生的。电除尘器就是利用粉尘的荷电性进行除尘的。

（7）爆炸性。爆炸性是指粉尘在空气中达到一定浓度并在一定温度下完全和氧接触会发生爆炸。有些粉尘在爆炸的同时还会产生大量有毒、有害气体，应注意采取预防措施。

6.1.1.4　粉尘的致病机理与职业病

粉尘的危害是多方面的，如爆炸性危害，有毒性强的金属粉尘（如铅、镉、镍等）进入人体后会引起中毒和死亡，具有放射性的粉尘进入肺部后产生内照射，但是最严重的危害是能引起各种尘肺病。尘肺病是由于长期大量吸入粉尘而引起的以肺组织纤维化为主的职业病，如硅肺病、煤肺病等，其中以硅肺病最为普遍。粒径小于2μm的微粒能进入人体的肺泡并沉积于肺泡中，该粉尘称为呼吸性粉尘，危害最大。沉积于肺泡中的粉尘在肺组织内形成纤维性病变，使肺组织部分失去弹性，造成呼吸功能减退，出现咳嗽、气短胸痛、无力等症状，严重时会丧失劳动力。一般认为，硅肺的发生和发展与从事硅尘作业的工龄、粉尘中游离二氧化硅的含量、二氧化硅的类型、生产场所粉尘浓度与分散度、防护措施以及个体条件等有关。劳动者一般在接触硅尘5~10年才发病，也有潜伏期长达15~20年的，接触游离二氧化硅含量高的粉尘有1~2年发病的。硅肺病由于硅尘进入肺内，引起肺泡的防御反应，成为尘细胞，其基本病变是硅结节的形成和弥漫性间质纤维增生，主要是引起肺纤维性改变。硅肺病是一种慢性病，目前尚无有效治疗方法。

生产性粉尘引起的职业病有：

(1) 全身中毒，如铅、砷化物等粉尘；

(2) 局部刺激性，如生石灰、漂白粉、烟草等粉尘；

(3) 变态反应性，如大麻、面粉、羽毛等粉尘；

(4) 光感性，如沥青粉尘；

(5) 感染性，如破烂布屑、兽毛等粉尘负有病原菌；

(6) 致癌性，如镍、砷、石棉及某些光感应性和放射性物质的粉尘；

(7) 尘肺，如煤尘、硅尘、硅酸盐尘等。

对于作业场所中存在粉尘、毒物的企业，其防尘、防毒的基本原则是：优先采用先进的生产工艺、技术和无毒或低毒的原料，消除或减少尘、毒等职业有害因素。对于工艺、技术和原材料达不到要求的，应根据生产工艺和粉尘、毒物特性，设计相应的防尘、防毒通风控制措施，使劳动者活动的工作场所有害物质浓度符合相关标准的要求；如预期劳动者接触浓度不符合要求的，应根据实际接触情况，采取有效的个人防护措施。

6.1.2　生产性毒物与职业中毒

人们将毒性物质侵入机体而导致的病理状态称为中毒。工业生产中接触到的毒物主要是化学物质，称为化学毒物或工业毒物。由于职业原因，在生产过程中接触化学毒物而引起的中毒，常被称为职业中毒。

6.1.2.1　毒物的分类

在生产过程中，生产性毒物主要来源于原料、辅助材料、中间产品、夹杂物、半成品、成品、废气、废液及废渣，有时也可能来自加热分解的产物。

毒性物质根据不同标准分类方法也不同。毒性物质根据其可以存在的形态，可以分为5类。

(1) 气体：在常温、常压下，散发于空气中的气体，如氯、溴、甲烷等。

(2) 蒸气：固体升华、液体蒸发时形成蒸气，如水银蒸气和苯蒸气等。

(3) 烟雾：指气体冷凝成液体，或通过溅落、鼓泡、雾化等使液体分散而产生的悬浮液滴。

(4) 烟尘：指熔融金属等挥发出的气态物质冷凝产生的固体粒子，常伴有化学反应发生，如熔铜时产生的氧化锌烟尘，熔镉时产生的氧化镉烟尘，电焊时产生的电焊烟尘等。

(5) 粉尘：较长时间悬浮于空气中，直径大多数为0.1~10μm，在加工、粉碎、研磨、撞击和爆裂时产生的固体粒子。

类似地，毒性物质如果按其损害的系统分类，可以分为神经毒性、血液毒性、肝脏毒性、肾脏毒性、全身毒性等5种类型；若按其生物作用分类，可分为刺激性、腐蚀性、窒息性、麻醉性、溶血性、致敏性、致癌性、致突变性、致畸胎性等9类。对于化工背景的专业人员，其常常会将毒性物质按照已有的知识结构，先简单地划分为无机毒性物质和有机毒性物质两类，然后再进一步细分，如分为无机重金属毒物、无机有毒气体、有机磷毒物、有机硫毒物等。

6.1.2.2 常见生产性毒物的危害

毒物的毒性按照化学物质危害程度分级分为剧毒、高毒、中等毒、低毒和微毒5个级别。其危害性不仅取决于毒物的毒性，还受毒性物质的数量、存在形态以及生产条件和劳动者个体差异的影响。例如，氧气是人生存的基本条件，但偏离正常浓度范围的氧气气氛，人体在其中停留超过一定时间，同样会对人体的正常生理机能产生影响，严重时会造成不可挽回的伤害。下面介绍一些常见毒性物质的危害。

A 刺激性气体

（1）氯气（Cl_2）。黄绿色气体，密度为空气的2.45倍，沸点-34.6℃，易溶于水、碱溶液、二硫化碳和四氯化碳等。高压下液氯为深黄色，化学性质活泼，与一氧化碳作用可以生成毒性更大的光气。氯溶于水生成盐酸和次氯酸，产生局部刺激。主要损害上呼吸道和支气管黏膜，引起支气管痉挛、支气管炎，严重时引起肺水肿。吸入高浓度氯后，引起迷走神经反射性心跳停止，呈“电击样”死亡。

（2）氮氧化物（NO_x）。氮氧化物中二氧化氮活性最大，不易溶于水，低温下为淡黄色，室温下为红棕色。氮氧化物较难溶于水，对呼吸器官有强烈刺激，能引起肺水肿。硝酸和亚硝酸被吸收进入血液，生成硝酸盐和亚硝酸盐，可扩张血管，引起血压下降，并与血红蛋白作用生成高铁血红蛋白，引起组织缺氧。

（3）二氧化硫（SO_2）。无色气体，沸点-10℃，密度为空气的2.3倍，具有强烈刺激性气味，溶于水、乙醇和乙醚。吸入呼吸道后，在黏膜湿润表面上生成亚硫酸和硫酸，产生强烈的刺激作用。大量吸入可引起喉水肿、肺水肿、声带痉挛而窒息。二氧化硫在空气中氧化成三氧化硫，形成硫酸烟雾，其危害程度远大于二氧化硫。

（4）氨（NH_3）。无色、具有强烈刺激性气味的气体，密度为空气的0.5971，易液化，沸点-33.5℃，溶于水、乙醇和乙醚。对上呼吸道有刺激和腐蚀作用，高浓度时可引起接触部位的碱性化学灼伤，组织成溶解性坏死，并可引起呼吸道深部及肺泡损伤，发生支气管炎、肺炎和肺水肿。进入血液，可引起糖代谢紊乱及三羧酸循环障碍，降低细胞色素氧化酶系统的作用，导致全身组织缺氧，在肝脏中解毒生成尿素。

（5）光气（$COCl_2$）。无色、有霉草气味的气体，密度为空气的3.4倍，沸点8.3℃，易溶于醋酸、氯仿、苯和甲苯等。遇水可水解成盐酸和二氧化碳。毒性比氯气大10倍，对上呼吸道仅有轻度刺激，但吸入后其分子中的碳基与肺组织内的蛋白质酶结合，从而干扰细胞的正常代谢，损害细胞膜，肺泡上皮和肺毛细血管受损通透性增加，引起化学性肺炎和肺水肿。

B 窒息性气体

（1）一氧化碳（CO）。无色、无味、无刺激性气体。密度为空气的0.968，不溶于水，但可溶于氨水、乙醇、苯和醋酸，燃烧时呈蓝色火焰。一氧化碳被吸入后，经肺泡进入血液循环，与血红蛋白生成碳氧血红蛋白，碳氧血红蛋白无携氧能力，又不易解离，造成全身各组织缺氧。

（2）氰化氢（HCN）。无色、具有苦杏仁味的气体，密度为空气的0.94，熔点

-13.4℃，沸点26℃，溶于水、乙醇和乙醚，溶于水生成为易挥发的氢氰酸。氰化氢与体内氧化型细胞色素氧化酶的三价铁离子有很强的亲和力，二者结合后使酶失去活性，阻碍生物氧化酶过程，使组织细胞不能利用氧，造成内窒息。

(3) 硫化氢（H_2S）。无色、具有臭鸡蛋味的气体，密度为空气的1.19倍，沸点-61.8℃，溶于水、乙醇、甘油和石油溶剂。硫化氢既有刺激性又能使人窒息，其对黏膜有强烈的刺激性作用，被吸收后与氧化型细胞色素氧化酶作用，抑制酶的活性，使组织细胞发生内窒息。

C 金属及其化合物

(1) 汞（Hg）。常温下为银白色液体，相对密度约为13.55℃，熔点-38.87℃，沸点356.9℃，黏度小、易流动，有很强的附着力，地板、墙壁都能吸附汞。常温下可蒸发，且随温度升高，蒸发加快。不溶于水，能溶于类脂质，易溶于硝酸、热浓硫酸，能溶解多种金属。汞离子与体内巯基、二巯基有很强的亲和力。汞通过呼吸道和胃、肠进入人体，与体内某些酶的活性中心巯基结合后，使酶失去活性，造成细胞损害，导致中毒。急性中毒表现在消化器官和肾脏，慢性中毒使人出现易怒、头疼、记忆力减退、营养不良和贫血等症状。

(2) 铅（Pb）。银灰色软金属，延展性强，相对密度11.35，熔点327℃，沸点1620℃。加热至400~500℃即有大量铅蒸汽逸出，在空气中迅速氧化成氧化亚铅和氧化铅，并凝结成烟尘。不溶于稀盐酸和硫酸，能溶于硝酸、有机酸和碱液。铅是全身性毒物，主要影响血红素合成，产生贫血。铅可引起血管痉挛、视网膜小动脉痉挛和高血压等，还可作用于脑、肝等器官，发生中毒性病变。

(3) 铬（Cr）。铬为钢灰色、硬而脆的金属，相对密度约为7.20，熔点1900℃，沸点2480℃。氧化缓慢，耐腐蚀，不溶于水，溶于盐酸、热硫酸。铬化合物中六价铬毒性最大。化肥工业催化剂主要原料三氧化铬，是强氧化剂，溶于水，常以气溶胶状态存于厂房空气中。六价铬化合物有强烈刺激性和腐蚀性，铬在体内可影响氧化、还原、水解过程，可使蛋白质变性，引起核酸、核蛋白沉淀，干扰酶系统。六价铬抑制尿素酶活性，三价铬对抗凝血活素有抑制作用。

(4) 镉（Cd）。银白色、有光泽的金属，熔点320.9℃，沸点765℃，相对密度8.65，有韧性和延展性，可溶于酸，但不溶于碱。镉毒性较大，被镉污染的空气和粮食对人体危害严重，且在人体内代谢较慢。镉会对呼吸道产生刺激，长期暴露会造成嗅觉丧失症，牙龈黄斑或渐成黄圈，镉化合物不易被肠道吸收，但可以经呼吸被体内吸收，积存于肝或肾脏造成危害，尤其对肾脏损害最为明显，还会导致骨质疏松和软化。

D 有机化合物

(1) 苯（C_6H_6）。具有芳香气味的无色、易挥发、易燃液体。相对密度0.88，熔点5.5℃，沸点80.1℃，不溶于水，溶于乙醇、乙醚等有机溶剂。常温下挥发，且随温度升高，挥发加剧。苯通过呼吸道和皮肤表面进入人体内，会损害神经系统和造血系统，使人出现头痛、头晕、神志不清、恶心、呕吐等症状。

(2) 硝基苯（$C_6H_5NO_2$）和苯胺（$C_6H_5NH_2$）。硝基苯为无色或淡黄色具有苦杏仁气味的油状液体。相对密度约为1.20，熔点5.7℃，沸点210.9℃。几乎不溶于水，可与乙醇、乙醚或苯互溶。苯胺是有特殊臭味的无色油状液体。相对密度约为1.02，熔点-6.2℃，沸点184.4℃。微溶于水，可溶于乙醇、乙醚和苯等。

苯的硝基和氨基化合物进入人体后，经氧化变成硝基酚和氨基酚，使血红蛋白变成高铁血红蛋白，高铁血红蛋白失去携氧能力，引起组织缺氧。这类毒物还能导致红细胞破裂，出现溶血性贫血，也可直接引起肝、肾和膀胱等脏器的损害。

（3）有机氟化物。有机氟化物主要包括四氟乙烯、六氟丙烯、八氟异丁烯等。这些化合物都是无色、无臭气体，密度比空气大，沸点低。有机氟化物中毒机理尚不清楚，被吸入人体后，作用于肺脏引起肺炎、肺水肿、肺间质纤维化，并能作用于心脏引起中毒性心肌炎。

（4）有机磷农药。这类农药常见的品种繁多，除乐果、亚胺硫磷、敌百乐等少数品种是白色固体外，多数是浅黄色至棕色的油状液体，难溶或不溶于水，能溶于有机溶剂，具有大蒜样臭味，通常为乳剂、油剂、粉剂、喷雾剂和颗粒剂等。一般在酸性溶液中稳定，在碱性溶液中易分解而失去毒性，唯有敌百虫能溶于水，遇碱液变为毒性更大的敌敌畏。有机磷农药被吸收后迅速分布于全身，在体内与胆碱酯酶结合而生成磷酰化胆碱酯酶，从而抑制酶的活性，导致神经介质乙酰胆碱不能被酶分解而积聚，引起神经紊乱。

6.1.2.3 化学毒物的影响因素

化学物质的毒性大小和作用特点，与物质的化学结构、物理性质、剂量或浓度、环境条件以及个体敏感程度等一系列因素有关。

（1）化学结构对毒性的影响。化学结构是物质毒性的决定因素，在有机化合物中，碳链的长度对毒性有很大影响，饱和脂肪烃类对有机体的麻醉作用随分子中碳原子数的增加而增强。在碳链中若以支链取代直链，则毒性减弱。如异庚烷的麻醉作用比正庚烷小一些，2-丙醇毒性比正丙醇小一些。如碳链首尾相连成环，则毒性增加，如环己烷的毒性大于正己烷。物质分子结构的饱和程度对生物活性影响很大，不饱和程度越高，毒性越大。分子结构的对称性和几何异构对毒性都有一定的影响，一般认为，对称程度越高，毒性越大。有机化合物的氢取代基团对毒性有显著影响，脂肪烃中以卤素原子取代氢原子，芳香烃中以氨基或硝基取代氢原子，苯胺中以氧、硫、羟基取代氢原子，毒性都明显增加。

（2）物理性质对毒性的影响。物质的溶解性、挥发性以及分散度对毒性作用都有较大的影响。毒性物质的溶解性越大，侵入人体并被人体组织或体液吸收的可能性就越大。如硫化砷由于溶解度较低，因此毒性较轻。氧化铅比其他铅化合物易溶于血清，因而更容易中毒。不溶于水的毒性物质，有可能溶解于脂肪和类脂质中，它们虽不溶于血液，但可与中枢神经系统中的类脂质结合从而表现出明显的麻醉作用，如苯、甲苯等。

毒性物质在空气中的浓度与其挥发性有直接关系，挥发性越大，在空气中的浓度越大。如溴甲烷的沸点为4.6℃，常温下极易挥发，故易引起生产性中毒。因此，有些物质本来毒性很大，但挥发性很小，实际上并不怎么危险。反之，有些物质毒性不大，但挥发性很大，反而具有较大危险。

粉尘和烟尘颗粒的分散度越大，越容易被吸入，如金属熔融时产生高度分散性的粉尘，发生铸造性吸入中毒，如铜、镍等的粉尘中毒。

（3）环境条件对毒性的影响。任何毒性物质只有在一定条件下才能表现出其毒性，其毒性与物质浓度、接触时间以及环境温度与湿度等条件有关。环境中毒性物质的浓度越高，接触时间越长，就越容易引起中毒。环境温度越高，毒性物质越容易挥发，环境中毒性物质的浓度越高，越容易造成人体的中毒。环境中多种毒物联合作用的综合毒性较单一毒物的毒性，可以增强，也可以减弱，增强者称为协同作用，减弱者则称为拮抗作用。生产性毒物与生活性毒物的联合作用也比较常见，如酒精可以增强铅、汞、砷、甲苯等的吸收能力。

（4）个体因素对毒性的影响。在毒物种类、浓度和接触时间相同的条件下，有人没有中毒反应，而有人却有明显的中毒反应，这完全是个体因素不同所致。毒物对人体的作用，可能随毒物剂量和环境条件有差异，也可能随人的年龄、性别、中枢神经系统状态、健康状况以及对毒物的耐受性和敏感性而有所区别。

6.1.2.4 毒性物质侵入人体途径与毒理作用

A 毒性物质侵入人体途径

毒性物质一般经过呼吸道、消化道及皮肤接触进入人体。在生活中，毒性物质以呼吸道侵入为主；职业中毒中，毒性物质主要通过呼吸道和皮肤侵入人体，毒性物质经过消化道进入人体比较少，往往是用被毒性物质沾染过的手取食物或吸烟，或发生意外事故毒物冲入口腔造成的。

B 毒性物质的毒理作用

毒性物质进入机体后，通过各种屏障，转运到一定系统、器官或细胞中，经代谢转化或无代谢转化，在靶器官与一定的受体或细胞成分结合，产生毒理作用。

（1）毒性物质可使酶失活，从而破坏正常代谢过程，导致机体中毒症状的出现。如细胞色素氧化酶中铁离子，可通过二价铁离子和三价铁离子相互转化进行氧化还原反应。某些毒物如氰化氢、硫化氢等可与铁离子结合，抑制酶的活性而使细胞窒息。

（2）毒物可以干扰 DNA 和 RNA 的合成。毒物作用于 DNA 和 RNA 的合成过程，产生致突变、致畸变、致癌作用。致癌毒物与 DNA 原发地或继发的作用，使基因物质产生结构改变，通过基因的异常激活、阻遏或抑制，诱发恶性变化，呈现致癌作用。

（3）毒物对组织或细胞损害。组织毒性往往并不首先引起细胞功能如糖原含量或某些酶浓度改变，而是直接损伤细胞结构，表现为细胞变性，伴有大量空泡形成、脂肪蓄积和组织坏死。如溴苯在肝脏内经代谢转化为秀苯环氧化物，与肝内大分子共价结合，导致肝脏组织毒性。有些与机体组织成分发生反应，对组织产生刺激或腐蚀作用。毒物还可以诱发机体对化学物质的过敏反应，过敏反应部位在皮肤则引起过敏性皮炎，若在呼吸道则引起过敏性哮喘等。

（4）毒物还可使机体对氧的吸收、运输起阻断作用。单纯性窒息性气体如氮、氩等，当它们含量很高时，氧分压相对降低，机体因吸收不到充分的氧气而窒息。刺激性气体造成肺水肿而使肺泡气体交换受阻。硫化氢与血红蛋白作用生成硫化血红蛋白，砷化氢与红细胞作用造成溶血，使血红蛋白释放，这些作用都使红细胞失去输氧功能。

6.1.3 物理性职业危害因素

6.1.3.1 噪声

在生产中，由于机械转动、气体排放、工件撞击与摩擦所产生的噪声称为生产性噪声或工业噪声。空气动力噪声主要是由于气体压力变化引起气体扰动，气体与其他物体相互作用所致。机械性噪声是由于机械撞击、摩擦或质量不平衡旋转等机械力作用下引起固体部件震动所产生的噪声，如各种车床、电锯、电刨、球磨机等发出的噪声。电磁噪声是由于磁场脉冲、磁致伸缩引起电气部件振动所致，如大型电动机、发电机和变压器等产生的噪声。

生产性噪声引起的职业病主要是噪声聋，它是由于长时间接触噪声导致的听阈升高，不能恢复到原有水平，称为永久性听力阈移，临床上称为噪声聋。职业噪声还具有听觉外效应，可引起人体其他器官或机能异常。

控制生产性噪声的3项措施主要是：

（1）消除或降低噪声、振动源，如选择噪声低的设备或改进生产工艺，提高机械设备的加工精度和装配技术，使发声体的声音降低到最低限度；

（2）防止噪声传播，如把工厂与居民区分开，办公室远离噪声车间等；

（3）加强个人防护和健康监护，如佩戴防声耳塞或耳罩等。

6.1.3.2 振动

生产中的生产设备、工具产生的振动称为生产性振动，如锻造机、冲压机、压缩机、振动机、振动筛、送风机、收割机等。存在手臂振动的生产作业主要有以下几类：

（1）操作捶打工具，如操作凿岩机、空气锤、筛选机等；

（2）手持转动工具，如操作电钻、风钻、喷砂机等；

（3）使用固定轮转工具，如使用砂轮机、抛光机、球磨机等；

（4）驾驶交通运输车辆与使用农业机械，如驾驶汽车、使用脱粒机等。

在生产中手臂振动所造成的危害较为明显和严重，国家将振动病列为法定职业病。振动病主要是由于局部肢体（主要是手）长期接触强烈振动而引起的。长期受低频、大振幅的振动，振动加速度的作用可使植物神经功能紊乱，引起皮肤外周血管循环机能改变，长此以往，可出现一系列病理改变。早期可出现肢端感觉异常、振动感觉减退。前期手部症状为手疼、手麻、手凉、手胀、手掌多汗，多在夜间发生；然后为手颤、手僵、手无力，多在工作后发生，手指遇冷即出现缺血发白，严重时血管痉挛明显。X片可见骨及关节改变。如果下肢接触振动，以上症状出现在下肢。

振动的频率、振幅和加速度是振动作用于人体的主要因素，加速度增大，可使白指病增多。气温寒冷是促使振动致病的重要外界条件之一，体位和姿势、接触时间、个体差异、噪声、被加工部件的硬度、冲击力及紧张等因素也很重要。

防振动基本原则和要求是：作业场所存在振动危害的企业应采用新技术、新工艺、新方法避免振动对健康的影响，应首先控制振动源，使振动强度符合相关标准的要求。采用工程控制技术措施仍达不到要求的，应根据实际情况合理设计劳动作息时间，并采取适宜的个人防护措施。

6.1.3.3 电磁辐射

A 非电离辐射

非电离辐射主要包括射频辐射、红外线辐射、紫外线辐射、激光辐射。

射频辐射又称为无线电波，量子能量很小，按波长和频率可分为高频电磁场、超高频电磁场和微波3个波段。生产中一般常见的为高频辐射作业和微波作业。高频作业主要有感应加热，如金属热处理、表面淬火、金属熔炼等工人作业地带高频电磁场主要来自高频设备的辐射源，无屏蔽的高频输出变压器常是工人操作位的主要辐射源，射频辐射对人体影响不会导致组织器官的器质性损伤，主要引起功能性改变，并具有可逆性特征，症状往往在停止接触数周或数月后可消失。微波加热广泛用于橡胶、食品、木材、皮革、茶叶加工等，微波对机体的影响分为致热效应和非致热效应两类。微波可选择性加热含水分组织而可造成机体热伤害，非致热效应主要表现在神经、分泌和心血管系统。

在生产环境中，加热金属、强发光体等可称为红外线辐射源，炼钢工、铸造工、焊接工等可接触到红外线辐射。在生产环境中，物体温度达到1200℃以上辐射的电磁波谱中即可出现紫外线，随着温度的升高，辐射的紫外线频率增加。常见的工业辐射源有冶炼炉、电焊、氧乙炔气焊、氩弧焊、等离子焊接等。激光也属于电磁波，属于非电离辐射，广泛地应用于工业、农业、国防、医疗和科研等领域。工业中主要利用激光辐射能量集中的特点，进行焊接、打孔、切割、热处理等作业。防非电离辐射的主要防护措施有场源屏蔽、距离防护、合理布局以及采取个人防护措施等。

B　电离辐射

凡能引起物质电离的各种辐射称为电离辐射，如各种天然放射性核素和人工放射性核素、X射线等。电离辐射引起的职业病为放射病。

放射性疾病是人体受各种电离辐射照射而发生的各种类型和不同程度损伤的总称，包括：全身性放射性疾病，如急性、慢性放射病；局部放射性疾病，如急性、慢性放射性皮炎、放射性白内障；放射所致远期损伤，如放射所致白血病。

电离辐射的防护主要是控制辐射源的质和量，也包括辐射剂量的控制和相应的防护措施。电离辐射的防护分为外照射防护和内照射防护。外照射防护的基本方法有时间防护、距离防护和屏蔽防护，统称“外防护三原则”。内照射防护的基本防护方法有围封隔离、除污保洁和个人防护等综合性防护措施。

6.1.3.4　异常气象条件作业

异常气象条件作业包括高温作业、高温强热辐射作业、高温高湿作业、夏季露天作业、低温作业、高气压作业、低气压作业七种类型。高温作业对机体的影响主要是体温调节和人体水盐代谢的紊乱。机体内多余的热不能及时散发掉，产生蓄热现象而使体温升高；高温作业下大量出汗，使体内水分和盐大量失去引起体内水盐代谢紊乱，对循环系统、消化系统、泌尿系统都可造成一定不良影响，甚至中暑。低温作业可使皮肤血管收缩以减少散热，内脏和骨骼血流增加，代谢加强，骨骼肌收缩产热，以保持正常体温，时间过长会使体温逐渐降低，全身过冷，机体免疫力和抵抗力降低，易患感冒、肺炎、肾炎、肌痛、关节炎等，甚至冻伤。高气压作业在不同阶段表现不同，加压过程中，可引起耳充耳塞感、耳鸣、头晕等，甚至鼓膜破裂。在高气压作业条件下，欲恢复到常压状态时，要有减压过程，若减压过速，则可引起减压病。低气压作业主要是由于低氧性缺氧而引起的损害，如高原病。

作业场所的高温作业企业应优先采用先进的生产工艺、技术和原材料，工艺流程的设计宜使操作人员远离热源，同时根据其具体条件采取必要的隔离、通风、降温等措施，消除高温作业危害。异常气象条件作业的防护措施主要有高温作业防护、隔热、通风降温、保健措施、个体防护、异常气压的预防。

6.1.4 生物毒害性职业危害因素

生物因素是职业病危害因素的一个重要组成部分，生产原料和生产环境中存在的对职业人群健康有害的致病微生物、寄生虫、动植物、昆虫等及其所产生的生物活性物质统称为生物性有害因素。例如，附着于动物皮毛上的炭疽杆菌、布氏杆菌，某些动植物产生的刺激性、毒性或变态反应性生物活性物质，以及禽畜血吸虫尾蚴等。职业性有害生物因素主要指病原微生物和致病寄生虫，如布氏杆菌、炭疽杆菌、森林脑炎病毒等。《工作场所有害因素职业接触限值 第1部分：化学有害因素》（GBZ 2.1—2019）规定了工作场所空气中白僵蚕孢子与枯草杆菌蛋白酶的容许浓度。

常见的生物性有害因素作业主要见于病原微生物实验研究、医疗卫生行业、生物高科技产业、动物和植物等相关行业。

（1）病原微生物实验研究。从事与病原微生物菌（毒）种、样本有关的研究、教学、检测、诊断等活动的实验室工作人员可能因接触高致病性病原微生物而引起相应的健康损害。

（2）医疗卫生行业。从事医疗卫生技术服务的工作人员可能因接触致病性微生物而引起相应的健康损害。

（3）生物高科技产业。以DNA重组技术为代表的现代生物技术操作对象主要是活性有机体，在生产操作过程中工作人员经常接触致病性微生物或非致病性微生物或其有毒有害的代谢产物，有可能对其健康产生危害。

（4）动物相关行业。从事畜牧业、动物饲养、动物屠宰等动物相关行业的作业人员存在感染动物性传染病的风险。

（5）植物相关行业。农业生产人员可能因接触有机粉尘导致农民肺；菇类栽培、采摘工作的人员可能因吸入大量真菌孢子而诱发蘑菇肺；从事稻田作业的人员会发生各种皮肤疾患；在森林地区的作业人员可能接触森林脑炎病毒等。

生物性有害因素对职业人群健康的损害，除引起如炭疽、布氏菌病、森林脑炎等法定职业病之外，因病原体不同，也可引起鼠疫、口蹄疫、牧民狂犬病、钩端螺旋体病等疾病。尤其是近年流行的传染性非典型肺炎、人类禽流感和猪链球菌等新的传染性疾病对禽、畜类相关职业人群的健康造成了较大的影响。劳动者在生产条件下，接触生物性危害因素而发生的职业病，其预防措施主要是做好自身防护。

6.2 职业危害的评价与控制

6.2.1 工业有害物质的卫生排放标准

为了贯彻《中华人民共和国环境保护法》《中华人民共和国水污染防治法》和《中华人民共和国大气污染防治法》，我国实施修订了一系列标准来防治污染，保护和改善生态环境，保障人体健康，它们按有关法律规定，具有强制执行的效力。

6.2.1.1 有害物质的浓度

工业有害物浓度是指单位体积空气中有害物的含量。一般来说，有害物质对人体的危害除与有害物质的性质有关外，还与有害物质的浓度有关。有害物质浓度越大，对人体的危害越大。有害物质的浓度一般有 3 种表示方法。

（1）质量浓度：每立方米空气中含有害物质的质量，单位为 mg/m^3。

（2）体积浓度：每立方米空气中所含有害物质的毫升数，单位为 mL/m^3。

（3）颗粒浓度：每立方米空气中所含有害物质的颗粒数，单位为个/m^3。

6.2.1.2 有害物质的卫生标准

《工业企业设计卫生标准》，定义了卫生标准、职业有害因素、低温作业、振动等一些常用相关术语，对工业场所有害因素职业接触限制（化学有害因素、物理有害因素）、工业场所职业病危害警示标识、工作场所防止职业中毒卫生工程防护措施规范、工作场所有毒气体检测报警装置设置规范、环境空气质量标准、大气污染物综合排放标准、排风罩的分类及技术条件、以噪声污染为主的工业企业卫生防护距离标准、呼吸防护用品的选择和使用与维护、电离辐射防护与辐射源安全基本标准、采暖通风与空气调节设计规范、建筑采光设计标准、建筑照明设计标准、洁净厂房设计规范、工业企业总平面设计规范和工业企业噪声控制设计规范做了具体规定。车间卫生特征分级见表 6-1。

表 6-1 车间卫生特征分级

<table>
<tr><th>卫生特征</th><th>1 级</th><th>2 级</th><th>3 级</th><th>4 级</th></tr>
<tr><td>有毒物质</td><td>易经皮肤吸收引起中毒的剧毒物质，如有机磷农药、三硝基甲苯、四乙基铅等</td><td>易经皮肤吸收或有恶臭的物质，或高毒物质，如丙烯腈、吡啶、苯酚等</td><td>其他毒物</td><td rowspan="3">不接触有害物质或粉尘，不污染或轻度污染身体，如仪表、金属冷加工、机械加工等</td></tr>
<tr><td>粉尘</td><td></td><td>严重污染全身或对皮肤有刺激的粉尘，如炭黑、玻璃棉等</td><td>一般粉尘（棉尘）</td></tr>
<tr><td>其他</td><td>处理传染性材料、动物原料，如皮毛等</td><td>高温作业、井下作业</td><td>体力劳动强度Ⅲ级或Ⅳ级</td></tr>
</table>

注：虽易经皮肤吸收，但易挥发的有毒物质（如苯等）可按 3 级确定。

6.2.1.3 有害物质的排放标准

为了保护环境，防止污染，保障人民身体健康，促进工农业发展，贯彻《中华人民共和国环境保护法》《中华人民共和国水污染防治法》和《中华人民共和国大气污染防治法》，我国先后颁布《大气污染物综合排放标准》（GB 16297—1996）、《工业窑炉大气污染物排放标准》（GB 9078—1996）、《钢铁工业水污染物排放标准》（GB 13456—1992），以及化工行业标准《中华人民共和国国家职业卫生标准》（GBZ/T 197—2007）、《实验室废弃化学品安全预处理指南》（HG/T 5012—2017）等文件，各省、市、自治区也相应制定了本地区的标准。自 2019 年 7 月 1 日起，我国先后发布了《挥发性有机物无组织排放控制标准》（GB 37822—2019）、《制药工业大气污染排放标准》（GB 37823—2019）、《涂料、油墨及粘胶剂工业大气污染物排放标准》（GB 37824—2019），制药、涂料、油墨和胶粘剂工业大气污染物排放控制不再执行《大气污染物综合排放标准》（GB 16297—1996）相关规定。

6.2.2 职业危害的评价

职业危害的评价是依据国家有关法律、法规和职业卫生标准，对生产经营单位生产过程中产生的职业危害因素进行基础评价，对生产经营单位采取的预防控制措施进行效果评价，同时也为职业场所职业卫生监督管理提供技术数据。职业危害的评价是评价工作环境中存在的职业性危害因素的浓度或强度的基本方式。通过职业危害因素检测，可以判定职业危害因素的性质、分布、产生的原因和程度，也可以评价作业场所配备的工程防护设备设施的运行效果。根据评价的目的和性质不同，职业危害的评价可分为经常性职业危害因素检测与评价、建设项目的职业危害评价。

6.2.2.1 经常性职业危害因素检测与评价

职业危害因素检测必须按计划实施，由专人负责，进行记录，并纳入建立的职业卫生档案。《作业场所职业健康监督管理暂行规定》，存在职业危害的生产经营单位（煤矿除外）应当委托具有相应资质的中介技术服务机构，每年至少进行一次职业危害因素检测。每三年至少进行一次职业危害现状评价。

对于多数物理性职业危害因素，在现场检测时可以借助测定设备直接进行读数；对于作业场所空气中存在的粉尘、化学物质等有害因素，在采集作业场所样品后，还需要作进一步的分析测定。

主要标准有粉尘测量有关技术规范《工作场所空气中粉尘测定》《工作场所空气有毒物质测定》等。

6.2.2.2 建设项目职业危害评价

建设项目职业危害评价关系建设项目建成投产后能否符合国家职业卫生方面法律、法规、标准规范的要求，能否预防、控制和消除职业危害，保护劳动者健康及其相关权益，促进经济发展的关键性工作，必须以建设项目为基础，以国家职业卫生法律、法规、标准、规范为依据，遵循严肃性、严谨性、公正性、可行性的原则。

通过职业危害预评价，识别和分析建设项目在建成投产后可能产生的职业危害因素及其主要存在环节，评价可能造成的职业危害及程度，确定建设项目在职业病防治方面的可行性，为建设项目的设计提供必要的职业危害防护对策和建议。

建设项目职业危害评价方法主要有检查表法、类比法和定量法。

（1）检查表法。依据现行职业卫生法律、法规、标准编制检查表，逐项检查建设项目在职业卫生方面的符合情况。

（2）类比法。类比法是通过与拟建项目同类和相似工作场所检测、统计数据，健康检查与监护，职业病发病情况等，类推拟建项目作业场所职业危害因素的危害情况。其关键在于类比现场的选择应与拟建项目在生产方式、生产规模、工艺路线、设备技术、职业卫生管理等方面，有很好的可类比性。

（3）定量法。定量法是对建设项目工作场所职业危害因素的浓度（强度）、职业危害因素的固有危害性、劳动者接触时间等进行综合考虑，按国家职业卫生标准计算危害指数，确定劳动者作业危害程度的等级。

6.2.3 职业危害的控制

职业危害的控制主要从工程控制技术措施、个体防护措施和组织管理措施三个方面来控制。

6.2.3.1 工程控制技术措施

工程控制技术措施主要是应用工程技术措施和手段（如密闭、通风、冷却、隔离等），控制生产工艺过程中产生或存在的职业危害因素的浓度或强度，使作业环境中有害因素的浓度或强度降至国家卫生标准容许的范围之内。

控制有害物质主要有通风和净化技术。通风的目的是稀释和排出车间内所产生的粉尘、有毒和有害气体，使其浓度符合卫生标准，改善车间内的作业环境，保护工人身体健康。通风按其动力分为自然通风和机械通风；按通风范围分为局部通风和全面通风。局部通风是指毒物比较集中，或工作人员经常活动的局部地区的通风；对于产生有害物质量大、浓度高的车间，一般采用全面通风系统。

净化主要分为粉尘净化和有害气体净化。

（1）粉尘净化。粉尘净化主要有重力沉降、离心力分离、惯性碰撞、截留捕集、扩散作用、凝聚作用、静电力分离7种方式。除尘装置主要有干式和湿式两大类。这些装置利用作用于粉尘粒子的重力、惯性力、离心力、黏附力、电力等作用而使粉尘从空气中分离出来。常用的除尘器有机械除尘器、过滤除尘器、湿式除尘器和静电除尘器4种类型。机械除尘器效率低，常用作多级除尘系统的前级；过滤除尘器效率高，但结构复杂；湿式除尘器主要以水为介质，结构简单，除尘效率高；静电除尘器除尘效率高，成本也高。

（2）有害气体净化。有害气体净化主要有燃烧法、冷凝法和吸收法3种方法。燃烧法通过氧化反应将有害气体中的烃类成分转化为二氧化碳和水，其他成分也可转化为易于回收或允许向大气中排放的物质。对于有机溶剂蒸汽和碳氧化合物常采用燃烧法进行净化处理。对于浓度高、冷凝温度高的有害蒸汽可采取冷凝法使其从废气中分离。吸收法是用一定比例的液体与混合气体接触，通过分子扩散作用使吸收质从气相转移到液相的质量传递过程。此种方法广泛应用于有害气体的净化，如氯化氢、硫氧化物和硫化氢等。

6.2.3.2 个体防护措施

对于经工程技术治理后仍然不能达到限值要求的职业危害因素，为避免其对劳动者造成健康损害，需要为劳动者配备有效的个体防护用品。针对不同类型的职业危害因素，应选用合适的防尘、防毒或者防噪声等的个体防护用品。例如，配备防尘面罩和口罩，以防止有害粉尘、烟雾、金属烟雾和悬浮于空气中的固体微粒被吸入呼吸器官；配备防毒面具或口罩、氧气呼吸器等，使有毒气体不能进入呼吸道；配备防护眼镜、防噪声用品、防护服装等劳动保护用品来保护劳动者。

6.2.3.3 组织管理措施

在生产和劳动过程中，加强组织与管理也是职业危害控制工作的重要一环。通过建立健全职业危害预防控制规章制度，确保职业危害预防控制有关要素的良好与有效运行，是保障劳动者职业健康的重要手段，也是合理组织劳动过程、实现生产工作高效运行的基础。

A 金属及其化合物粉尘

较长时间悬浮在空气中的金属及其化合物的微小固体颗粒，引起的职业病是金属及其化合物粉尘肺沉着病。目前认为，职业性接触的金属粉尘有铝、铁、锡、铜、钡、钴、镍、钛等30多种，其中的20余种金属粉尘可造成职业危害，铁、钡、锡、锑及相关化合物易造成金属及其化合物粉尘沉着病。吸入后大部分早期无特异临床症状和体征，肺功能可无明显改变，其发展缓慢，病程较长，发病早期症状少而轻微，随病程进展可出现咳嗽、咳痰、疲倦和胸痛等症状，总体症状不及尘肺明显，但当合并有肺部感染时症状和体征增多，患者慢性气管炎的危险性明显增加。

预防措施：

（1）进行工艺改革、革新生产设备是消除粉尘危害的主要途径；

（2）采用湿式碾磨石英、耐火材料、矿山湿式凿岩、井下运输喷雾洒水进行湿式作业；

（3）对不能采取湿式作业的场所，采用密闭抽风除尘办法，防止粉尘飞扬；

（4）就业前和定期健康检查，脱离粉尘作业时还应做脱尘作业检查，同时为职工建立职业健康档案；

（5）佩戴防尘护具，如防尘安全帽、防护口罩、送风头盔、送风口罩等，做好个人防护。

B 硫化氢

硫化氢引起的职业病是职业性急性硫化氢中毒。其主要危害是强烈的神经毒物，属于高毒类。轻度中毒者表现为眼及呼吸道刺激症状，鼻、咽部烧灼感，咳嗽、胸闷，呈现化学性支气管和肺炎肺水肿征象。重度中毒者可在数秒内突然昏迷，呼吸和心跳骤停，发生闪电样死亡。长期高浓度接触可引起眼和呼吸道炎症，重者可出现角膜溃疡、视力模糊。长期低浓度接触可引起神经衰弱综合征和周围神经炎等。

职业禁忌症有中枢神经系统器质性疾病、伴肺功能损伤的呼吸系统疾病、器质性心脏病。

预防措施：

（1）提高设备自动化和密闭化程度，加强通风排毒；

（2）穿静电工作服，戴防护手套和防护眼镜；

（3）工作场所禁止饮食和吸烟，工作完毕，淋浴更衣；

（4）进入密闭空间或高浓度作业区时，应严格遵守安全操作规程，佩戴过滤防毒面罩和面具。

C 苯

苯属于高毒类，引起职业性慢性苯中毒、职业性苯所致白血病。在短时间内吸入大量的苯蒸气可引起急性中毒。初起黏膜刺激症状，随后表现兴奋及醉酒征象，头痛、头晕、恶心、呕吐等。重者可出现震颤、谵妄、昏迷、抽搐、血压下降，甚至呼吸、循环衰竭而死亡。慢性中毒者最常见的为神经衰弱症候群和造血系统损害。早期白细胞持续下降，中性粒细胞绝对值减少，可同时有血小板下降、皮肤黏膜出血等。晚期可发展为全血细胞减少，再生障碍性贫血，极少数可引起不同类型的白血病。经常接触苯，皮肤可因脱脂变得干燥、脱屑、过敏性湿疹和毛囊炎等。

职业禁忌症：上岗前检查血象，检查结果低于正常参考值；造血系统疾病如各种类型的贫血、白细胞减少症和粒细胞缺乏症、血红蛋白病、血液肿瘤以及凝血障碍疾病等；脾功能亢进。

预防措施：

（1）可用低毒或无毒的化学物质代替苯做原料或溶剂；

（2）改良工艺，防止跑、冒、滴、漏，做好通风排毒；

（3）严禁用苯洗手，接触高浓度苯蒸气应戴合适的防毒面具；

（4）检查做好上岗前、在岗期间的健康检查及工作场所苯的检测工作。

D 氯

氯可经呼吸道、皮肤进入人体，主要损害呼吸系统，刺激皮肤黏膜。轻度中毒者表现为流泪、咽痛、呛咳、胸闷、气急，重者呼吸困难、咳白色或粉红色泡沫痰、口唇青紫、昏迷、窒息，引起皮炎，长期过量接触可致牙酸蚀病等。氯可引起职业性急性氯气中毒、化学性眼部灼伤职业病。

职业禁忌症：慢性阻塞性肺病，支气管哮喘，慢性间质性肺病，支气管扩张。

预防措施：

（1）氯气使用特殊罐体进行封装，密封结合口必须内镶嵌有特殊的不与氯气直接发生化学作用的惰性金属，且结合口不能留有水分；

（2）严格遵守安全操作规程，防止跑、冒、滴、漏，保持管道负压；

（3）含氯废气须经过石灰净化处理后再排放，也可设氨水储槽和喷雾器，在跑氯时处理氯气和中和氯气；

（4）检修时或现场抢救时必须佩戴防毒面具；

（5）在岗人员严格执行预防性体检。

E 一氧化碳

一氧化碳在血液中与血红蛋白结合而造成组织缺氧。轻度中毒者出现头痛、头晕、耳鸣、心悸、恶心、呕吐、无力等症状，血液碳氧血红蛋白浓度可高于10%；中度中毒者除上述症状外，还有皮肤黏膜呈樱红色、脉快、烦躁、步态不稳甚至中度昏迷，血液碳氧血红蛋白浓度可高于30%；重度患者深度昏迷、瞳孔缩小、肌张力增强、频繁抽搐、大小便失禁、休克、肺水肿、心肌损害等，血液碳氧血红蛋白可高于50%。部分患者昏迷苏醒后，可能会有2~60天症状缓解期，也可能出现迟发性脑病，主要是意识精神障碍、锥体系或锥体外损害为主。长期反复吸入一氧化碳，会有神经衰弱综合征，如头痛、头昏、失眠、记忆力减退、对时间距离的估计能力减退，对心血管系统可产生心肌损害、冠状动脉供血不足、心律不齐、房室传导阻滞等。

职业禁忌症：中枢神经系统器质性疾病，心肌病。

预防措施：

（1）严加密闭，提供充分的局部排风和全面通风；

（2）经常测定车间空气一氧化碳浓度，配备一氧化碳自动报警器；

（3）严格遵守安全操作规程，操作人员佩戴自吸过滤式防毒面具（半面罩），穿防静电工作服；

（4）普及一氧化碳中毒急救知识，加强自救、互救和使用防毒面具的训练；

(5) 坚持做好上岗前、在岗期间的健康检查工作，有职业禁忌证者不宜从事接触一氧化碳的作业。

F 二甲基甲酰胺

二甲基甲酰胺属于低毒液体，以蒸气形式扩散，中毒途径通常是吸入和皮肤吸收并存，以皮肤吸收为主，侵入机体后主要靶器官为肝脏。二甲基甲酰胺中毒主要损伤肝功能，还可以对胃黏膜造成刺激或腐蚀，临床表现为食欲减退、恶心呕吐、上腹及脐周疼痛；急性中毒可引起急性中毒性肾病，出现尿蛋白阳性甚至尿潜血及尿胆原阳性等；也可能出现不同程度的呼吸道刺激症状；还可能出现心律失常、记忆力减退、嗜睡、烦躁不安等症状；也会造成免疫系统及造血功能损害。

预防措施：

(1) 企业应制定切实可行的管理措施，配备专职职业卫生专业人员负责本单位职业病防治工作，建立职业病防治责任制和职业卫生管理制度及操作规程，建立工作场所职业危害因素检测及评价制度；

(2) 加强职业卫生教育，让员工充分了解苯的危害，提高自我保护意识，养成良好的卫生习惯，自觉改变不健康的行为和工作方式；

(3) 在条件允许的情况下改造生产工艺，实行密闭式作业，如条件不允许，可在相关岗位设置有效的局部排风装置，并定期维护、检修，确保将有害因素降低至国家职业卫生标准；

(4) 对新建、扩建工程项目一定要通知卫生监督部门进行预防性卫生监督。

G 盐酸

接触盐酸烟雾，可刺激眼睛，使眼睑肿胀，结膜充血，也可出现鼻咽喉部的刺激症状，还可引起支气管炎、肺炎，裸露皮肤刺激可发生皮炎，甚至造成酸烧伤。盐酸可造成的职业病为化学性眼部灼伤和接触性皮炎。

职业禁忌症：严重的变应性皮肤病，活动性角膜疾病。

预防措施：

(1) 加强对盐酸的管理；

(2) 加强对“三废”的治理；

(3) 在通风橱进行实验操作；

(4) 应严格遵守安全操作规程，佩戴过滤防毒面罩和面具，穿戴好防护用品。

H 隐匿式化学物中毒

隐匿式化学物中毒是指中毒者在工作或生活中从未意识到自己接触毒物，自吸收毒物到中毒都是在不知不觉的情况下发生的。职业中毒一般不是隐匿式，但在特殊条件下，患者不了解在生产过程中是否接触毒物，又未采取防护措施致接触者中毒；另一种中毒原因是原接触物质不引起中毒，但在特殊条件下起化学反应产生剧毒物质，又未采取积极防护措施致接触者中毒。如运载硅铁矿，因矿石中含有磷化钙，在潮湿空气中或遇水生成磷化氢剧毒气体致使运输工人在密闭条件下吸入而引发急性中毒，甚至死亡。

预防措施：

(1) 加强对毒物的管理；

(2) 加强对“三废”的治理；

(3) 严格遵守劳动保护法律法规；

(4) 提高临床工作者对化学物中毒常见的认识；

(5) 开展科普教育，提高全民对化学物中毒的警惕。

I 电离辐射

电离辐射主要危害包括α射线、β射线、γ射线、X射线、中子、质子等。其引起的职业病包括外照射畸形放射病、外照射慢性放射病、放射性皮肤疾病等。石化系统主要有用于探伤的X射线装置，如用于控制液位、料位的铯137、钴60、γ射线放射源。对机体的影响主要有：诱发癌症；通过改变基因作用于睾丸或卵巢细胞中的遗传物质引起基因突变而引起染色体畸变；诱发白内障；对胚胎产生影响，造成畸形、发育障碍，严重时出现致死效应；对造血系统，白细胞下降较为明显，血小板、血红细胞的改变较晚。

职业禁忌症：血红蛋白低于120g/L（男）或110g/L（女），白细胞低于4.0×10^9/L，血小板低于90×10^9/L；严重的呼吸、循环、消化、血液、内分泌、泌尿、免疫系统疾病；精神和神经系统疾病；严重皮肤疾病；严重的视听障碍；恶性肿瘤；严重的残疾；先天性畸形；遗传性疾病；其他器质性或功能性疾病；未能控制的细菌性或病毒性感染。

预防措施：

(1) 尽量远距离操作，或轮流作业，缩短射线照射时间；

(2) 屏蔽防护，置于射线源与人体之间，劳动者应按规范作业；

(3) 加强个人防护，佩戴铅胶防护服、防护手套、防护围裙、防护眼镜等；

(4) 工作人员应加强营养，每年有一定时间休息或疗养，应参加职业健康检查，尽早发现职业禁忌。

J 噪声

噪声易引起的职业病是职业性听力损伤。噪声对人体影响是多方面、全身性的，除对心血管系统影响以外，主要是对听力影响。噪声对听觉系统影响是由暂时性听力移位变成永久性听力移位，以致不能恢复，进而发展成噪声性耳聋。

职业禁忌症：噪声易感者（噪声环境下工作1年，双耳3000Hz、4000Hz、6000Hz中任意频率听力损失不小于65dBHL）。

预防措施：

(1) 选用低噪声设备，并经常维修和保养；

(2) 采用吸声、隔声、防振动等措施降低噪声；

(3) 佩戴有效、舒适的护耳器；

(4) 尽量减少在强噪声源附近停留的时间。

K 振动

振动引起的职业病是振动病。振动病一般是对局部病而言，也称职业性振动性血管神经病、气锤病和振动性白指病等。长期受低频、大振幅的振动时，振动加速度的作用，可使植物神经功能紊乱，引起皮肤外周血管循环机能改变，长此以往，可出现一系列病理改变。

职业禁忌症：周围神经系统器质性疾病，雷诺病。

预防措施：

(1) 穿戴个人防护用品，降低振动危害程度，其中最重要的是防止手指受冷；

(2) 将振动设备的基础与基础支撑之间用减振材料隔振，减少振源的振动输出，在振源设备周围地层中设置隔振沟、板桩墙等隔振层，切断振波向外传播的途径；

（3）选用动平衡性能好、噪声低、振动小的设备；

（4）从工艺和技术上消除或减少振动源，是预防振动危害最根本的措施。

L 高温

高温引起的职业病是职业性中暑。高温作业时，人体可出现一系列生理功能改变，主要为体温调节、水盐代谢、循环系统、消化系统、神经系统、泌尿系统等方面适应性变化。但如果超过一定限度，如环境温度过高、劳动强度过大、劳动时间过长等因素，则可引起正常的生理功能紊乱从而导致中暑。中暑表现为热射病、热痉挛、热衰竭，其中热射病最为严重，尽管迅速救治，仍有20%~40%的病人死亡。

职业禁忌症：Ⅱ级及Ⅲ级高血压；活动性消化性溃疡；慢性肾炎；未控制的甲亢；糖尿病；大面积皮肤疤痕。

预防措施：

（1）合理设计生产工艺；

（2）做好隔热与通风降温；

（3）供应饮料和补充营养；

（4）加强个人防护；

（5）坚持做好上岗前、在岗期间的健康检查工作，有职业禁忌症者不宜从事高温作业。

6.3 劳动环境

劳动环境指的是劳动者所在的劳动场所的外部环境条件，主要是指对劳动者身心健康产生影响的各种有害因素。测定各种有害因素的危害程度，可以对劳动环境做出评价。劳动环境不同，在相同时间内其他劳动因素不变，所需付出的劳动消耗量是不同的。在较差的条件下，需要支出的劳动更多。劳动环境主要包括劳动环境的气候条件、劳动周围的噪声及振动危害、工业照明等方面的因素。

6.3.1 劳动环境的气候条件

6.3.1.1 气候条件的舒适性

人在劳动、学习和休息的时候，感觉舒适与否主要取决于气温、湿度和风速等参数。湿度在超过70%时，人会感到不舒服；低于30%时，人会感到口鼻黏膜干燥。最适宜的湿度为40%~60%。当室内湿度为50%时，不同劳动条件下的适宜温度见表6-2。

表6-2 不同劳动条件下的适宜温度

劳动条件	适宜温度/℃
坐在办公室脑力劳动	18~24
坐在工作台旁轻体力劳动	18~23
站立工作台旁轻体力劳动	17~22
站立重体力劳动	15~21
繁重体力劳动	15~20

6.3.1.2　气候条件的综合评价

气候条件是由气温、湿度和风速三者综合决定的，单独用某一因素来评价都不全面。劳动环境气候条件舒适度的评价通常采用卡他度。卡他度是用来模拟人体表面散热速率影响的综合指标，其仪表称为卡他温度计，简称卡他计。卡他计下端为内装酒精的圆形贮液球，上部为刻有38℃和35℃两个刻度的长杆状温度计。使用时，将卡他计置于热水中使酒精柱上升到38℃以上的顶端球部，然后取出擦干并悬挂于待测地点，待酒精液面下降，记录由38℃降至35℃所需的时间，按式（6-1）计算卡他度。

$$H=F/t \tag{6-1}$$

式中　H——卡他度，cal[①]/(cm^2 · s)；

t——时间，s；

F——卡他计常数，表示温度由38℃降至35℃时每平方厘米贮液球表面上的散热量，cal。

卡他度有干、湿两种。上述测定方法得到的是干卡他度，表示对流和辐射方法的散热效果。湿卡他度则表示对流、辐射和蒸发三者的综合作用。测定时在贮液球上包一块湿棉纱，用来反映蒸发散热的效果。不同劳动强度适宜的卡他度以及冬季寒冷环境工作地点采暖温度，见表6-3及表6-4。

表6-3　不同劳动强度时卡他度参考值　(cal/(cm^2 · s))

劳动强度	轻微强度	一般强度	繁重劳动
干卡他度	>6	>8	>10
湿卡他度	>18	>25	>30

表6-4　冬季工作地点采暖温度（干球温度）

体力劳动强度级别	采暖温度/℃
Ⅰ	≥18
Ⅱ	≥16
Ⅲ	≥14
Ⅳ	≥12

注：1. 体力劳动强度分级见《工作场所有害因素职业接触限值　第2部分：物理因素》（GBZ 2.2—2007），其中Ⅰ级代表轻劳动，Ⅱ级代表中等劳动，Ⅲ级代表重劳动，Ⅳ级代表极重劳动。

2. 当作业地点劳动者人均占用较大面积（50～100m^2）、劳动强度Ⅰ级时，其冬季工作地点采暖温度可低至10℃，Ⅱ级时可低至7℃，Ⅲ级时可低至5℃。

3. 当室内散热量小于23W/m^{3}时，风速不宜大于0.3m/s；当室内散热量不小于23W/m^{3}时，风速不宜大于0.5m/s。

6.3.1.3　气候条件对人体的影响

工作中，气候条件对人体影响的主要因素是温度。高温作业环境会引起人的体温升高，使人的正常生理机能失调，对人体的神经系统、循环系统、消化系统和泌尿系统等造

---

① 1cal=4.1868J，以下不再一一标注。

成不良影响，严重时会使人中暑。低温作业环境使人体的散热速率加快，如果同时作业环境湿度大、风速高，还会加强人体的传导散热，导致人体过冷，发生伤风感冒等疾病。过低的温度使人体表面血管急剧收缩，血液循环受到影响，导致组织缺氧、缺血，产生组织性病变和冻伤事故，严重时会冻僵。此外，不良的气候条件会使人感到疲劳、神经系统紊乱、精力不集中、心里不安，导致工作能力降低，生产效率不高，在炎热夏季和寒冷冬季，会使生产过程中的事故频率增大，严重影响安全生产。因此，在恶劣的气候条件下作业时，都要采取相应的防护措施。

对于工艺上以湿度为主要求的空气调节车间，除工艺有特殊要求或已有规定者外，不同湿度条件下的空气温度应符合表 6-5 的规定。

表 6-5　空气调节厂房内不同湿度下的温度要求（上限值）

相对湿度/%	<55	<65	<75	<85	≥85
温度/℃	30	29	28	27	26

高温作业车间应设有工间休息室。休息室应远离热源，采取通风、降温、隔热等措施，使温度不超过 30℃；设有空气调节的休息室室内气温应保持在 24~28℃。对于可以脱离高温作业的，可设观察（休息）室。特殊高温作业，如高温车间桥式起重机驾驶室、车间内的监控室、操作室、炼焦车间拦焦车驾驶室等应有良好的隔热措施，热辐射强度应小于 700W/m^2，室内气温不高于 30℃。

6.3.2　噪声与振动

6.3.2.1　噪声对人的危害

噪声对人的心理和生理健康都会造成不良的影响，已成为城市和工业生产中的普遍公害。其主要危害如下。

（1）损害听觉。人耳习惯于 70~80dB(A) 的声音。日常生活中，各种声音的强度在 75dB(A) 以下时，听觉不会受到损伤。但在工业生产中，某些噪声的强度远大于此值。据调查资料，暴露在 85dB(A) 以下，听觉受到轻微损伤；在 85~90dB(A) 环境中，少数人会轻度耳聋；在 90~95dB(A) 环境中，出现中度耳聋；在 95~100dB(A) 环境中，有一定数量的人出现噪声性耳聋；在 100dB(A) 以上，则会有相当数量人出现噪声性耳聋。

（2）损害健康。噪声对人的神经系统、心血管系统、消化系统和视觉器官等都会产生危害，能使人的大脑皮层兴奋和抑制失去平衡，导致条件反射异常，从而产生头痛、头晕、眩晕、耳鸣、多梦、失眠、心慌、恶心、记忆力减退和全身乏力；能使人心跳加快、心律不齐、血压波动等。长期接触噪声，会使人消化功能紊乱，造成消化不良、食欲不振、体质无力等现象，还会引起视力减退、眼花等症状。

（3）影响工作效率。人在噪声的作业环境中，会心情烦躁，注意力不集中，极易产生疲劳、反应迟钝等，不仅会降低工作效率，而且还会引起意外事故发生，影响安全生产。

为保护环境，《国家职业卫生标准》和《工业场所有害物质因素　第 2 部分：物理因素》（GBZ 2.2—2007）中对噪声职业接触限制进行规定：每周工作 5d，每天工作 8h，稳态噪声限值为 85dB(A)，非稳态噪声等效声级的限值为 85dB(A)，每天工作时间不等于

8h，须计算8h等效声级，限值为85dB(A)；每周工作不足5d，需计算40h等效声级，限值为85dB(A)。

工业企业噪声控制应按《工业企业噪声控制设计规范》（GB/T 50087—2013）设计，综合分析生产工艺、维修操作、降噪效果，采用行之有效的新技术、新材料、新工艺、新方法消除或降低噪声。对于生产过程和设备产生的噪声，首先从声源上进行控制，使噪声作业劳动者接触噪声声级符合GBZ 2.2—2007的要求。若采取措施后仍达不到要求，应根据实际情况合理设计劳动作息时间，并采取适宜的个人防护措施。工业企业内各类工作场所噪声限值见表6-6。

表6-6　各类工作场所噪声限值

工　作　场　所	噪声限值/dB(A)
生产车间	85
车间内值班室、观察室、休息室、办公室、实验室、设计室	70
正常工作状态下精密装配线、精密加工车间、计算机房	70
主控室、集中控制室、通信室、电话总机室、消防值班室、一般办公室、会议室、设计室、实验室	60
医务室、教室、值班宿舍	55

6.3.2.2　振动对人的危害

振动往往伴随产生噪声，降低人员知觉和操作准确度，直接危害人体健康，不利于安全生产。根据振动对人员的影响，振动常分为局部振动和全身振动两类。

（1）局部振动。工业生产中最常见的和对人危害最大的是局部振动，局部接触强烈振动主要是以手接触振动工具的方式为主。由于工作状态不同，振动可传给一侧或双侧手臂，有时可传到肩部。长期持续使用振动工具能引起末梢循环、末神经和关节肌肉运动系统的障碍，严重时可患局部振动病。振动病症状有手麻、发僵、疼痛、四肢无力及关节疼等，其中以手麻最为常见。症状严重时，手指及关节变形，肌肉萎缩，出现白指、白手。

（2）全身振动。振动所产生的能量，能通过支撑面作用于坐位或立位操作的人身上，引起一系列病变。人体是一个弹性体，各器官都有它的固有频率，当外来振动的频率与人体某器官的固有频率一致时，会引起共振，此时对那个器官的影响也最大。全身受振的共振频率为3~14Hz，在该种条件下全身受振作用最强。接触强烈的全身振动可能导致内脏器官的损伤或位移，周围神经和血管功能的改变，可造成各种类型的、组织的、生物化学的改变，导致组织营养不良，如下肢疲劳、足部疼痛、皮肤温度降低、足背脉搏动减弱；女工可发生子宫下垂、自然流产及异常分娩率增加等情况。一般人可发生性机能下降、机体代谢增加等情况。振动加速度还可使人出现前庭功能障碍，导致内耳调节平衡功能失调，出现脸色苍白、恶心、呕吐、头疼头晕、出冷汗、心率和血压降低、呼吸浅表等症状。晕车晕船即属全身振动性疾病。全身振动还可造成腰椎损伤等运动系统的不良影响。

6.3.2.3　噪声与振动的控制防护

控制噪声最有效方法是限制和改变噪声的传播途径，使噪声在传播过程中衰减，减小噪声的传播能量，减少噪声污染。控制噪声和振动常采用的技术措施如下。

（1）吸声技术。声波在传播过程中遇到用吸声材料做成的屏障时，其中一部分噪声的能量被屏障反射回去，另一部分声能被吸声材料吸收。常用的吸声材料有无机纤维材料、泡沫塑料、有机纤维材料和建筑吸声材料等。

（2）隔声技术。将发声的物体或需要保持安静的场所，用隔声良好的构件封闭起来，这种方法称为隔声。例如用隔声门、隔声窗和隔声罩等将产生噪声的声源与工作场所隔离开，形成隔声操作室、休息室等；也可以将噪声源全部封闭，以降低声能的辐射。在设计隔声间时，除安装理想的隔声门和隔声窗外，还要在天花板和墙壁上装饰吸声材料，在隔声间出口和入口装设消声器。在结构设计上可采用单层隔声结构或双层隔声结构，双层隔声结构中间有一层原空气层，可大大提高隔声量。

（3）消声技术。消声技术是允许气流通过而阻止声波传播，实现降低空气动力噪声的措施，常用的装置是消声器。消声器的主要类型如下。

1）阻性消声器。阻性消声器是在管道内贴消声材料，当声波通过时激发多孔消声材料小孔中的空气分子振动，从而使部分声能用于克服摩擦阻力和黏滞力而转变为热能。阻性消声器消声频带较宽，适宜消除中、高频气流噪声，尤其对高频噪声有明显的消声作用。对于低频噪声，需要适当增加吸声材料的厚度和密度，合理确定气流速度，以及适当增加吸声器长度等，以提高消声量。

2）抗性消声器。抗性消声器是通过管道内突然扩大或缩小的断面，或旁接共振腔，使声波沿管道传播时在断面突变处产生反射，从而实现消声的目的。该类消声器主要有扩张室消声器和共鸣消声器。其特点是结构简单、耐高温和耐腐蚀。

（4）隔振技术。隔振技术是在振动设备与防振设备之间设置减振器或减振材料，使振动设备产生的振动由减振器来吸收，以减少振动设备的干扰。常用的减振器主要有金属弹簧减振器、橡胶减振器、软木减振材料和其他减振器，如泡沫橡胶、泡沫塑料、毛毡、玻璃纤维、矿棉、石棉等，经过加工后制成各种形状的减振垫层用于隔振。

6.3.3 工业照明

6.3.3.1 光与视觉基本知识

在可见光范围内，光的波长不同，人们在视觉上感觉的颜色也不一样。例如，波长为470nm左右的光呈蓝色，580nm左右的光呈黄色，700nm左右的光呈红色。光分为单色光和复色光，前者仅由单一波长的光组成，后者由不同波长的光混合而成。光的波长不同，其辐射功率也不相等，因此人们会看到红、橙、黄、绿、蓝、靛、紫等各种颜色；即使光的波长相等，人眼对各种单色光的视觉感受也不一样。人对光具有视觉特性，如适应性、调节性、视角、灵敏度以及视觉感觉速度等特性。由于物体所辐射和反射的光具有不同的波长，人眼感受不同，因此物体具有各种不同的颜色。色调、明度和彩度是颜色的三要素，其中色调是颜色相互区分的主要特征。颜色的视觉特性是指颜色对比、适应和恒常性。

6.3.3.2 工作场合照明

照明是利用各种光源照亮工作和生活场所或个别物体的措施，创造良好的可见度和舒适愉快的环境。照明的基本内容主要包括光通量、光强、照度、亮度和光的反射、透射及吸收。

工作场所的照明通常采用天然光照明、人工光照明和混合照明三种方式。在工程照明设计中应尽量利用天然光，人工光照明作为辅助以保持稳定的照度。照明的方式有一般照明、局部照明和混合照明。其适用原则一般符合如下规定。

（1）当不适合装设局部照明或采用混合照明不合理时，宜采用一般照明。

（2）当某一工作区需要高于一般照明照度时，可采用分区一般照明。

（3）对于照度要求较高，工作位置密度不大，且单独装设一般照明不合理的场所，宜采用混合照明。

（4）在一个工作场所内不应只装设局部照明。在工作场所中要避免眩光，照度要均匀，通常要求工作场所内最大、最小照度值与平均值之差不大于1/6。为保证照度值的稳定，工业建筑的照度要求应按照《建筑照明设计标准》（GB 50034—2013）中的工业建筑照明标准值执行。

为保证照度值稳定，《建筑照明设计标准》中对工业建筑照度的要求见表6-7。

表6-7 工业建筑照明标准值

房间或场所		照度标准值/lx
1. 房间或场所		
试验室	一般	300
	精细	500
检验	一般	300
	精细	750
计量室、测量室		500
变、配电站	配电装置室	200
	变压器室	100
电源设备室、发电机室		200
控制室	一般控制室	300
	主控制室	500
电话站、网络中心、计算机站		500
动力站	风机房、空调机房	100
	泵房	100
	冷冻站	150
动力站	压缩空气站	150
	锅炉房、煤气站的操作层	100
仓库	大件库（如钢坯、钢材、大成品、气瓶）	50
	一般件库	100
	精细件库（如工具、小零件）	200
车辆加油站		100
2. 机、电工业		
机械加工	粗加工	200
	一般加工（公差不小于0.1mm）	300
	精密加工（公差小于0.1mm）	500

续表 6-7

房 间 或 场 所		照度标准值/lx
机电、仪表装配	大件	200
	一般件	300
	精密	500
	特精密	750
电线、电缆制造		300
线圈绕制	大线圈	300
	中等线圈	500
	精细线圈	750
线圈浇注		300
焊接	一般	200
	精密	300
钣金		300
冲压、剪切		300
热处理		200
铸造	熔化、浇筑	200
	造型	300
精密铸造的制模、脱壳		500
锻工		200
电镀		300
喷漆	一般	300
	精细	500
酸洗、腐蚀、清洗		300
抛光	一般装饰性	300
	精细	500
复合材料加工、铺叠、装饰		500
机电修理	一般	200
	精密	300
3. 电子工业		
电子元器件		500
电子零器件		500
电子材料		300
酸、碱、药液及粉配制		300

注：房间或场所的室形指数值等于或小于 1 时，本表的照明功率密度值可增加 20%。

6.3.3.3 作业场合色彩调节

色彩调节的主要目的是改善视觉条件，利用颜色的效果，进行正确的观察和操作。正确地运用色彩色调可以调高照明、改善视觉条件，调高对观察对象的分辨力、减少差错和事故的发生，调节作业者的情绪、减少工作疲劳，提高工作效率和安全操作。

人的视觉神经对不同颜色具有不同敏感性，在选择对比色时，彩度和色调起决定作用。黄色最引人注目，红橙色次之，因而黄色常用作警戒色，危险地点或者部位通常涂以黄黑相间的颜色以示警告。颜色还能对人体机能产生作用，如红、橙、黄、棕颜色让人感觉温暖；青色、紫色使人镇定；红色、橙色使人兴奋；颜色明度高使人感觉轻松，反之感觉压抑；颜色明度高，物体显得大，反之显得小。

6.3.3.4 安全色的应用

安全色是表达安全信息的颜色，其目的是使人能够迅速发现或识别各种标志和信号，引起高度注意，以防差错和事故发生。《安全色》（GB 2893—2008）规定红、蓝、黄、绿四种颜色为安全色。标准中还规定：红、蓝、绿色以白色为对比色；黄色采用黑色为对比色。当用文字、符号对安全标志加以说明时，黑、白色可互为对比色。安全色的含义及用途如下。

（1）红色表示禁止、停止的意思。禁止、停止和有危险的器件设备或环境涂以红色的标记，如禁止标志、交通禁令标志、消防设备。

（2）黄色表示注意、警告的意思。需警告人们注意的器件、设备或环境涂以黄色标记，如警告标志、交通警告标志。

（3）蓝色表示指令、必须遵守的意思，如指令标志、必须佩戴个人防护用具、交通知识标志等。

（4）绿色表示通行、安全和提供信息的意思。可以通行或安全情况涂以绿色标记，如表示通行、机器、启动按钮、安全信号旗等。

安全标志通常是由安全色、符号、文字和几何图形构成，以表示规定和安全信息。安全标志有禁止、警告、指令和提示四种类型，详见《安全标志及其使用导则》（GB 2894—2008）。

（1）禁止标志是禁止人们不安全行为的图形标志。其基本形式为带斜杠的圆形框。圆环和斜杠为红色，图形符号为黑色，衬底为白色。

（2）警告标志是提醒人们对周围环境引起注意，以避免可能发生危险的图形标志。其基本形式是正三角形边框。三角形边框及图形为黑色，衬底为黄色。

（3）指令标志是强制人们必须做出某种动作或采用防范做事的图形标志。其基本形式是圆形边框。图形符号为白色，衬底为蓝色。

（4）提示标志是向人们提供某种信息的图形标志。其基本形式是正方形边框。图形符号为白色，衬底为绿色。

课程思政

《职业病防治法》突出了对劳动者生命健康权利的保障和维护。通过学习本章内容，我们应追求生命健康的权利，理解《职业病防治法》制定的意义以及理解并认同相关条款，遵守职业道德，有法律意识和自我保护意识，尊重生命的价值，保护我们在从业过程中的身体健康；通过对职业病方面政策的学习，我们应加强对职业病防治的重视，肩负起作为材料专业的学生对防治职业病的责任和担当，培养爱国主义情怀，为安全生产事业和职业病防治事业做出应有的贡献。

思考题

6-1 简述职业危害的种类及其危害因素。

6-2 粉尘的产生、性质及其主要危害是什么？

6-3 有害气体的主要类型、来源以及主要危害是什么？

6-4 生物毒害的类型以及主要危害是什么？

6-5 毒性物质会通过什么途径进入人体？进入人体后，通常会对哪些系统造成伤害？

6-6 工业有害物质的综合控制措施有哪些？

6-7 简述有害气体净化的方法的类型及原理。

6-8 气候条件的主要因素及卡他度的物理意义是什么？

6-9 我国采用的安全色是哪几种？举例说明其含义和用途。

7 事故调查的组织、程序和经典案例分析

事故的调查是为了了解事故发生的原因，通过具体事故案例剖析总结加强企业安全方面的管理经验和技术技能。通过材料行业发生的事故，找出事故发生的原因，从中得到启发，使员工警醒，获得安全生产常识并预防类似事故发生、保护生命财产的安全。

7.1 事故调查的组织与程序

7.1.1 生产安全事故报告与应急

7.1.1.1 生产安全事故的报告程序

发生生产安全事故后，应注意上报的时限、应该上报的部门以及上报的程序：

（1）生产安全事故发生后，事故现场有关人员应当立即向本单位负责人报告；

（2）单位负责人接到报告后，应当于1h内向事故发生地县级以上人民政府安全生产监督管理部门和负有安全生产监督管理职责的有关部门报告；

（3）情况紧急时，事故现场有关人员可以直接向事故发生地县级以上人民政府安全生产监督管理部门和负有安全生产监督管理职责的有关部门报告；

（4）如果现场条件特别复杂，难以准确判定事故等级，情况十分危急，上一级部门没有足够能力开展应急救援工作，或者事故性质特殊、社会影响特别重大时，应当允许越级上报事故；

（5）安全生产监督管理部门和负有安全生产监督管理职责的有关部门逐级上报事故情况，每级上报的时间不得超过2h；所谓“2h”的起点是指接到下级部门报告的时间，以特别重大事故的报告为例，按照报告时限要求的最大值计算，从单位负责人报告县级管理部门，再由县级管理部门报告市级管理部门、市级管理部门报告省级管理部门、省级管理部门报告国务院管理部门，直至最后报至国务院，总共所需时间为9h。

事故报告后出现新情况的，应当及时补报。

（1）自事故发生之日起30日内，事故造成的伤亡人数发生变化的，应当及时补报。

（2）道路交通事故、火灾事故自发生之日起7日内，事故造成的伤亡人数发生变化的，应当及时补报。

（3）上报事故的首要原则是及时。

不同级别事故上报单位也有要求，安全生产监督管理部门和负有安全生产监督管理职责的有关部门接到事故报告后，应当依照下列规定上报事故情况，并通知公安机关、劳动保障行政部门、工会和人民检察院。

（1）特别重大事故、重大事故逐级报至国务院安监部门和有关部门。

（2）较大事故逐级报至省级安监部门和有关部门。

（3）一般事故逐级报至设区的市级安监部门和有关部门。

事故上报内容包括：

（1）事故发生单位的名称、地址、性质、产能等基本情况；

（2）事故发生的时间、地点以及事故现场情况；

（3）事故的简要经过；

（4）事故已经造成或者可能造成的伤亡人数（包括下落不明的人数）和初步估计的直接经济损失；

（5）已经采取的措施；

（6）其他应当报告的情况。

7.1.1.2 事故应急

（1）事故发生单位负责人接到事故报告后，应立即启动相应的应急预案，采取有效措施，组织抢救，防止事故扩大，减少人员伤亡和财产损失。

（2）事故发生地有关地方人民政府、安全生产监督管理部门和负有安全生产监督管理职责的有关部门接到事故报告后，其负责人应当立即赶赴事故现场，组织事故救援，根据事故情况决定启动事故类别的应急预案。

7.1.2 生产安全事故调查与分析

7.1.2.1 事故调查的工作要求

发生安全事故后，各级会进行安全事故调查，事故调查工作的要求是：

（1）事故调查处理应当坚持实事求是、尊重科学的原则，及时准确地查清事故经过、事故原因和事故损失，查明事故性质，认定事故责任，总结事故教训，提出整改措施并对事故责任者依法追究责任；

（2）县级以上人民政府应当严格履行职责，及时、准确地完成事故调查处理工作；

（3）事故发生地有关地方人民政府应当支持、配合上级人民政府或者有关部门的事故调查处理工作，并提供必要的便利条件；

（4）参加事故调查处理的部门和单位应当互相配合，提高事故调查处理工作的效率；

（5）工会依法参加事故调查处理，有权向有关部门提出处理意见；

（6）任何单位和个人不得阻挠和干涉对事故的报告和依法调查处理。

7.1.2.2 事故调查的组织

安全事故发生后，按照事故的严重程度，事故调查的组织也不同，组织原则如下。

（1）事故调查工作实行“政府领导、分级负责”的原则。

（2）特别重大事故由国务院或者国务院授权有关部门组织事故调查组进行调查。

（3）重大事故、较大事故、一般事故分别由事故发生地的省级人民政府、设区的市级人民政府、县级人民政府负责调查。

（4）下列情况下，上级人民政府可以调查由下级人民政府负责调查的事故：1）事故性质恶劣、社会影响较大的；2）同一地区连续频繁发生同类事故的；3）事故发生地不重视安全生产工作、不能真正吸取事故教训的；4）社会和群众对下级政府调查的事故反响十分强烈的；5）事故调查难以做到客观、公正的。

（5）自事故发生本日起30日内（道路交通事故、火灾事故自发生之日起7日内），因事故伤亡人数变化导致事故等级发生变化，应当由上级人民政府负责调查的，上级人民政府可以另行组织事故调查组进行调查。

(6) 特别重大事故以下等级事故，事故发生地与事故发生单位不在同一个县级以上行政区域的，由事故发生地人民政府负责调查，事故发生单位所在地人民政府应当派人参加。

7.1.2.3 事故调查组的组成和职责

根据事故的具体情况，事故调查组由有关人民政府、安全生产监督管理部门、负有安全生产监督管理职责的有关部门、监察机关、公安机关以及工会派人组成，并应当邀请人民检察院派人参加。事故调查组的成员（包括聘请参与调查事故的专家）履行事故调查的行为是职务行为，代表其所属部门、单位进行事故调查工作，他们应当具有事故调查所需要的知识和专长，并与所调查的事故没有直接利害关系，且都要接受事故调查组的领导，事故调查组组长由负责事故调查的人民政府指定。

事故调查组在事故调查过程中的职责如下。

(1) 查明事故发生的经过：事故发生前，事故发生单位生产作业状况；事故发生的具体时间、地点；事故现场状况及事故现场保护情况；事故发生后采取的应急处置措施情况；事故报告经过；事故抢救及事故救援情况；事故的善后处理情况；其他与事故发生经过有关的情况。

(2) 查明事故发生的原因：事故发生的直接原因；事故发生的间接原因；事故发生的其他原因。

(3) 人员伤亡情况：事故发生前，事故发生单位生产作业人员分布情况；事故发生时人员涉险情况；事故当场人员伤亡情况及人员失踪情况；事故抢救过程中人员伤亡情况；最终伤亡情况；其他与事故发生有关的人员伤亡情况。

(4) 事故的直接经济损失：人员伤亡后所支出的费用，包括医疗费用、丧葬及抚恤费用、补助及救济费用、歇工工资等；事故善后处理费用，包括处理事故的事务性费用、现场抢救费用、现场清理费用、事故罚款和赔偿费用等；事故造成的财产损失费用，包括固定资产损失价值、流动资产损失价值等。

(5) 认定事故性质和事故责任分析：通过事故调查分析，对事故的性质要有明确结论；对认定为自然事故（非责任事故或者不可抗拒的事故）的，可不再认定或者追究事故责任人；对认定为责任事故的，要按照责任大小和承担责任的不同分别认定直接责任者、主要责任者、领导责任者。

(6) 对事故责任者的处理建议：通过事故调查分析，在认定事故的性质和事故责任的基础上，对责任事故者提出行政处分、纪律处分、行政处罚、追究刑事责任、追究民事责任的建议。

(7) 总结事故教训：通过事故调查分析，在认定事故的性质和事故责任者的基础上，要认真总结事故教训，主要是在安全生产管理、安全生产投入、安全生产条件等方面存在哪些薄弱环节、漏洞和隐患，要认真对照问题查找根源、吸取教训。

(8) 提出防范和整改措施：防范和整改措施是在事故调查分析的基础上针对事故发生单位在安全生产方面的薄弱环节、漏洞、隐患等提出的，要具备针对性、可操作性、普遍适用性和时效性。

（9）提交事故调查报告：1）事故调查报告在事故调查组全面履行职责的前提下由事故调查组完成，是事故调查工作成果的集中体现；2）事故调查报告在事故调查组组长的主持下完成，其内容应当符合《生产安全事故报告和调查处理条例》的规定，事故调查报告应在规定的时限内提出；3）事故调查报告应当附具有关证据材料，事故调查组成员应当在事故调查报告上签名；4）事故调查报告应当包括事故发生单位概况、事故发生经过和事故救援情况、事故造成的人员伤亡和直接经济损失、事故发生的原因和事故性质、事故责任的认定以及对事故责任者的处理建议、事故防范和整改措施；5）事故调查报告报送负责事故调查的人民政府后，事故调查工作即告结束；6）事故调查的有关资料应当归档保存。

7.1.2.4　事故现场的处理方法

（1）事故发生后，应立即启动救援方案，对受害者进行救护，并采取相关救援措施制止事故蔓延扩大，防止更多人员或财产遭受损害。

（2）认真保护事故现场，凡与事故有关的物体、痕迹、状态，不得破坏。

（3）为抢救受伤害者需要移动现场某些物体时，必须做好现场标志。

（4）保护事故现场区域，不要破坏现场，除非还有危险存在；准备必需的草图梗概和图片；仔细记录或进行拍照、录像并保持记录的准确性。

7.1.3　事故原因分析

发生事故后，对事故的原因分析主要包括事故的直接原因分析和间接原因分析。

7.1.3.1　直接原因分析

A　机械、物质或环境的不安全状态

（1）防护、保险、信号等装置缺乏或有缺陷，如无防护（无防护罩、无安全标志等）或防护不当（防护罩未在适当位置、防爆装置不当等）。

（2）设备、设施、工具、附件有缺陷，如设计不当、结构不合安全要求，强度不够，设备在非正常状态下运行，维修、调整不良。

（3）个人防护用品用具缺少或有缺陷，如无个人防护用品、用具或所用的防护用品、用具不符合安全要求。

（4）生产（施工）场地环境不良，如照明光线不良、通风不良、作业场所狭窄、作业场地杂乱等。

B　人的不安全行为

（1）操作错误、忽视安全、忽视警告，如未经许可开动、关停、移动机器，忘记关闭设备，酒后作业等。

（2）造成安全装置失效，如拆除了安全装置、调整的错误造成安全装置失效等。

（3）使用不安全设备，如临时使用不牢固的设施、使用无安全装置的设备等。

（4）用手代替工具操作，如用手代替手动工具、用手清除切屑、不用夹具固定、用手拿工件进行机加工等。

（5）物体（指成品、半成品、材料、工具、切屑和生产用品等）存放不当。

（6）冒险进入危险场所，如冒险进入涵洞、未“敲帮问顶”便开始作业、易燃易爆场所明火。

(7) 攀、坐不安全位置，如平台护栏、汽车挡板、吊车吊钩。

(8) 在起吊物下作业、停留。

(9) 机器运转时加油、修理、检查、调整、焊接、清扫等工作。

(10) 有分散注意力行为。

(11) 在必须使用个人防护用品用具的作业或场合中，忽视其使用和使用不安全装束。

(12) 对易燃、易爆等危险物品处理错误。

7.1.3.2 间接原因分析

(1) 技术和设计上有缺陷，如工业构件、建筑物、机械设备、仪器仪表、工艺过程、操作方法、维修检验等的设计、施工和材料使用存在问题。

(2) 职工教育培训不够或未经培训，缺乏或不懂安全操作技术知识，在出现紧急情况时，采取的应对措施不当，做出不安全行为。

(3) 劳动组织不合理，例如，非熟练工人从事技术性较强的工作；现场混乱，存在交叉作业；上道工序和下道工序衔接不好；行动不协调，只顾自己；现场缺少安全检查人员。

(4) 对现场工作缺乏检查或指导错误，例如主管部门、上级主管单位的检查指导错误；安全隐患得不到识别和消除；安全工作有章不循，安全意识淡薄。

(5) 没有安全操作规程或不健全。

(6) 没有或不认真实施事故防范措施，对事故隐患整改不力，导致类似事故再次发生。

(7) 其他原因，包括安全投入不够、安全设施没有按照“三同时”的规定设置等。

7.1.4 事故统计分析

7.1.4.1 事故统计的范围和内容

中华人民共和国领域内从事生产经营活动的单位均在伤亡事故统计的范围内。统计的主要内容包括企业的基本情况、各类事故发生的起数、伤亡人数、伤亡程度、事故类别、事故原因和直接经济损失。

7.1.4.2 事故统计的目的

事故统计是运用科学的统计分析方法，对大量的事故资料和数据进行加工、整理及分析，从而揭示事故发生的规律，为防止事故发生指明方向。通过事故的统计分析可以达到以下目的：

(1) 揭示企业安全工作的状况，摸清本行业或本单位事故发生、发展的规律，总结经验教训；

(2) 为制定安全生产政策、规章制度和反事故的对策提供科学的切合实际的依据；

(3) 掌握职工伤亡情况以及因事故造成的直接、间接的经济损失和由于事故措施的成功使企业得到的经济效益等对比资料；

(4) 便于比较国内外不同行业和同行业安全工作的差距，促进安全工作赶超世界先进水平；

(5) 为职工进行安全教育与培训提供生动的、有针对性的活教材。

7.1.4.3 事故统计的基本步骤

(1) 资料收集。资料收集又称统计调查，是根据统计分析的目的，对大量零星的原始材料进行技术分组，是整个事故统计工作的前提和基础。

(2) 资料整理。将搜集到的事故资料进行审核、汇总，并依据事故统计的目的和要求计算出有关的数据，从审核到结果的计算整个过程就是资料整理。汇总的关键是统计分组，就是按一定的统计标准，将研究的对象划分为性质相同的组。如按事故类别、事故原因等分组，然后按组进行统计计算。

(3) 综合分析。综合分析主要是将汇总整理好的资料及相关数据，填入统计表或者绘制统计图，使大量的零星资料更加系统化、条理化、清晰直观、科学化。事故统计结果可以用统计指标、统计表、统计图等形式表达。

7.1.4.4 经济损失的统计与计算方法

(1) 直接经济损失的统计：1) 人身伤亡后所支出的费用，如医疗费用（含护理费用）、丧葬及抚恤费用、补助及救济费用、歇工工资；2) 善后处理费用，如处理事故的事务性费用、现场抢救费用、清理现场费用、事故罚款和赔偿费用；3) 财产损失价值，即固定资产损失价值和流动资产损失价值，包括报废的固定资产（以固定资产净值减去残值计算），损坏的固定资产（以修复费用计算），原材料、燃料、辅助材料等（均按账面值减去残值计算），成品、半成品、再制品等（均以企业实际成本减去残值计算）。

(2) 间接经济损失的统计，包括停产、减产损失价值，工作损失价值，资源损失价值，处理环境污染的费用，补充新职工的培训费用，其他损失费用。

7.1.5 事故责任分析

7.1.5.1 事故责任分类

事故责任分类主要分为直接责任者、主要责任者和领导责任者。直接责任者指其行为与事故的发生有直接关系的人员；主要责任者指对事故的发生起主要作用的人员；领导责任者指对事故的发生负有领导责任的人员。

有以下情况的负直接责任或主要责任：违章指挥或违章作业、冒险作业造成事故的；违反安全生产责任制和操作规程造成事故的；违反劳动纪律、擅自开动机械设备、擅自更改拆除、毁坏、挪用安全装置和设备造成事故的。

有以下情况的负领导责任：由于安全生产责任制、安全生产规章和操作规程不健全造成事故的；未按规定对员工进行安全教育和技术培训，或未经考试合格上岗造成事故的；机械设备超过检修期或超负荷运行或设备有缺陷不采取措施造成事故的；作业环境不安全，未采取措施造成事故的；新建、改建、扩建工程项目的安全设施，未与主体工程同时设计、同时施工、同时投入生产和使用造成事故的。

7.1.5.2 事故责任追究

发生安全事故以后进行责任追究，主要追究行政责任、刑事责任和民事责任。

(1) 行政责任。行政责任有行政处分和行政处罚两种。

1) 行政处分：根据《国务院关于国家行政机关工作人员的奖惩暂行规定》，对国家工作人员的行政处分分为警告、记过、记大过、降级、降职、撤职、留用察看、开除8

种。根据《企业职工奖惩条例》的规定，对企业职工的行政处分分为警告、记过、记大过、降级、降职、留用察看、开除7种，并可给予一定的罚款。

2）行政处罚：警告；罚款；没收违法所得、没收非法财物；责令降产，停业，暂扣或者吊销许可证、暂扣或者吊销执照；行政拘留。

安全生产责任的行政处分主要有：防范性工作失职处分；确保中小学生社会实践活动安全的失职处分；安全审批失职处分；监督管理失职处分；事故调查处理失职处分。

（2）刑事责任。

1）在我国，认定和追究刑事责任的主体只能是国家审判机关，即各级人民法院；承担刑事责任的主体只能是刑事违法者本人。

2）根据《中华人民共和国刑法》中的规定，与安全生产有关的犯罪主要有危害公共安全罪、渎职罪、生产和销售伪劣商品罪、重大环境污染事故罪。

3）危害公共安全罪是一类社会危害性非常严重的犯罪，是《中华人民共和国刑法》分则规定的犯罪中除危害国家安全罪外，客观危险性最大的一类犯罪。罪名包括重大飞行事故罪、铁路运营安全事故罪、交通肇事罪、重大责任事故罪、重大劳动安全事故罪、危险物品肇事罪、工程重大安全事故罪、教育设施重大安全事故罪、消防责任事故罪。

（3）民事责任。民事责任大体可分为违约民事责任和侵权民事责任两大类。

7.1.5.3 对事故调查处理的监督

为保证事故调查处理的公正性，对事故调查处理的监督共有3种形式，即群众监督、舆论监督、组织监督。

7.1.5.4 整改措施

A 安全技术整改措施

（1）防火防爆技术措施：引起火灾爆炸事故的能源主要有明火、高温表面、摩擦和撞击、绝热压缩、化学反应热、电气火花、静电火花、雷击和光热射线等，从引发火灾爆炸的能源着手，进行整改。

（2）电气安全技术措施：一般采用接零、接地保护系统。在电气作业中，还应做好漏电保护措施，做好绝缘，电气隔离，采用安全电压，严格屏护和保持安全距离。

（3）机械安全技术措施：应采用本质安全技术，满足人与机器安全距离的要求，使人体各部位（特别是手、脚）无法接触危险；不影响人的正常操作，人体部位不得与机械的任何可动零部件接触；设计控制系统时，对人的视线障碍最小；设计合理，便于检查和修理。

B 安全管理整改措施

（1）建立安全管理制度。企业依据的自身特点，制定《安全生产责任制》，明确各级人员的安全生产岗位责任制；对日常安全管理工作，应建立相应的《安全检查制度》《安全生产巡视制度》《安全生产交接班制度》《安全监督制度》《安全生产奖惩制度》《有毒有害作业管理制度》《劳保用品管理制度》《厂内交通运输安全管理条例》《职业病报告处理制度》《特种设备管理责任制度》《危险设备管理制度》等制度。

（2）建立并完善生产经营单位的安全管理组织机构和人员配置。矿山、建筑施工单位和危险物品的生产、经营、储存单位，应当设置安全生产管理机构或者配备专职安全生产管理人员。其他生产经营单位，从业人员超过100人的，应当设置安全生产管理机构或者配备专职安全生产管理人员；从业人员在100人以下的，应当配备专职或者兼职的安全生产管理人员，或者委托具有国家规定的相关专业技术资格的工程技术人员提供安全生产管理服务。

（3）保证安全生产投入。

7.2 实验室及生产中常见案例分析

高等学校实验室及企业生产中常见的事故有火灾爆炸、中毒和窒息、高温烫伤、机械伤害、电气伤害、高空坠落及车辆伤害等。为了能够从以鲜血和生命为代价的事故中吸取教训，在此列举一些事故案例，对案例事故的原因、经过、教训以及防范措施等方面进行剖析，预防类似事故再次发生。

7.2.1 实验室常见案例分析

7.2.1.1 案例一：实验人员误操作事件

（1）事件经过。实验室人员李某在准备处理一瓶四氢呋喃时，没有仔细核对，误将一瓶硝基甲烷当作四氢呋喃加到氢氧化钠溶液中。约1min后，试剂瓶中冒出白烟，李某立即拉下通风橱玻璃门，此时瓶口出现泡沫状液体，烟变为黑色。李某叫来同学请教解决办法时发生爆炸，玻璃片将二人手臂割伤。

（2）事件原因。当事人进行化学反应加入化学试剂时粗心大意，没仔细核对所用化学试剂而造成事故发生。实验台化学试剂杂乱无序，未按要求存放化学试剂也是造成此次事件的主要原因。

（3）经验教训。这是一起典型误操作事件。实验操作过程中的每一个步骤都必须仔细，不可马虎；实验台要干净整洁；实验试剂应按规定要求存放，避免试剂误用。

7.2.1.2 案例二：油浴燃烧事故

（1）事故经过。某同学用1，4-丁炔二醇和氯化亚砜在吡啶存在下制备4-氯-丁炔-1-醇，反应完成后用乙醚萃取。经水洗干燥后在常压下蒸去乙醚和苯，剩下500mL有机物，用水泵减压蒸馏，蒸出产物。加热温度110～120℃，减压20mmHg（1mmHg = 133.322Pa），反应瓶1000mL。当蒸出150mL产品时，内温急剧上升失去控制，随即发生爆炸。由于通风柜的拉门处于关闭状态，因此没有造成人员受伤。该反应曾多次重复做过，因反应量很小，未曾发生事故。

（2）事故原因。据当事人和其课题组长事后分析，含炔基官能团化合物在加热条件下容易与浓度较高的杂质发生聚合反应，放出大量的热量，导致温度失控引发爆炸。4-氯-丁炔-1-醇是含炔基官能团的化合物，可能与反应中产生的杂质在高温下发生聚合反应引发爆炸。

（3）经验教训。当事人佩戴了防护镜和手套，并拉下了防爆橱门，因而该事故未造成人员伤害。在实验中使用危险化学品或进行产物比较活泼的实验时，在实验前应对该实验过程中可能出现的危险性有个预案，并落实防范措施。

7.2.1.3　案例三：乙醚爆炸事故

（1）事故经过。7月某一天，实验人员对其合成的产品进行后处理，即用石油醚提纯产品。反应瓶2L，石油醚1000mL（沸点在30~60℃），用电热套加热回流，冷凝水冷却，至中午11时左右突然发现通风柜内有火花闪烁，接着发生爆炸，爆炸引燃了电热套和周围的纸张。当事人立即拔下电热套插座，并使用灭火器将火扑灭。

（2）事故原因。所使用的石油醚是沸点在30~60℃的低沸点溶剂，又因夏天的连续高温，经事后测量自来水温度达33℃，石油醚未能冷却而大量挥发。当石油醚蒸汽与空气混合达到一定比例时，遇火星即发生爆炸。

（3）经验教训。因回流溶剂时冷却效果不佳致使大量溶剂挥发造成的爆炸事故已发生多起，这起事故再次给我们敲响了警钟。常规的回流实验虽然简单，但必须保证良好的冷凝效果。天气炎热时应避免大量使用溶剂，尤其是低沸点溶剂。

7.2.1.4　案例四：设备爆炸伤人事故

（1）事故经过。2022年6月，某研究生给某分析仪充入氮气，充气若干时间后，该学生离开实验室去二楼，当其返回该仪器旁时，观察窗口（直径约15cm）的玻璃爆裂，碎裂的玻璃片将该学生右手静脉割破、腹部割伤，致大量出血，其他实验室的同学发现后，立即报“120”送医院抢救。爆裂的玻璃片飞散至室内各处，其中一小块玻璃片高速撞击实验室门上的玻璃，并将该门上的玻璃击穿，可见爆炸的威力巨大。

（2）事故原因。事故发生的主要原因有以下3个。

1）该学生操作违规。该学生充气后，未将氮气钢瓶的总阀和减压阀关闭，就离开实验室去二楼办其他事（4~6min），当他返回实验室关闭总阀和减压阀后回到该仪器旁时，立即发生了爆炸。长时间充气，致使该仪器内的压力高于其最高许可工作压力，观察窗口的玻璃因无法承受此高压而爆裂。这是发生该次事故的主要原因。

2）仪器缺少安全防护装置。该仪器的观察窗口较大，直径约为15cm，虽然该仪器主要在高真空下工作，但若能为其设置安全防护罩（如设置一个有机玻璃箱，以罩住观察窗口），则可一定程度上避免因人为误操作致过度充气时而发生窗口爆裂的伤人事故。然而，该仪器的玻璃观察窗口直接面对操作人员，缺少安全防护装置，增加了发生伤人事故的可能性。

3）缺少规范的仪器操作规程。实验室管理存在缺陷，实验室未能给该仪器提供具体、准确的操作指南，如操作顺序、差错警示、充气时间、充气压力等。实验室仪器管理中缺少科学的操作指南，会给工作人员违规使用仪器、遗忘操作流程等留下机会。

（3）经验教训。在实验过程中必须要有人看守，高温高压设备必须要有相应的安全防护装置，实验室必须要有安全规章制度，实验仪器必须要有安全操作规程。

7.2.1.5　案例五：实验室冰箱发生爆炸事件

（1）事件经过。2006年5月，某高校一实验室冰箱发生爆炸，室内的试管、容器等相继发生连锁爆炸，所幸校方及消防部门扑救及时，且事发时实验室内空无一人，没有酿成人员伤亡。据了解，该冰箱存放17种不同类型有机试剂，有部分试剂渗漏导致冰箱中聚集易燃易爆气体，长时间没有开冰箱门，易燃易爆气体浓度过高，当冰箱温控启动时产生电火花而引起冰箱发生爆炸。存放在实验室内的众多试管、化学品容器等受到波及，相继发生爆炸，并引起燃烧。

（2）事件原因。用冰箱储存易燃易爆试剂可以降低溶剂的挥发性，但目前实验室所使用的冰箱由于多数不是防爆冰箱而成为爆炸事故的严重隐患。目前，我国多数冰箱还是使用机械温控器，是靠温包热胀冷缩原理带动电触点来启动冰箱，达到温控目的的。触点带电动作，瞬间就会产生火花；同时，冰箱照明灯（有可能会爆灯）及开关也是火花源之一，当冰箱中的易燃易爆试剂由于微泄漏而积聚达到一定浓度时，一旦遭遇电火花就会引起爆炸。

（3）经验教训。实验室操作应符合规范要求；实验室存放有机溶剂要保证通风良好；实验试剂应按照要求分类存放，并且存放量也应符合要求；存放低沸点有机溶剂应使用防爆冰箱储存，如果用普通冰箱必须进行有效的防爆改造。同时，也不能将冰箱作为保险箱，乱放试剂，应注意试剂包装的密封性，并经常进行清理。

7.2.1.6 案例六：镁铝粉爆燃致人死亡事故

（1）事故经过。2018 年 12 月，某高校 2 号楼一实验室发生爆炸并引起明火和大量烟雾。经核实，该校市政环境工程系导师李某带领学生在 2 号楼环境工程实验室进行垃圾渗滤液污水处理科研实验 50 余次，实验用到化学试剂磷酸和过硫酸钠。垃圾渗滤液硝化载体制作流程为两步：1）通过搅拌镁粉和磷酸反应生成镁与磷酸镁的混合物；2）在镁与磷酸镁的混合物中加入镍粉等其他化学物质生成胶状物，并将胶状物制成圆形颗粒后晾干。他们在模型室地面对镁粉和磷酸进行搅拌反应，多次模拟实验后完成第一步和第二步。再次重复步骤一的时候，实验现场发生爆炸。事故发生后，爆炸及爆炸引发的燃烧造成一层模型室、综合实验室和二层水质工程学Ⅰ、Ⅱ实验室受损，模型室外邻近放置的集装箱不同程度着火。事故造成两名博士、一名硕士死亡。

（2）事故原因。

1）直接原因。在使用搅拌机对镁粉和磷酸搅拌、反应过程中，料斗内产生的大量氢气被搅拌机转轴处金属摩擦、碰撞产生的火花点燃爆炸，继而引发镁粉粉尘云爆炸，爆炸引起周边镁粉和其他可燃物燃烧，造成现场 3 名学生被烧死。

2）间接原因。

①事发科研项目负责人违规试验、作业；违规购买、违法储存危险化学品；违反学校相关规定，未采取有效安全防护措施；未告知试验的危险性，明知危险仍冒险作业。事发实验室管理人员未落实校内实验室相关管理制度；未有效履行实验室安全巡视职责，未有效制止事发项目负责人违规使用实验室，未发现违法储存的危险化学品。

②事发高校学院对实验室安全工作重视程度不够；未发现违规购买、违法储存易制爆危险化学品的行为；未对申报的横向科研项目开展风险评估；未按学校要求开展实验室安全自查；在事发实验室主任岗位空缺期间，未按规定安排实验室安全责任人并进行必要培训。学院下设的实验中心未按规定开展实验室安全检查、对实验室存放的危险化学品底数不清，报送失实；对违规使用教学实验室开展试验的行为，未及时查验、有效制止并上报。

③事发高校未能建立有效的实验室安全常态化监管机制；未发现事发科研项目负责人违规购买危险化学品，并运送至校内的行为；对该院购买、储存、使用危险化学品、易制爆危险化学品情况底数不清、监管不到位；实验室日常安全管理责任落实不到位，未能通过检查发现该学院相关违规行为；未对事发科研项目开展安全风险评估。

（3）事故性质。事故调查组认定，本起事故是一起责任事故。

（4）事故责任分析及处理建议。根据事故原因调查，依据有关法律法规规定，对事故有关责任人员和责任单位进行事故责任认定，追究相关法律责任。

（5）经验教训。

1）全方位加强实验室安全管理。完善实验室管理制度，实现分级分类管理，加大实验室基础建设投入；明确各实验室开展试验的范围、人员及审批权限，严格落实实验室使用登记相关制度；结合实验室安全管理实际，配备具有相应专业能力和工作经验的人员负责实验室安全管理。

2）全过程强化科研项目安全管理。健全学校科研项目安全管理各项措施，建立完备的科研项目安全风险评估体系，对科研项目涉及的安全内容进行实质性审核；对科研项目试验所需的危险化学品、仪器器材和试验场地进行备案审查，并采取必要的安全防护措施。

3）全覆盖管控危险化学品。建立集中统一的危险化学品全过程管理平台，加强对危险化学品购买、运输、储存、使用管理；严控校内运输环节，坚决杜绝不具备资质的危险品运输车辆进入校园；设立符合安全条件的危险化学品储存场所，建立危险化学品集中使用制度，严肃查处违规储存危险化学品的行为；开展有针对性的危险化学品安全培训和应急演练。

4）各高校要深刻吸取事故教训，举一反三，认真落实普通高校实验室危险化学品安全管理规范，切实履行安全管理主体责任，全面开展实验室安全隐患排查整改，明确实验室安全管理工作规则，进一步健全和完善安全管理工作制度，加强人员培训，明确安全管理责任，严格落实各项安全管理措施，坚决防止此类事故发生。

5）涉及学校实验室危险化学品安全管理的教育及其他有关部门和属地政府，按照工作职责督促学校使用危险化学品安全管理主体责任的落实，持续开展学校实验室危险化学品安全专项整治，摸清危险化学品底数，加强对涉及学校实验室危险化学品、易制爆危险化学品采购、运输、储存、使用、保管、废弃物处理的监管，将学校实验室危险化学品安全管理纳入平安校园建设。

7.2.1.7 案例七：实验室甲醛泄漏事故

（1）事故经过。2012 年，某高校化学实验教师在实验室用反应釜做实验合成甲醛，实验过程中，中途离开两三分钟，就在这段时间内，实验室飘出白色气体，导致多名老师、学生喉咙痛、流眼泪、感觉严重不适。

（2）事故原因。

1）事故的直接原因是事发高校做实验的教师实验时违规离开。甲醛是实验的合成物，保存在反应釜中，该实验教师在实验途中离开没有及时应对突发事件，导致甲醛泄漏。好在反应釜中的甲醛不是太多，加上反应釜及实验室并非处于一个密闭小空间，因此没有引发严重的伤害性后果。

2）学校日常管理存在疏漏，教师没有严格按照操作规程进行实验操作导致甲醛泄漏。

（3）经验教训。

1）完善实验室管理制度。要求各级人员严格遵守并执行实验室各项规章制度，避免因实验准备、实验流程、实验室管理等制度不够完善，实验人员不严格执行带来实验事故。

2）加强高校实验室安全教育。要从全校的实验室，而不是某个学科、某个老师的实验室角度，全面加强校领导、教师、实验室辅助人员、学生等多人群的实验室安全教育，包括安全意识、安全制度的遵守以及紧急自救措施等内容。

3）合理安排实验室建筑及空间布局。避免非专门建筑改建实验室、与其他用房共处的联体实验室、非专业隔离系统的普通空间实验室，避免因为这些建筑不能满足实验室实验的基本或极限要求导致事故。

7.2.1.8 案例八：实验室投毒致人死亡事件

（1）事件经过。2013 年 4 月 1 日，某医学院研究生黄某身体不适，被送至医院就诊。4 月 12 日，警方基本认定黄某室友林某存在重大犯罪嫌疑，随后林某被刑拘。4 月 16 日，黄某在医院去世。4 月 19 日，该市公安局公布：警方以涉嫌故意杀人罪向检察机关提请逮捕犯罪嫌疑人林某。11 月 27 日，林某涉嫌故意杀人案在该市法院开庭，林某认可投毒杀人指控，投毒药品为剧毒化学品 N-二甲基亚硝胺，但自辩“下毒是为了在愚人节开个玩笑”。

2014 年 2 月 18 日，该市第二中级人民法院一审宣判，被告人林某犯故意杀人罪被判死刑，剥夺政治权利终身。

（2）事件原因。林某因生活琐事与黄某不和，心存不满，经事先预谋，将做实验后剩余并存放在实验室内的剧毒化合物 N-二甲基亚硝胺带至寝室，注入饮水机水槽。黄某饮用饮水机中的水后出现中毒症状，经抢救无效死亡。

林某自述其将 N-二甲基亚硝胺从实验室拿出，用注射剂注入饮水机中，可见实验室危险化学品管理不严格，没有出入库登记记录。

（3）经验教训。

1）学校应加强人文方面教育，学生也要学会自我调节和包容他人，遇到问题应妥善解决，不应采取极端措施。

2）学校针对剧毒化学品的采购和使用应该有严格规定，并且在实验过程中应该只允许领用一次实验用量，且用不完的剩余剧毒品，应在当天交还危险品管理人。

3）生产、储存、运输和使用危险物品的单位必须建立健全危险物品安全管理制度。

7.2.1.9 案例九：某高校博士实验室中毒死亡事件

（1）事件经过。2009 年 7 月，某高校理学院化学系博士研究生袁某发现博士研究生于某昏厥在催化研究所 211 室中便呼喊寻求帮助，并拨打 120 急救电话，袁某随后也晕倒在地。后经医院抢救，袁某康复，于某抢救无效死亡。

该市公安机关在接到学校的报警后，立即对事件开展调查。初步调查发现，该高校化学系教师莫某和该市其他高校教师徐某，于事发当日在化学系催化研究所做实验过程中存在误将本应接入 307 实验室的一氧化碳气体接至通向 211 室输气管的行为。

（2）事件原因。该高校化学系教师莫某和其他高校教师徐某，误将本应接入 307 实验室的一氧化碳气体接至通向 211 室输气管中，导致袁某和于某一氧化碳中毒昏迷。

（3）经验教训。

1）实验室应有完善的规章制度，避免因实验准备、实验流程、实验室管理等制度不够完善，实验人员不严格执行带来实验事故。

2）实验室水、电、气管线布局应该合理，安装施工应规范，采用管道供气的实验室，输气管道及阀门无漏气现象，并有明确标识，供气管道有名称和气体流向标识，无破损，避免因管道破损、误接通气管道引起实验事故。

3）存有大量无毒窒息性压缩气体或液化气体（液氮、液氩）的较小密闭空间，需安装氧含量监测报警装置，防止大量泄漏或蒸发导致缺氧而出现实验事故。

4）实验室通风系统应运行正常，需定期进行维护、检修；任何可能产生高浓度有害气体而导致个人暴露，或产生可燃、可爆炸气体或蒸汽而导致积聚的实验，都应在通风柜内进行；进行实验时，应保持通风效果良好，避免因通风不佳，有毒或者窒息性气体积聚导致实验事故。

7.2.1.10 案例十：黑龙江某大学实验室感染事件

（1）事件经过。2010 年 12 月 19 日下午，黑龙江省某大学发生一起 27 名学生因做实验而感染布鲁氏病菌的恶性事故。2011 年 9 月 3 日，此事件一经曝光，引发民众广泛关注，后该校召开新闻发布会通报该校 27 名学生和 1 名教师在羊活体解剖实验中感染布鲁氏病菌。

（2）事件原因。

1）实验室在购买山羊时没有经过动物防疫部门的检疫。

2）实验室本可以做检疫，但是也没检疫。

3）实验操作时，本应严格穿戴实验服、口罩、手套，但是老师要求不严格，导致事故的发生。

（3）事件性质。经专家组认定，该事故是一起因学校相关责任人在实验教学中违反有关规定造成的重大教学责任事故，学校对事故承担全部责任。

（4）对责任单位及责任人员的处理。事发高校对事故相关责任人作出严肃处理：对 2 名实验指导教师分别给予降级、记大过处分，调离教师岗位；对 2 名实验员及 1 名实验指导教师分别给予了记大过、记过处分；停发本年度校内津贴和年终一次性奖金，2 年内不得晋升专业技术职务，并分别追偿经济责任 1 万~5 万元；免去了该校动物医学学院院长和院党总支书记职务。

（5）经验教训。

1）工作人员和实验指导教师态度不端正、责任心不强。《实验动物质量管理办法》明确规定实验动物的生产和使用实行许可证制度，没有动物实验许可证的动物不可做实验动物，感染事件中使用的 4 只实验山羊全部来源于一家养殖场，但有关教师未要求该养殖场出具相关检疫合格证明。在实验所使用的动物须严格执行许可证制度，严控实验动物质量，对其携带的微生物和寄生虫实行控制，实验动物遗传背景明确、来源清晰。

2）教师和学生的安全意识淡薄。实验过程中教师和学生没有严格遵守操作章程，没有开展病原微生物的相关实验活动应有风险评估和应急预案，包括病原微生物及感染材料溢出和意外事故的书面处置程序，以便有效应对突发事件。

3）该实验室管理混乱，实验人员缺少安全防护。在实验过程中应该操作合规，安全防护合理，有合适的个人防护措施，禁止戴防护手套操作无关设施设备；解剖实验动物时，必须做好个人安全防护，定期组织健康检查。

4）实验员或实验指导教师专业知识有限。生物实验室的实验员或指导教师应具备相关的知识经培训后才能上岗，但该实验室未引起足够重视，实验员不懂专业知识，发生事故时手足无措。

7.2.1.11 案例十一：女科学家二甲基汞中毒事故

（1）事故经过。凯伦·韦特哈恩是从事有关重金属研究的出色的女科学家。某次实验时，她用移液枪吸取了一些二甲基汞液体，实验做完之后，移液枪里没用完的二甲基汞滴在了凯伦戴着手套的手上，凯伦将橡胶手套脱掉并对手部进行清洗。

几周之后，凯伦精神状态不好，注意力很难集中；慢慢地她走路不稳，最后都没有办法保持自己身体的平衡。随着时间流逝，她手指越来越麻，耳朵里开始出现奇怪的噪声，眼睛里还会有闪光，视野也越来越窄。5 个月后，凯伦身体的平衡变得异常困难，视线也开始变得模糊，后被确诊为急性汞中毒，医院全力救治凯伦，用成熟的螯合疗法进行治疗，但并没有起到太大的作用，凯伦整个人迅速消瘦，腹痛难忍，神经和感官也开始出现严重的退化，最终在进入医院 3 周后宣告死亡。一方面，凯伦中毒的时间太长，毒素的浓度太高；另一方面，汞元素的毒性太强，凯伦的大脑，尤其是额叶内聚集了大量有机汞，里面的神经元成片死亡——这种伤害是不可逆的。

（2）事故原因。二甲基汞是含汞有机化合物，易挥发，易燃，剧毒，能渗过乳胶，溶解橡胶和生胶。二甲基汞是高度亲脂的，会优先和身体内脂肪含量高的组织器官结合在一起，经人体处理后，代谢为造成“水俣病”的甲基汞（典型案例就是日本水俣病）。甲基汞容易穿过血脑屏障，并和半胱氨酸形成复合物，最终对人体的神经系统造成不可逆的损伤，并且具有生物累积特性，排泄缓慢，一般很难发现中毒，等发现时为时已晚。尽管研究重金属对生物损害的凯伦对甲基汞的毒性了如指掌，但人类对二甲基汞穿透性的知识盲区，还是带走了她的生命。

（3）经验教训。

1）实验过程中应规范操作，实验之前应充分了解实验试剂的物理化学性能。

2）在操作二甲基汞的时候应戴两副特制手套，在常用手套之外还要戴塑料压层手套。

3）在实验过程中，直接或者间接接触毒性化合物后，应及时去医院就医检查，以免耽误治疗。

7.2.2 生产中常见案例分析

7.2.2.1 案例一：某钢铁厂高处坠落事故

2019 年 11 月 1 日 10 时 38 分，A 钢铁有限公司在维修作业过程中发生高空坠落事故，造成 1 人死亡，直接经济损失 130 万余元。

（1）事故发生单位概况。该工程总包单位为 A 钢铁有限公司，外包给 B 热轧带钢铁公司。建筑工程施工总承包三级、起重设备安装维修工程、机电设备钢结构管道工程制作安装维修等，已取得 L 省核发的《中华人民共和国特种设备制造许可证》，获准从事桥式起重机和门式起重机安装、修理。

（2）事故经过。2019 年 11 月 1 日，王某要将点检员马某开具的加料跨 2 号双 25t 吊车的加速接触器“检维修工作票”交给检修班长田某，因田某未在班组，就交给了电工闫某。上午 9 时，闫某在没有安全互保人的情况下和马某对吊车进行加速接触器检维修作业，闫某负责维修，马某负责验收。这时，2 号双 25t 吊车同时在更换副起升减速机。10

时，因1号双25t吊车有脱落现象，马某让闫某通知其他维修人员共同维修。随后，马某打开1号双25t吊车门上到吊车顶部巡检，闫某上到1号双25t吊车东侧主梁上方小车轨道南侧轨端止挡处，身体失稳从23米高处坠落到地面死亡。

（3）事故原因。

直接原因。闫某在未取得有效《检维修作业票》，无安全互保情况下违章检修，擅自登上1号双25t吊车，身体失稳从23m高处坠落。

间接原因如下：

1）A、B公司配备安全管理人员数量不足，不能对检维修作业实施有效的安全监管；

2）在没有检修方案、未对作业人员进行安全技术交底的情况下，违章指挥作业人员进行维修作业；

3）监理单位未认真履行安全监理职责。

（4）对责任单位及责任人员的处理。

1）闫某对事故发生有直接责任，鉴于其死亡，不再追究其责任。

2）B公司不能对检修作业实施有效监管，对事故发生负有主要责任，给予罚款25万元行政处罚。

3）A公司配备专职安全管理员数量不足，对检修等重点工程安全生产统一协调、管理工作不到位，对事故发生负有责任，给予20万元行政处罚。

（5）防范措施。应深刻吸取事故教训，全面落实安全生产主体责任，加强从业人员安全培训和教育，杜绝违章冒险作业，对于危险性较高的检修作业，要安排专人负责现场管理，落实各项安全防范措施；深入推进双重预防机制建设工作，重点对检修作业安全风险进行辨识、分析，制定落实相应的管控措施，全面排查治理生产安全事故隐患，严防安全事故发生。

7.2.2.2 案例二：某金属制品有限公司发生特别重大铝粉尘爆炸事故

（1）事故发生单位概况。某金属制品有限公司创办于1998年，有员工527人，占地空间4.8万平方米，主要从事汽车零配件等五金件金属表面处理加工，主要生产工序是轮毂打磨、抛光、电镀等，设计年生产力50万件，2013年营业收入1.65亿元。

（2）事故经过。2014年8月2日7时10分，除尘风机开启，员工开始作业。7时34分，1号除尘器发生爆炸。爆炸冲击波沿除尘管道向车间传播，扬起的除尘系统内和车间聚集的铝粉尘发生系列爆炸。事故造成7人死亡，163人受伤，直接经济损失3.51亿元，事故车间和车间内的生产设备被损毁。

（3）事故原因。

1）直接原因。事故车间除尘系统长时间未按规定清理，铝粉尘聚集。除尘系统风机开启后，打磨过程产生的高温颗粒在集尘桶上方形成粉尘云。1号除尘器集尘桶锈蚀破损，桶内铝粉受潮，发生氧化放热反应，到达粉尘云的引燃温度，引发除尘系统及车间的系列爆炸。车间无泄爆装置，爆炸产生的高温气体和燃烧物经除尘管道从各吸尘口喷出，导致全车间所有工位操作人员直接受到爆炸冲击，造成群死群伤。

2）管理原因。事故公司无视国家法律，违法违规组织项目建设和生产；事故车间所在市和所在开发区对安全重视不够，安全监管责任不落实，对事故公司违反国家安全生产法律法规、长期存在的安全隐患治理不力等问题失察；负有安全生产监督管理责任的有关部门未认真履行职责，审批把关不严、监督检查不到位、专项治理工作不深入、不落实；相关环境监测公司和机电环保设备公司等单位，违法违规进行建筑设计、安全评价、粉尘检测、除尘系统改造。

（4）对责任单位及责任人员的处理。这是一起生产安全责任事故，依照有关法律法规，对涉嫌犯罪的18名责任人移送司法机关采取措施，对其他35名地方党委政府及其有关部门工作人员给予党纪、政纪处分。对事故所在省人民政府予以通报批评，并向国务院做出深刻检讨。

（5）经验教训。发生特别重大爆炸事故，企业责任重大。作为生产经营主体的企业，为了追求利润最大化，可能会减少对安全生产资金和设施的投入。因此，必须重视并建立长期有效的安全监管机制，使企业生产始终处于政府职能部门的监管之下，相关职能部门应理顺权责关系，做到权责明确，一旦出了问题，可追查到部门以及具体责任人，以此倒逼监管部门把监管工作落到实处。

粉尘爆炸破坏性极大，扑救起来也极为困难，因此要做好预防工作，防止在厂内作业或生活中发生粉尘爆炸。在家庭中，如在厨房等有明火出现时，不可以喷洒杀虫剂、挥洒面粉等。在工业生产、运输中，除了定期进行粉尘防爆检查，做好相关记录以外，还必须要做好以下工作。

1）建筑结构：生产场所内应当有两个以上直通室外的安全出口，并且确保通道顺畅。

2）完善的制度：应该有完善的企业安全管理体系，适应粉尘防爆的复杂性，并且发挥安全管理规章、制度、操作规程的效力，形成自觉预防意识和能力；还应该加强检查、监督，安装粉尘检测仪器，防止粉尘浓度超标，为粉尘防爆的安全增加一道防线。

3）通风除尘：安装相对独立的通风除尘系统，并设置有接地装置。除尘器布置在室外，并有防御措施，离明火产生处不少于6m，回收的粉尘应储存在独立干燥的场所。除尘器应采用防爆除尘器，并配套相应的防爆风机，通风管道上应设置泄爆片。

4）有效清洁：对生产场所每天采用不产生火花、静电、扬尘等方法进行清理，使作业场所积累的粉尘量降至最低，禁止使用压缩空气进行吹扫。

5）禁火措施：生产场所严禁各类明火，需在生产场所进行动火作业时，必须停止生产作业，并采取相应的防护措施。

6）电气电路：生产场所电气线路应当采用镀锌钢管套管保护，在车间外安装空气开关和漏电保护器，设备、电源开关及相关的电气元件应当采用防爆防静电措施。

7）防潮设施：必须配备粉尘生产、收集、贮存的防水防潮设施，严禁粉尘遇湿自燃。

7.2.2.3　案例三：某化工公司发生特别重大化学储罐爆炸事故

（1）事故经过。2019年3月21日，某市化工园区内某有限公司旧固废库内长期违法储存的硝化废料持续积热升温导致自燃，引发硝化废料爆炸，事故波及周边16家企业。爆炸区域附近有多处住宅区和学校，其中一所幼儿园离事发现场直线距离仅1.1千米。事故造成78人死亡、76人重伤、640人住院治疗，直接经济损失198635.07万元。

（2）事故原因。

1）直接原因。事故的直接原因是该公司旧固废库内长期违法储存的硝化废料持续积热升温导致自燃，燃烧引发爆炸。

2）间接原因。该公司无视国家环境保护和安全生产法律法规，刻意瞒报、违法储存、违法处置硝化废料，安全环保管理混乱，日常检查弄虚作假，固废仓库等工程未批先建。所在市环境监测中心等6家中介机构弄虚作假，出具虚假失实文件，导致该公司硝化废料重大风险和事故隐患未能及时暴露，干扰误导了有关部门的监管工作；所在市环保部门和所在县应急管理、环保等部门相关工作人员，未认真贯彻落实有关法律法规，日常监管严重缺失，复产验收审核把关不严，存在玩忽职守行为，是事故发生的重要原因。

（3）对责任单位和责任人员的处理。公司总经理、法定代表人张某犯非法储存危险物质罪、污染环境罪和单位行贿罪，撤销缓刑与原犯污染环境罪并罚，执行有期徒刑20年，剥夺政治权利5年，并处罚金155万元；以非法储存危险物质罪判处某集团罚金2000万元，对集团原任及现任董事长、总经理、法定代表人吴某、倪某分别判处有期徒刑12年和13年，并处剥夺政治权利。原公司副总经理杨某、安全总监兼总工程师耿某等4人被以非法储存危险物质罪、污染环境罪并罚判处9~6年不等有期徒刑，并处罚金；原公司副总经理、硝化车间主任、法定代表人陶某等2人被以非法储存危险物质罪分别判处8年和6年有期徒刑。帮助某公司非法储存硝化废料的当地装卸服务部经营人张某犯非法储存危险物质罪，撤销缓刑与前罪并罚，决定执行有期徒刑4年。原某公司安全科科长蒋某和5名安全员被以重大劳动安全事故罪分别判处5年~1年6个月不等有期徒刑。

所在市环境监测中心等6家中介机构犯提供虚假证明文件罪或出具证明文件重大失实罪，分别被判处100万元至10万元不等罚金，所在市环境监测中心化验室副主任杨某等22名责任人被以提供虚假证明文件罪或出具证明文件重大失实罪判处4年~9个月不等有期徒刑，并处罚金。原所在县应急管理局局长孙某等15名国家公职人员分别被以玩忽职守罪、受贿罪判处7年6个月~3年3个月不等有期徒刑，其中部分人员被并处罚金，孙某等9人同时犯两罪，依法予以并罚。

（4）经验教训。

1）在生产中，将温度、压力、流量、物料配比等工艺参数严格控制在安全限度范围内，防止超压、超温、物质泄漏。

2）应消除点火源，化学危险品储存区域远离明火，高温表面、化学反应热、电气设备，避免撞击摩擦，应考虑消除或避免静电火花、雷电、光线照射，防止自然发热。

3）限制火灾爆炸蔓延扩散，采用阻火装置、设施，防爆泄压装置及隔离措施。

4）改革工艺技术，在危险化学品生产、储存过程中，防止和减少毒物逸散。

5）配备专用的劳动防护用品和器具，专人保管，定期检修，保持完好。

7.2.2.4 案例四：某陶瓷厂扩建起重伤害事故

（1）事故经过。2016年9月，某陶瓷厂扩建工地发生事故，一台塔式起重机在向6号楼积水坑吊运模板箱作业过程中，模板箱突然从5m高处坠落，砸中地面木工，致两人死亡，事故造成直接经济损失236万元。

（2）事故原因。

1）直接原因。吊运模板箱时未将吊具的卡扣和压板正确安装在模板箱上，进而造成吊具从模板箱孔眼处滑落导致事故发生。

2）间接原因。施工单位A安装工程有限公司安全管理不到位，未严格督促作业人员执行吊装作业安全操作规定；B陶瓷厂现场相关管理人员安全管理不到位，日常检查工作不够细致，吊装作业现场未安排专门人员进行综合协调管理，未严格督促分包单位的安全管理；C项目咨询有限公司日常安全巡查不到位，对作业现场人员违反操作规程的行为未发现和制止。

（3）对责任单位和责任人员的处理。

1）建议免于追究责任的人员。李某、柏某系木工，非司索工进行司索捆绑模板箱作业，违反特种作业管理规定，对该起事故的发生负有重要责任。鉴于两人已经死亡，不再追究其责任。

2）建议给予追究刑事责任的人员。

①王某作为信号司索工，未认真履行信号工职责，负有直接责任，建议司法机关依法对其进行处理。

②塔吊驾驶员李某安全意识淡薄，违反塔吊安全技术操作规程，吊装作业前发现作业区域内有人作业而违章进行起吊作业导致事故发生，对事故的发生负有直接责任，建议司法机关依法对其进行处理。

3）建议给予行政处罚的单位及人员。

①建议行政处罚的单位：A安装工程有限公司吊装作业现场安全管理不到位，对这起事故发生负有单位管理责任，建议由区安全生产监督管理部门对其予以行政处罚；B陶瓷厂吊装作业现场安全管理不到位，对这起事故发生负有管理责任，建议区建筑行业管理部门依据相关规定对该公司予以处理；C项目咨询有限公司日常安全巡查不到位，对这起事故发生负有监理责任，建议区建筑行业管理部门依据相关规定对该公司予以处理。

②建议行政处罚的人员：A公司派驻该项目现场负责人，对事故发生负有管理责任，建议区建筑行业管理部门依据相关规定对其予以处理；B陶瓷厂项目负责人及安全负责人未严格督促分包单位的安全管理，对事故发生负有管理责任，建议由B有限公司按照公司规定，对以上两人进行处理，并将处理情况报区安监局备案。

（4）经验教训。

1）A安装工程有限公司作为工程分包单位，要从事故中吸取血的教训，举一反三，分析事故发生原因及应该采取的预防措施，强化企业安全生产主体责任意识，要坚持“安全第一、预防为主、综合治理”的方针，以及“管生产的同时必须管安全”的原则，要对包括挂钩挂具在内的所有设施设备安全使用情况进行全面排查和梳理，发现不符合安全生产要求的要及时予以更新；要制定更加细致、科学的操作规程并加强对工人的安全生产教育和安全技术交底，确保现场工人严格按照操作规程作业；要加强对作业现场的安全管理工作，认真排查事故隐患和不安全苗头，切实防止类似事故再次发生。

2）B陶瓷厂要建立健全安全生产责任制，层层落实责任，要加强员工的安全生产教育培训，特别要加强作业环境危险因素的安全检查，尤其是针对吊装作业，要深入细致排查各环节及所有机械设备、索具等，发现不符合安全生产条件的要及时予以整改，要教育员工树立安全意识，督促员工严格执行各项规章制度和安全操作规程，杜绝类似事故的再次发生。

3）C项目咨询有限公司作为监理单位，要进一步落实监理职责，加强对施工现场的安全检查和监管，特别是针对吊装作业，要加大巡查力度，对吊装的各环节和器械急性全面排查，对检查发现的安全隐患要及时处理。

4）作为工程建设方也要从此次事故中吸取教训，认真履行工程建设方责任，要督促施工单位加强对现场作业人员的安全教育培训，对有吊装作业的区域，加大巡查力度，尤其对吊装设备、索具等要细致深入检查，发现不符合安全生产要求的要及时督促相关单位及时整改，同时加强对施工单位的安全管理和现场安全检查，严格按照操作规程作业。发现隐患及时督促整改，确保工程安全有序推进。

7.2.2.5　案例五：某化工厂环氧氯丙烷分厂触电事故

（1）事故经过。某厂环氧氯丙烷分厂冻水车间循环水岗位职工马某巡检时发现泵房地坑内积水较多，随即开泵排水，然后继续巡检其他设备。一段时间后发现积水仍较多，检查发现水泵不出水，打电话给电工岗位要求检查电气设备，然后自己再去地坑排水泵检查。电工吴某接到电话 5min 后到达地坑上方楼梯通道，发现马某躺在地坑附近地面上，身上有电线，身边有积水，判断马某可能触电。吴某立即返回工作岗位换上绝缘靴到现场用木棍将马某身上电线挑开，检修电源箱断电后将马某拖至无水区域采取人工呼吸和胸外按压等措施抢救，直至 120 急救车到达现场，后抢救无效死亡。

（2）事故原因。

1）直接原因。

①排水泵未按规定安装漏电保护器，设备存在一定问题。排水泵烧毁后其中一相电源与外壳相连，保护零线意外烧断致使开关不能及时跳闸导致排水泵外壳带电。备用泵与排水泵直接接触，导致备用泵的保护零线带电。

②马某自我保护意识不强，对现场危险、有害因素认识不清，整理备用泵电源线时碰到带电的保护零线线头，从而导致触电事故的发生。

2）间接原因。专业安全检查存在死角，电气、设备、安全等管理制度落实不彻底。专业技术及安全培训教育工作落实不到位。

（3）经验教训。

1）加强管理体制，加强对基层电气工作的全面监督、检查、指导。

2）加强电气设备的日常管理工作，按规定加装漏电保护器，加强临时用电管理，按规定配备专用电源箱，加强闲置、备用设备的管理。

3）健全各项规章制度，对所有的用电设备、设施制定完善的规章制度、操作规程及注意事项。

4）加强职工的安全培训教育，加强企业内部的三级安全教育工作，系统完善转岗教育、复工教育及外用工教育工作。

5）完善考核分配机制，加强对职工技术知识、专业知识和安全知识的考核力度。

7.2.2.6　案例六：某化工厂压力容器爆炸较大生产安全事故

（1）事故经过。2015 年 6 月 28 日 7 时 45 分，某化工有限责任公司净化班班长杨某向工段长刘某报告脱硫脱碳工序三气换热器发生泄漏。8 时 30 分左右，刘某发现三气换热器脱硫器焊缝漏点，随后对漏点进行标记并用拍照，拉警戒线。8 时 50 分，生产管理中心主任白某签发检维修作业票证，同意在三气换热器南侧约 7 米高处高压脱硫泵房对高压脱硫贫液泵 A 泵进行检修作业。8 时 56 分左右，郝某接到报告后，决定停车，按正常程序通知净化工段长刘某对净化系统降压、气化工段长薛某做好停车准备，但未明确采取紧急停车。9 时左右，张某、胡某二人办理检维修作业票证进入高压脱硫泵房进行维修作业。随后，检修副班长周某通知常某、王某、梁某、赵某、贺某等人去高压脱硫泵房帮忙。10

时04分56秒，三气换热器发生第一次爆炸，泄出的脱硫气在泵房内聚集。在第一次爆炸明火的作用下，约7s后高压脱硫泵房发生第二次爆炸，造成常某、胡某、赵某三人死亡，张某、王某、梁某、贺某四人受伤。由于第一次爆炸产生碎片撞击，以及富含氢气明火的灼烤，三气换热器南侧上方的一段脱硫富液压力管道发生塑性爆裂，引发第三次爆炸。爆炸冲击波震碎空分工段外墙玻璃，造成外来施工人员郭某受伤，变换工段外来施工人员苏某受伤。事故直接经济损失812.4万元。

（2）事故原因。

1）直接原因。该三气换热器从投入运行到爆炸前，脱硫气入口人字焊缝处四次出现裂纹泄漏，设备存在明显质量问题。爆炸是由于前四次未修焊过的脱硫气进出口封头角接焊缝处存在的贯通的陈旧型裂纹，引发低应力脆断导致脱硫气瞬间爆出。因脱硫气中氢气含量较高，爆出瞬间引起氢气爆炸着火。由于炸口朝向脱硫泵房，泄漏出的脱硫气流量很大，在泵房内瞬时聚集达到爆炸极限，引起连环爆炸，致伤亡事故发生。

2）间接原因。

①某设备厂家未严格按照国家相关要求对事故设备的生产制造、出厂检验、售后维修等各环节进行严格把控。一是该三气换热器的设计文件只规定了对焊接接头的探伤检验要求，未规定角焊接接头的质量控制和检验要求；二是设备厂家对事故设备长期存在隐患未按照法律法规进行处理。对同一缺陷反复出现，某公司应当主动召回，但该公司未按相关规定进行处理，丧失消除事故隐患的后几次时机。

②该公司化工安全管理混乱，安全生产主体责任不落实，未按照国家相关要求对事故压力容器进行维护管理，发现泄漏后，处置措施不当，导致人员伤亡事故发生。

3）事故性质认定。经调查认定，此事故是一起由于压力容器质量缺陷泄漏爆炸及使用单位未按特种设备管理导致的较大生产安全责任事故。

（3）经验教训。

1）事故责任单位。

①全面落实企业安全生产主体责任。事故责任单位要深刻吸取事故教训，从根本上强化安全生产责任意识，真正落实企业主体责任和主要负责人的安全生产职责，确保企业安全生产责任体系“五落实五到位”。要加强安全教育培训，加强安全生产标准化建设，加强现场安全管理，特种作业人员均要持证上岗，坚决杜绝违章指挥、违章作业、违反劳动纪律的现象，全面提高企业的安全保障能力。

②认真彻底持久开展安全隐患排查和治理。实行谁检查、谁签字、谁负责，做到不打折扣、不留死角、不走过场。事故责任单位要对所有生产、销售、使用的设备进行全面的检查，确保各类生产设施设备性能完好。要规范隐患排查工作程序，实时监控重大隐患，形成隐患排查治理常态化机制。

③切实加强生产装置设备的防泄漏安全管理。建立和完善泄漏检测、报告、处理、消除等闭环管理制度，提升泄漏防护等级，发现泄漏要立即处理、及时登记、尽快消除，不能立即处置的要采取相应的防范措施并建立设备泄漏台账，限期整改。

④特种设备检验检测机构要严格按照相关技术规范和标准实施法定检验和相关检测等技术服务，保证检验工作质量，对检验检测工作过程中发现的安全隐患或问题及时报告相关部门。

2）特种设备安全监管部门。各级特种设备安全监管部门要进一步强化责任意识，加强对特种设备生产、使用企业的安全监管，督促企业落实质量安全主体责任，强化安全管理体系建设，强化重大安全问题报告制度，强化现场执法和监督检查。积极配合地方人民政府、安全监管部门开展安全生产工作，及时开展有针对性的专项检查和隐患治理，进一步强化全区化工行业特种设备全方位安全监管。

3）安全生产监督管理部门。各级安全监管部门要加大执法监管力度，认真开展安全生产大检查，落实专项治理，确保取得时效。进一步贯彻落实国家在危险化学品安全监管方面颁布的法律法规、重要文件，再梳理、再排查本地区贯彻落实、完成情况，要求专人负责，建立台账，未完成或落实不到位的，严肃追究责任，确保各项工作落实到位。

4）地方人民政府。要坚持"保安全、促发展"的理念，政府规划、企业生产与安全发生矛盾时，必须服从安全需要。要坚持管行业必须管安全、管业务必须管安全、管生产经营必须管安全的原则，进一步落实地方属地管理责任和企业主体责任。要加大对《中华人民共和国安全生产法》和相关法律法规的宣传力度，推进依法治安，强化依法治理，从严执法监管，坚决防范生产安全事故的发生。

7.2.2.7 案例七：某饲料添加剂厂环氧乙烷计量槽爆炸事故

（1）事故经过。2000年7月7日16时，某饲料添加剂厂因环氧乙烷原料短缺而全厂停车待料。7月9日晚，由某有限责任公司运送的35t环氧乙烷到货，运输工具为汽车槽车。7月10日11时许，汽车槽车进入饲料添加剂厂贮罐区即开始卸料。12时20分，合成车间二楼环氧乙烷1号计量槽突然从下封头和筒体连接环缝处撕裂150mm长的焊缝，液态环氧乙烷在计量槽内200~300kPa压力下高速喷出后急剧汽化，使周围空间迅速达到爆炸极限，喷出的高流速物料与裂缝处的摩擦产生大量静电，加之合成车间的设备管道无静电跨接装置，随即发生第一次爆炸并引发大火。一次爆炸使合成车间二层部分建筑倒塌，两名操作工被埋在废墟中。12时30分，大火蔓延烘烤引起了距合成车间仅4.5m处的$50m^3$环氧乙烷贮槽内约9t物料大量吸热气化，罐内压力急剧上升，贮罐终因超压而爆炸。接到报警的消防人员此时已赶到现场并立即投入灭火战斗。爆炸造成大量环氧乙烷泄漏燃烧，使距该贮槽仅6m的汽车槽车被引燃（因槽车当时出料阀没有关闭），13时20分，汽车槽罐发生爆炸，爆炸冲击波及热辐射造成现场的消防救援人员、周围群众30人受伤，厂内及周围建筑物不同程度受损，爆炸飞溅物同时引起厂区内多处起火。事故造成2人死亡，4人重伤，11人轻伤，直接经济损失640万元。

（2）事故原因。

1）直接原因。

①环氧乙烷1号计量槽，属非法自制容器，制造质量低劣，焊缝、钢板存在着严重不允许缺陷，埋下发生事故的隐患，是造成此次事故的主要原因。

②生产车间属于四类易燃易爆生产作业场所，没有按规范设计、安装防静电接地装置，环氧乙烷泄漏气化后，集聚电荷无法排除，酿成事故。

③装有环氧乙烷的液化气槽车没有及时脱离事故现场，导致事故扩大。

④该饲料添加剂厂对本厂的压力容器、压力管道的安全管理，没有执行国家的有关法律、法规、标准，非法设计、制造、使用，造成各个安全环节严重失控。

2）间接原因。

①该饲料添加剂厂擅自在技改项目中增添氯化胆碱合成车间，对安全生产的重要性认识不够，对环氧乙烷的危险性认识不足，安全管理机构、规章制度、操作规程不健全。对有关职能部门检查提出的问题置若罔闻，没有落实整改。整体设计布局不合理，贮罐与贮罐之间、贮罐与生产厂房之间及周围建筑物之间的安全距离均不符合有关规定，导致连锁反应。

②人员培训教育不到位，特种作业人员没有经过法定部门培训考核，无证上岗作业，安全意识淡薄。厂内安全管理无专职人员，责任没有落实。

③该饲料添加剂厂处于市区、居民区中，使此次事故的损失进一步扩大。

④该饲料添加剂厂未进行全面竣工验收，使可能发生事故的不安全因素没有及时发现。

⑤有关部门对民营企业疏于管理，在各自的职责范围内，监督检查不力，对查出问题的落实整改，没有跟踪管理到位。

（3）经验教训。这次事故的发生，主要是该厂的建设项目未按国家和省的有关规定进行规划、审批、管理和验收，工厂压力容器、压力管道等设备未进行安装验收、登记、检验、发证。计划和劳动行政部门，要进一步加大工作力度，要对技术改造项目和所有锅炉压力容器进行一次全面的清理检查；公安消防、城建规划部门、招商区等单位要切实负起责任，严把基本建设项目审批与规划。该饲料添加剂厂在恢复生产之前应按照有关规定进行“三同时”审查验收，补办手续。

7.2.2.8 案例八：某厂硫化氢中毒事故

（1）事故经过。2008 年 9 月 13 日 8 时左右，某厂水处理剂车间二工段 7 号反应釜在检修过程中由于 1 人中毒，3 人盲目施救，造成 3 人死亡，1 人受伤。经初步调查了解，在检修前张某、王某用水对 7 号反应釜进行几次冲洗置换后，张某在未对釜中置换情况进行检测，且未佩戴防护用品的情况下擅自进入作业，中毒晕倒。带班班长李某和王某发现后，在仍未采取任何防护条件的情况下，先后进釜施救，生产科科长魏某闻讯赶来，仅佩戴过滤式防毒口罩（非隔离式防护用品）进釜救人，相继中毒。随后施救人员正确佩戴隔离式防护用品迅速将 4 人从釜中救出并紧急送往医院抢救，张某、李某、王某 3 人因伤势过重，抢救无效死亡，生产科科长魏某受伤。

（2）事故原因。张某违反操作规程，在未对釜中置换情况进行检测的情况下进入釜中检修，是造成事故发生的直接原因；在未采取任何防护措施的情况下进入釜中检修，是事故发生的间接原因。身为检修班长的李某忽视检修制度、规程，且监护不力也是导致事故发生的间接原因。造成事故扩大的原因有：

1）发生事故后现场人员没有按规定及时报告，在未弄清情况又未采取任何防护措施下，组织不力，盲目施救；

2）企业虽制定了应急预案，但针对性不强，不能指导救援工作，又未组织演练，安全教育培训不力，职工缺乏安全意识和基本的应急常识及自救互救能力；

3）对长期封闭空间可能造成的缺氧、有毒气体认识不足，作业人员缺乏基本常识，作业不规范，作业前未对现场有毒有害性气体进行检测；

4）企业未为作业人员配备自救、防毒装备和气体检测仪；

5）企业通风管理混乱；

6）专业救援力量不足，缺少必要的应急救援装备，不能满足救援需要。

（3）经验教训。事故的发生，暴露出该企业存在安全生产责任制不到位、安全管理制度和安全操作规程执行不严、“三违”现象严重存在、操作人员缺乏专业知识和安全操作技能等问题。为深刻吸取教训，有效遏制同类事故再次发生，必须从以下几个方面做好防范工作。

1）深刻汲取事故教训，积极开展安全生产大检查活动，消除安全隐患，并对易产生有毒有害气体的场所要挂设警示牌、设置报警装置等，预防类似事故的发生。

2）进一步加强进入有限空间或密闭空间作业的安全管理，严格制定作业许可程序、作业安全规程、安全措施和应急预案，明确作业负责人、作业人员和外部监护人员的职责，不得将进入井下、沟池、管道、罐体等有可能产生硫化氢等有毒气体的场所的清淤作业项目发包给不具备有关条件的单位和个人。

3）严格操作规程，认真开展反“三违”活动。罐内作业，尤其在动火、动土、入罐、抽堵盲板、临时用电等维修作业过程中，严格审批制度，切实做好安全监护工作，严禁违章作业，对发现的“三违”现象要及时制止、依法处理，绝不放任、姑息。

4）加强从业人员安全技能培训。在进行特殊作业前，要进行专门的安全教育，务必使作业人员了解作业场所可能存在的危害因素，掌握安全防护的对策措施。认真做好新上岗、轮岗职工的三级安全教育和特种作业人员的安全培训工作，严格考核，持证上岗。

5）进一步完善生产经营单位应急预案的修订与演练。企业生产单位应根据本单位自身作业特点、生产过程中的危险源以及可能造成的危害，制定有针对性的应急预案，组织开展包括救援人员在内的有针对性的全员安全教育和培训，尤其要对应急预案、施救方法进行重点培训，使作业人员、救援人员明确介质危害，掌握操作规程，提高自救互救技能。

6）配备必要的应急装备，进一步提高企业应急保障能力。生产经营单位根据行业的特点和应急救援的需要，为有关从业人员配备自救器、防毒面具等个人防护装备和有毒有害气体监测监控仪器，以保证作业人员安全作业或一旦发生事故时能顺利避险逃生。同时，要根据可能发生的灾害、灾难，配足安全、有效的救援设备，切实提高应对事故灾难的能力。

7.2.2.9　案例九：某水泥厂发生机械伤害事故

（1）事故经过。2021 年某日凌晨 4 时 56 分左右，巡检工刘某在当班班长杨某的监护下完成了 4108 皮带下料口的清堵作业。5 时 40 分，刘某独自至 4109M2 皮带现场检查确认符合开机条件后，使用对讲机通知中控操作员石某开机进料。6 时 30 分，石某联系刘某检查确认皮带机下料情况，但现场无应答，石某怀疑因地坑信号差及噪声大，导致通信不畅，而未引起重视。7 时 10 分，石某发现皮带电流偏低，怀疑下料口再次出现堵料，在呼叫刘某无应答的情况下，立即（约 7 时 12 分）通知杨某到现场检查确认，杨某接到通知后立即边呼叫刘某边赶往其负责的区域，最后于 7 时 40 分左右发现当事人刘某卡在 4109M2 皮带机尾部导料槽处，杨某随即向工段、分厂报告，分厂副厂长程某立即向公司总经理胡某进行汇报。

（2）事故原因。

1）直接原因。巡检工刘某安全意识不强，违反皮带机安全操作规程，未按要求办理停送电手续进行清堵作业，未落实当班交接班会议中严禁皮带运行中清料作业的安全要求，也未执行“无监护，不作业”的安全管理要求，在作业场景发生变化后未通知班长，在无监护情况下进行违章作业。

2）间接原因。

①企业安全主体责任落实不到位：安全生产隐患排查不落实，风险辨识不到位，未对熟料底库区域开展隐患排查，未及时发现作业场所及运行设备存在的安全隐患。企业安全培训流于形式，虽然制定了教育培训制度，但未严格按照制度和计划开展培训，存在以会代训的情况。

②作业现场安全管理不到位：未落实《机械安全　防护装置　固定式和活动式防护装置的设计与制造一般要求》（GB/T 8196—2018）要求，未对现场设备传送带安装防护罩；未按照《安全标志及其使用导则》（GB 2894—2008）要求，在作业现场设置安全警示标识标牌。熟料疏通作业平台无安全防护栏，有限空间作业场所无现场监护人。

（3）事故性质。经调查认定，该机械伤害事故为一起一般生产安全责任事故。

（4）事故责任认定及处理。

1）免予追究责任人员。刘某违反皮带机操作规程，在未按要求断电停机的情况下违章进行清堵作业，对事故负有直接责任。鉴于其在事故中已死亡，建议免予追究责任。

2）建议给予行政处罚的人员。胡某，公司主要负责人，对事故负有领导责任，建议由县应急管理局依法给予行政处罚。黄某，公司总经理助理，对事故负有领导责任，建议由县应急管理局依法给予行政处罚，同时建议公司根据内部管理规定进行处理。赵某，公司生产安全部经理，对事故负有领导责任，建议由县应急管理局依法给予行政处罚，同时建议由公司根据内部管理规定进行处理。吴某，公司安全主管，对事故负有管理责任，建议由县应急管理局依法给予行政处罚，同时建议由公司根据内部管理规定进行处理。程某，公司水泥分厂副厂长（主持水泥分厂全面工作），对事故发生负有领导责任，建议由公司根据内部管理规定进行处理。姜某，公司水泥分厂安全员，对事故负有管理责任，建议由公司根据内部管理规定进行处理。

3）建议给予行政处罚的单位。某水泥有限公司对此次机械伤害一般生产安全责任事故发生负有主要责任，建议由所在县应急管理局依法给予行政处罚。

4）建议给予追究责任的单位。所在县应急管理局对企业内部隐患排查未全覆盖的情况未能及时发现，建议由所在县安全生产委员会对相关责任人进行警示约谈。

（5）经验教训。

1）强化企业安全生产主体责任落实。一是要强化企业全员安全生产责任制落实，建立健全安全生产责任制、安全生产规章制度和岗位操作规程；保障安全生产投入，确保满足安全生产环境和条件。二是要强化安全教育培训，强化安全生产管理人员的安全培训教育和专业技术的培训，认真制订安全培训教育计划并严格落实，强化提升全员安全生产意识和安全技能，使从业人员具备与所从事的生产经营活动相适应的安全生产知识和管理能力。三是要深入开展隐患排查，强化风险管控，对重点部位、重点环节、重点设备、重点作业场所组织开展全方位隐患排查，加强风险辨识与管理，排查治理安全隐患，防范事故发生。四是要进一步加强作业现场管理，严格作业现场管理，督促从业人员依法依规安全作业，确保作业现场安全设施设备符合国家或行业相关标准规范。

2）落实监管责任，加强监督检查。负有安全监管职责的行业主管部门要按照“三个必须”的原则，进一步明确工作职能职责，强化安全监管责任落实；加大执法检查力度，加大安全生产违法违规行为事前处罚力度；对检查出的问题隐患必须要求企业在整改到位的基础上举一反三，全覆盖排查治理隐患；要深入开展安全生产专项整治三年行动和“大排查大整治大整改”行动“回头看”，坚决防范生产安全事故发生。

课程思政

通过本章的学习，我们对待安全问题应该要有严谨、实事求是的态度和工作责任心；在安全生产中应该有法治精神、法律素养；在发生安全事故时，能够认识瞒报的危害，拒绝瞒报、谎报安全事故。

思考题

7-1　安全生产事故如何分类？

7-2　简述生产安全事故的报告程序。

7-3　简述生产安全事故的原因。

附 录

附表1 工作场所空气中化学有害因素职业接触限值①

序号	中文名	英文名	化学文摘号（CAS No.）	OELs/mg·m^{-3}			备注
				MAC	PC-TWA	PC-STEL	
1	安妥	Antu	86-88-4	—	0.3	—	—
2	氨	Ammonia	7664-41-7	—	20	30	—
3	2-氨基吡啶	2-Aminopyridine	504-29-0	—	2	—	皮
4	氨基磺酸铵	Ammonium sulfamate	7773-06-0	—	6	—	—
5	氨基氰	Cyanamide	420-04-2	—	2	—	—
6	奥克托今	Octogen	2691-41-0	—	2	4	—
7	巴豆醛	Crotonaldehyde	4170-30-3	12	—	—	—
8	百草枯	Paraquat	4685-14-7	—	0.5	—	—
9	百菌清	Chlorothalonil	1897-45-6	1	—	—	G2B，敏
10	钡及其可溶性化合物（按Ba计）	Barium and soluble compounds, as Ba	7440-39-3（Ba）	—	0.5	1.5	—
11	倍硫磷	Fenthion	55-38-9	—	0.2	0.3	皮
12	苯	Benzene	71-43-2	—	6	10	皮，G
13	苯胺	Aniline	62-53-3	—	3	—	皮
14	苯基醚（二苯醚）	Phenyl ether	101-84-8	—	7	14	—
14	苯醌	Benzoquinone	106-51-4	—	0.45	—	—
16	苯硫磷	EPN	2104-64-5	—	0.5	—	皮
17	苯乙烯	Styrene	100-42-5	—	50	100	皮，G2B
18	吡啶	Pyridine	110-86-1	—	4	—	—
19	苄基氯	Benzyl chloride	100-44-7	5	—	—	G2A
20	丙酸	Propionic acid	79-09-4	—	30	—	—
21	丙酮	Acetone	67-64-1	—	300	450	—
22	丙酮氰醇（按CN计）	Acetone cyanohydrin, as CN	75-86-5	3	—	—	皮
23	丙烯醇	Allyl alcohol	107-18-6	—	2	3	皮
24	丙烯腈	Acrylonitrile	107-13-1	—	1	2	皮，G2B
25	丙烯菊酯	allethrin	584-79-2	—	5	—	—
26	丙烯醛	Acrolein	107-02-8	0.3	—	—	皮

① 摘自《工作场所有害因素职业接触限值 第1部分：化学有害因素》（GBZ 2.1—2019）。

续附表 1

序号	中文名	英文名	化学文摘号（CAS No.）	OELs/mg·m^{-3}			备注
				MAC	PC-TWA	PC-STEL	
27	丙烯酸	Acrylic acid	79-10-7	—	6	—	皮
28	丙烯酸甲酯	Methyl acrylate	96-33-3	—	20	—	皮，敏
29	丙烯酸正丁酯	n-Butyl acrylate	141-32-2	—	25	—	敏
30	丙烯酰胺	Acrylamide	79-06-1	—	0. 3	—	皮，G2A
31	草酸磷	Glyphosate	1071-83-6	—	5	—	G2A
32	草酸	Oxalic acid	144-62-7	—	1	2	—
33	抽余油（60~220℃）	Raffinate（60~220℃）	—	—	300	—	—
34	重氮甲烷	Diazomethane	334-88-3	—	0. 35	0. 7	—
35	臭氧	Ozone	10028-15-6	0. 3	—	—	—
36	乐果	Rogor	60-51-5	—	1	—	皮
37	敌百虫	Trichlorfon	52-68-6	—	0. 5	1	—
38	敌草隆	Diuron	330-54-1	—	10	—	—
39	2，4-二氯苯氧基乙酸（2，4-滴）	2，4-Dicholrophen oxyacetic acid（2，4-D）	94-75-7	—	10	—	皮，G2B
40	二氯二苯基三氯乙烷（滴滴涕，DDT）	Dichlorodiphenyltrichloro ethane（DDT）	50-29-3	—	0. 2	—	G2A
41	碲及其化合物（不含碲化氢）（按 Te 计）	Tellurium and Compounds（except H_2Te），as Te	13494-80-9（Te）	—	0. 1	—	—
42	碲化铋（按 Bi_2Te_3 计）	Bismuth telluride，as Bi_2Te_3	1304-82-1	—	5	—	—
43	碘	Iodine	7553-56-2	1	—	—	—
44	碘仿	Iodoform	75-47-8	—	10	—	—
45	碘甲烷	Methyl iodide	74-88-4	—	10	—	皮
46	叠氮酸蒸气	Hydrazoic acid vapor	7782-79-8	0. 2	—	—	—
47	叠氮化钠	Sodium azide	26628-22-8	0. 3	—	—	—
48	1，3-丁二烯	1，3-Butadiene	106-99--0	—	5	—	G2A
49	2-丁氧基乙醇	2-butoxyethanol	111-76-2	—	97	—	—
50	丁烯	Butylene	25167--67-3	—	100	—	—
51	毒死蜱	Chlorpyrifos	2921-88-2	—	0. 2	—	皮
52	对苯二胺	p-phenylene diamine	106-50-3	—	0. 1	—	皮，敏
53	对苯二甲酸	Terephthalic acid	100-21-0	—	8	15	—
54	对二氯苯	p-Dichlorobenzene	106-46-7	—	30	60	G2B
55	对硫磷	Parathion	56-38-2	—	0. 05	0. 1	皮，G2B
56	对特丁基甲苯	p-Tert-butyltoluene	98-51-1	—	6	—	—
57	对硝基苯胺	p-Nitroaniline	100-01-6	—	3	—	皮

续附表 1

序号	中文名	英文名	化学文摘号（CAS No.）	OELs/mg·m^{-3}			备注
				MAC	PC-TWA	PC-STEL	
58	对硝基氯苯	p-Nitrochlorobenzene	100-00-5	—	0.6	—	皮
59	多次甲基多苯基多异氰酸酯	Polymetyhlene polyphenyl isocyanate	57029-46-6	—	0.3	0.5	敏
60	二苯胺	Diphenylamine	122-39-4	—	10	—	—
61	二苯基甲烷二异氰酸酯	Diphenylmethane diisocyanate	101-68-8	—	0.05	0.1	敏
62	二丙二醇甲醚	Dipropylene glycol methyl ether	34590-94-8	—	600	900	皮
63	二丙酮醇	Diacetone alcohol	123-42-2	—	240	—	—
64	2-N-二丁氨基乙醇	2-N-Dibutylaminoethanol	102-81-8	—	4	—	皮
65	二噁烷	1，4-Dioxane	123-91-1	—	70	—	皮，G2B
66	二噁英类化合物	Polychlorinated dibenzo-p-dioxins and polychlorinated dibenzofurans	1746-01-6	—	30 pgTEQ/m^3	—	G1
67	二氟氯甲烷	Chlorodifluoromethane	75-45-6	—	3500	—	—
68	二甲胺	Dimethylamine	124-40-3	—	5	10	—
69	二甲苯（全部异构体）	Xylene（all isomers）	1330-20-7；95-47-6；108-38-3	—	50	100	—
70	N，N-二甲基苯胺	N，N-Dimethylaniline	121-69-7	—	5	10	皮
71	1，3-二甲基丁基醋酸酯（仲-乙酸己酯）	1，3-Dimethylbutyl acetate（sec-hexyla cetate）	108-84-9	—	300	—	—
72	二甲基二氯硅烷	Dimethyl dichlorosilane	75-78-5	2	—	—	—
73	二甲基甲酰胺	Dimethylformamide（DMF）	68-12-2	—	20	—	皮，G2A
74	3，3-二甲基联苯胺	3，3-Dimethylbenzidine	119-93-7	0.02	—	—	皮，G2B
75	二甲基亚砜	Dimethyl sulfoxide	67-68-5	—	160	—	皮
76	二甲基乙酰胺	Dimethyl acetamide，DMAC	127-19-5	—	20	—	皮
77	二甲氧基甲烷	Dimethoxymethane（DMM）	109-87-5	—	3100	—	—
78	二聚环戊二烯	Dicyclopentadiene	77-73-6	—	25	—	—
79	二硫化碳	Carbon disulfide	75-15-0	—	5	10	皮
80	1,1-二氯-1-硝基乙烷	1，1-Dichloro-1-nitro ethane	594-72-9	—	12	—	—
81	1，3-二氯丙醇	1，3-Dichloropropanol	96-23-1	—	5	—	皮
82	1，2-二氯丙烷	1，2-Dichloropropane	78-87-5	—	350	500	—
83	1.3-二氯丙烯	1，3-Dichloropropene	542-75-6	—	4	—	皮，G2B
84	二氯二氟甲烷	Dichlorodifluoromethane	75-71-8		5000	—	—
85	二氯甲烷	Dichloromethane	75-09-2	—	200	—	G2B
86	二氯乙炔	Dichloroacetylene	7572-29-4	0.4	—	—	—
87	1.2-二氯乙烷	1，2-Dichloroethane	107-06-2	—	7	15	G2B

续附表 1

序号	中文名	英文名	化学文摘号（CAS No.）	OELs/mg·m^{-3}			备注
				MAC	PC-TWA	PC-STEL	
88	1.2-二氯乙烯（全部异构体）	1，2-Dichloroethylene all isomers	156-59-2；156-60-5；540-56-0	—	800	—	—
89	二硼烷	Diborane	19287-45-7	—	0.1	—	—
90	二缩水甘油醚	Diglycidyl ether	2238-07-5	—	0.5	—	—
91	二硝基苯（全部异构体）	Dinitrobenzene (all isomers)	528-29-099-65-0100-25-4	—	1	—	皮
92	二硝基甲苯	Dinitrotoluene	25321-14-6	—	0.2	—	皮，G2B（2，4-二硝基甲苯；2，6-二硝基甲苯）
93	4，6-二硝基邻苯甲酚	4，6-Dinitro-o-cresol	534-52-1	—	0.2	—	皮
94	2，4 二硝基氯苯	2，4-Dinitrochlorobenzene	97-00-7	—	0.6	—	皮，敏
95	氮氧化物（一氧化氮和二氧化氮）	Nitrogen oxides (Nitric oxide，Nitrogen dioxide)	10102-43-9；10102-44-0	—	5	10	—
96	二氧化硫	Sulfur dioxide	7446-09-5	—	5	10	—
97	二氧化氯	Chlorine dioxide	10049-04-4	—	0.3	0.8	—
98	二氧化碳	Carbon dioxide	124-38-9	—	9000	18000	—
99	二氧化锡（按 Sn 计）	Tin dioxide，as Sn	1332-29-2	—	2	—	—
100	2-二乙氨基乙醇	2-Diethylaminoethanol	100-37-8	—	50	—	皮

注：1. 备注中“皮”表示可因皮肤、黏膜和眼睛直接接触蒸汽、液体和固体通过完整的皮肤吸收引起的全身效应。

2. 备注中“敏”是指已被人或动物资料证实该物质可能有致敏作用。使用但并不表示致敏作用是制定 PC-TWA 所依据的关键效应，也不表示致敏效应是制定 PC-TWA 的唯一依据。

3. 备注中用“G1”“G2A”“G2B”标识，引用国际癌症组织（IARC）的致癌性分级标识，作为职业病危害预防控制的参考。国际癌症研究中心（IARC）将潜在化学致癌性物质分为：G1—确认人类致癌物；G2A—可能人类致癌物；G2B—可疑人类致癌物。

附表 2　工作场所空气中粉尘容许浓度

序号	中文名	英文名	化学文摘号（CAS No.）	PC-TWA/mg·m^{-3}		备注
				总尘	呼尘	
1	白云石粉尘	Dolomite dust		8	4	—
2	玻璃钢粉尘	Fiberglass reinforced plastic dust		3	—	—
3	茶尘	Tea dust		2	—	—
4	沉淀 SiO_2（白炭黑）	Precipitated silica dust	112926-00-8	5	—	—
5	大理石粉尘	Marble dust	1317-65-3	8	4	—
6	电焊烟尘	Welding fume		4	—	G2B

续附表 2

序号	中文名	英文名	化学文摘号（CAS No.）	PC-TWA/mg·m^{-3}		备注
				总尘	呼尘	
7	二氧化钛粉尘	Titanium dioxide dust	13463-67-7	8	—	—
8	沸石粉尘	Zeolite dust		5	—	—
9	酚醛树脂粉尘	Phenolic aldehyde resin dust		6	—	—
10	谷物粉尘（游离 SiO_2 含量<10%）	Grain dust（free SiO_2<10%）		4	—	—
11	硅灰石粉尘	Wollastonite dust	13983-17-0	5	—	—
12	硅藻土粉尘（游离 SiO_2 含量<10%）	Diatomite dust（free SiO_2<10%）	61790-53-2	6	—	—
13	滑石粉尘（游离 SiO_2 含量<10%）	Talc dust（free SiO_2<10%）	14807-96-6	3	1	—
14	活性炭粉尘	Active carbon dust	64365-11-3	5	—	—
15	聚丙烯粉尘	Polypropylene dust		5	—	—
16	聚丙烯腈纤维粉尘	Polyacrylonitrile fiber dust		2	—	—
17	聚氯乙烯粉尘	Polyvinyl chloride（PVC） dust	9002-86-2	5	—	—
18	聚乙烯粉尘	Polyethylene dust	9002-88-4	5	—	—
19	铝尘、铝金属、铝合金粉尘、氧化铝粉尘、氧化铝粉尘	Aluminum dust；Metal & alloys dust；Aluminium oxide dust	7429-90-5	3 4	—	—
20	麻尘（游离 SiO_2 含量<10%） 亚麻 黄麻 苎麻	Flax，jute and ramie dusts（free SiO_2<10%） Flax Jute Ramie		 1.5 2 3	 — — —	 — — —
21	煤尘（游离 SiO_2 含量<10%）	Coal dust（free SiO_2<10%）		4	2.5	—
22	棉尘	Cotton dust		1	—	—
23	木粉尘	Wood dust		3	—	G1
24	凝聚 SiO_2 粉尘	Condensed silica dust		1.5	0.5	
25	膨润土粉尘	Bentonite dust	1302-78-9	6	—	—
26	皮毛粉尘	Fur dust		8	—	—
27	人造玻璃质纤维 玻璃棉粉尘 矿渣棉粉尘 岩棉粉尘	Man-made vitreous fiber Fibrous glass dust Slag wool dust Rock wool dust		 3 3 3	—	—
28	桑蚕丝尘	Mulberry silk dust		8	—	—
29	砂轮磨尘	Grinding wheel dust		8	—	—

续附表 2

序号	中文名	英文名	化学文摘号（CAS No.）	PC-TWA/mg·m^{-3}		备注
				总尘	呼尘	
30	石膏粉尘	Gypsum dust	10101-41-4	8	4	—
31	石灰石粉尘	Limestone dust	1317-65-3	8	4	—
32	石棉（石棉含量>10%） 粉尘 纤维	Asbestos（Asbestos>10%） Dust Asbestos fibre	1332-21-4	 0.8 0.8f/ml	 — —	 G1 —
33	石墨粉尘	Graphite dust	7782-42-5	4	2	—
34	水泥粉尘（游离 SiO_2 含量<10%）	Cement dust（freeSiO_2<10%）		4	1.5	—
35	炭黑粉尘	Carbon black dust	1333-86-4	4	—	G2B
36	碳化硅粉尘	Silicon carbide dust	409-21-2	8	4	—
37	碳纤维粉尘	Carbon fiber dust		3	—	—
38	硅尘 10%<游离 SiO_2 含量≤50% 50%<游离 SiO_2 含量≤80% 游离 SiO_2 含量>80%	Silica dust 10%≤free SiO_2≤50% 50%<free SiO_2≤80% Free SiO_2>80%	14808-60-7	 1 0.7 0.5	 0.7 0.3 0.2	G1 （结晶型）
39	稀土粉尘 （游离 SiO_2 含量<10%）	Rare-earth dust（free SiO_2<10%）		2.5		—
40	洗衣粉混合尘	Detergent mixed dust		1	—	—
41	烟草尘	Tobacco dust		2	—	—
42	萤石混合性粉尘	Fluorspar mixed dust		1	0.7	—
43	云母粉尘	Mica dust	12001-26-2	2	1.5	—
44	珍珠岩粉尘	Perlite dust	93763-70-3	8	4	—
45	蛭石粉尘	Vermiculite dust		3	—	—
46	重晶石粉尘	Barite dust	7727-43-7	5	—	—
47	其他粉尘	Particles not otherwise regulated		8	—	—

注：1. 其他粉尘指游离 SiO_2 低于 10%，不含石棉和有毒物质，而尚未制定容许浓度的粉尘。表中列出的各种粉尘（石棉纤维尘除外），凡游离 SiO_2 高于 10%者，均按硅尘容许浓度对待。

2. 备注中用“G1”“G2B”标识，引用国际癌症组织（IARC）的致癌性分级标识，作为职业病危害预防控制的参考。国际癌症研究中心（IARC）将潜在化学致癌性物质分为：G1—确认人类致癌物；G2B—可疑人类致癌物。

3. 总尘是指可进入整个呼吸道（鼻、咽、喉、胸腔支气管、细支气管和肺泡）的粉尘，技术上用总粉尘采样器按标准方法在呼吸带测得的所有粉尘。

4. 呼尘指按呼吸性粉尘标准测定方法所采集的可进入肺泡的粉尘粒子，其空气动力学直径均在 7.07μm 以下，空气动力学直径 5μm 粉尘粒子的采样效率为 50%。

附表 3　易制爆危险化学品名录（2017 年版）

序号	品　名	别　名	CAS No.	主要的燃爆危险性分类
1 酸类				
1.1	硝酸		7697-37-2	氧化性液体，类别 3

续附表 3

序号	品　名	别　名	CAS No.	主要的燃爆危险性分类
1. 2	发烟硝酸		52583-42-3	氧化性液体，类别 1
1. 3	高氯酸（浓度 72%）	过氯酸	7601-90-3	氧化性液体，类别 1
	高氯酸（浓度 50%~72%）			氧化性液体，类别 1
	高氯酸（浓度<50%）			氧化性液体，类别 2
2 硝酸盐类				
2. 1	硝酸钠		7631-99-4	氧化性固体，类别 3
2. 2	硝酸锌		7757-79-1	氧化性固体，类别 3
2. 3	硝酸铯		7789-18-6	氧化性固添，类别 3
2. 4	硝酸镁		10377-60-3	氧化性固体，类别 3
2. 5	硝酸钙		10124-37-5	氧化性固体，类别 3
2. 6	硝酸锶		10042-76-9	氧化性固体，类别 3
2. 7	硝酸钡		10022-31-8	氧化性固体，类别 2
2. 8	硝酸镍	二硝酸镍	13138-45-9	氧化性固体，类别 2
2. 9	硝酸银		7761-88-8	氧化性固体，类别 2
2. 10	硝酸锌		7779-88-6	氧化性固体，类别 2
2. 11	硝酸铅		10099-74-8	氧化性固体，类别 2
3 氯酸盐类				
3. 1	氯酸钠		7775-09-9	氧化性固体，类别 1
	氯酸钠溶液			氧化性液体，类别 3 *
3. 2	氯酸钾		3811-04-9	氧化性固体，类别 1
	氯酸钾溶液			氧化性液体，类别 3 *
3. 3	氯酸铵		10192-29-7	爆炸物，不稳定爆炸物
4 高氯酸盐类				
4. 1	高氯酸锂	过氯酸锂	7791-03-9	氧化性固体，类别 2
4. 2	高氯酸钠	过氯酸钠	7601-89-0	氧化性固体，类别 1
4. 3	高氯酸钾	过氯酸钾	7778-74-7	氧化性固体，类别 1
4. 4	高氯酸铵	过氯酸铵	7790-98-9	爆炸物，1. 1 项氧化性固体，类别 1
5 重铬酸盐类				
5. 1	重铬酸锂		13843-81-7	氧化性固体，类别 2
5. 2	重铬酸钠	红矾钠	10588-01-9	氧化性固体，类别 2
5. 3	重铬酸钾	红矾钾	7778-50-9	氧化性固体，类别 2
5. 4	重铬酸铵	红矾铵	7789-09-5	氧化性固体，类别 2 *

续附表3

序号	品　名	别　名	CAS No.	主要的燃爆危险性分类
6过氧化物和超氧化物类				
6.1	过氧化氢溶液（含量>8%）	双氧水	7722-84-1	（1）含量≥60%氧化性液体，类别1； （2）20%≤含量<60%氧化性液体，类别2； （3）8%<含量<20%氧化性液体，类别3
6.2	过氧化锂	二氧化锂	12031-80-0	氧化性固体，类别2
6.3	过氧化纳	双气化钠；二氧化钠	1313-60-6	氧化性团体，类别1
6.4	过氧化钾	二氧化钾	17014-71-0	氧化性固体，类别1
6.5	过氧化镁	二氧化镁	1335-26-8	氧化性液体，类别2
6.6	过氧化钙	二氧化钙	1305-79-9	氧化性固体，类别2
6.7	过氧化锶	二氧化锶	1314-18-7	氧化性固体，类别2
6.8	过氧化钡	二氧化钡	1304-29-6	氧化性固体，类别2
6.9	过氧化锌	二氧化锌	1314-22-3	氧化性固体，类别2
6.10	过氧化脲	过氧化氢尿素；过氧化氢脲	124-43-6	氧化性固体，类别3
6.11	过乙酸（含量≤16%，含水≥39%，含乙酸≥15%，含过氧化氢≤24%，含有稳定剂）	过醋酸；过氧乙酸；乙酰过氧化氢	79-21-0	有机过氧化物F型
	过乙酸（含量≤43%，含水≥5%，含乙酸≥35%，含过氧化氢≤24%，含有稳定剂）			易燃液体，类别3 有机过氧化物，D型
6.12	过氧化二异丙苯（52%<含量≤100%）	二枯基过氧化物；硫化剂DCP	80-43-3	有机过氧化物，F型
6.13	过氧化氢苯甲酰	过苯甲酸	93-59-4	有机过氧化物，C型
6.14	超氧化钠		12034-12-7	氧化性固体，类别1
6.15	超氢化钾		12030-88-5	氧化性固体，类别1
7易燃物还原剂类				
7.1	锂	金属锂	7439-93-2	遇水放出易燃气体的物质和混合物，类别1
7.2	钠	金属钠	7440-23-5	遇水放出易燃气体的物质和混合物，类别1
7.3	钾	金属钾	7440-09-7	遇水放出易燃气体的物质和混合物，类别1
7.4	镁		7439-95-4	（1）粉末：自热物质和混合物，类别1；遇水放出易燃气体的物质和混合物，类别2； （2）丸状、旋屑或带状：易燃固体，类别2

续附表 3

序号	品　名	别　名	CAS No.	主要的燃爆危险性分类
7.5	镁铝粉	镁铝合金粉		遇水放出易燃气体的物质和混合物，类别 2；自热物质和混合物，类别 1
7.6	铝粉		7429-90-5	(1) 有涂层：易燃固体，类别 1；(2) 无涂层：遇水放出易燃气体的物质和混合物，类别 2
7.7	硅铝		57485-31-1	遇水放出易燃气体的物质和混合物，类别 3
	硅铝粉			
7.8	硫黄	硫	7704-34-9	易燃固体，类别 2
7.9	锌尘		7440-66-6	自热物质和混合物，类别 1；遇水放出易燃气体的物质和混合物，类别 1
	锌粉			自热物质和混合物，类别 1；遇水放出易燃气体的物质和混合物，类别 1
	锌灰			遇水放出易燃气体的物质和混合物，类别 3
7.10	金属锆		7440-67-7	易燃固体，类别 2
	金属锆粉	锆粉		自燃固体，类别 1，遇水放出易燃气体的物质和混合物，类别 1
7.11	六亚甲基四胺	六甲撑四胺；乌洛托品	100-97-0	易燃固体，类别 2
7.12	1，2-乙二胺	1,2-二氨基乙烷；乙撑二胺	107-15-3	易燃液体，类别 3
7.13	一甲胺（无水）	氨基甲烷；甲胺	74-89-5	易燃气体，类别 1
	一甲胺溶液	氨基甲烷溶液；甲胺溶液		易燃液体，类别 1
7.14	硼氢化锂	氢硼化锂	16949-15-8	遇水放出易燃气体的物质和混合物，类别 1
7.15	硼氢化钠	氢硼化钠	16940-66-2	遇水放出易燃气体的物质和混合物，类别 I
7.16	硼氢化钾	氢硼化钾	13762-51-1	遇水放出易燃气体的物质和混合物，类别 1
8 硝基化合物类				
8.1	硝甚甲烷		75-52-5	易燃液体，类别 3
8.2	硝基乙烷		79-24-3	易燃液体，类别 3
8.3	2，4-二硝基甲苯		121-14-2	
8.4	2，6-二硝基甲苯		606-20-2	
8.5	1，5-二硝基萘		605-71-0	易燃固体，类别 1
8.6	1，8-二硝基萘		602-38-0	易燃固体，类别 1
8.7	二硝基苯酚（干的或含水<15%）		25550-58-7	爆炸物，1.1 项
	二硝基苯酚溶液			

续附表 3

序号	品　名	别　名	CAS No.	主要的燃爆危险性分类
8.8	2，4-二硝基苯酚（含水≥15%）	1-羟基-2，4-二硝基苯	51-28-5	易燃固体，类别 1
8.9	2，5-二硝基苯酚（含水≥15%）		329-71-5	易燃固体，类别 1
8.10	2，6-二硝基苯酚（含水≥15%）		573-56-8	易燃固体，类别 1
8.11	2，4-二硝基苯酚钠		1011-73-0	爆炸物，1.3 项
9 其他				
9.1	硝化纤维素（干的或含水（或乙醇）<25%）	硝化棉	9004-70-0	爆炸物，1.1 项
	硝化纤维素（含氮≤12.6%，含乙醇>25%）			易燃固体，类别 1
	硝化纤维素（含氮≤12.6%）			易燃固体，类别 1
	硝化纤维素（含水≥25%）			易燃固体，类别 1
	硝化纤维素（含乙醇≥25%）			爆炸物，1.3 项
	硝化纤维素（未改型的，或增塑的，含增塑剂<18%）			爆炸物，1.1 项
	硝化纤维素溶液（含氮量≤12.6%，含硝化纤维素≤55%）	硝化棉溶液		易燃液体，类别 2
9.2	4，6-二硝基-2-氨基苯酚钠	苦氨酸钠	831-52-7	爆炸物，1.3 项
9.3	高锰酸钾	过锰酸钾；灰锰氧	7722-64-7	氧化性固体，类别 2
9.4	高锰酸钠	过锰酸钠	10101-50-5	氧化性固体，类别 2
9.5	硝酸胍	硝酸亚氨脲	506-93-4	氧化性固体，类别 3
9.6	水合肼	水合联氨	10217-52-4	
9.7	2，2-双羟甲基）1，3-丙二醇	季戊四醇、四羟甲基甲烷	115-77-5	

注：1. “主要的燃爆危险性分类”根据《化学品分类和标签规范》系列标准（GB 30000.2—2013～GB 30000.29—2013），对某种化学品燃烧爆炸危险性进行分类。

2. 标“*”的类别，是指在有充分依据的条件下，该化学品可以采用更严格的类别。

参考文献

[1] 王福成，陈宝智．安全工程概论［M］．3 版．北京：煤炭工业出版社，2019.
[2] 李振花，王虹，许文．化工安全概论［M］．北京：化学工业出版社，2017.
[3] 张文启，饶品华，潘健民．环境与安全工程概论［M］．南京：南京大学出版社，2012.
[4] 朱莉娜，孙晓志，弓保津，等．高校实验室安全基础［M］．天津：天津大学出版社，2014.
[5] 毕明树，周一卉，孙洪玉．化工安全工程［M］．北京：化学工业出版社，2014.
[6] 王志亮，张跃兵，兰泽全．安全管理［M］．北京：中国劳动社会保障出版社，2015.
[7] 陈卫红，邢景才，史廷明．粉尘的危害与控制［M］．北京：化学工业出版社，2005.
[8] 陈卫航，钟委，梁天水．化工安全概论［M］．北京：化学工业出版社，2016.
[9] 张景林，崔国章．安全系统工程［M］．北京：煤炭工业出版社，2014.
[10] 程春生，魏振云，秦福涛．化工风险控制与安全生产［M］．北京：化学工业出版社，2014.
[11] 孙桂林．起重安全［M］．2 版．北京：中国劳动社会保障出版社，2007.
[12] 陈宝智．系统安全评价与预测［M］．北京：冶金工业出版社，2011.
[13] 崔政斌．压力容器安全技术［M］．北京：化学工业出版社，2020.
[14] 安全工程师考试组．安全生产事故案例分析［M］．沈阳：辽宁大学出版社，2017.
[15] 新编安全生产法律法规一本通编写组．安全生产法律法规一本通［M］．北京：应急管理出版社，2022.
[16] 安全工程师考试组．安全生产技术［M］．沈阳：辽宁大学出版社，2017.
[17] 全国危险化学品管理标准化技术委员会，中国标准出版社．危险化学品标准汇编　安全生产卷［M］．北京：中国标准出版社，2016.